**计算机应用能力体系培养系列教材**

全国高等学校（安徽考区）计算机水平考试配套教材
安徽省高等学校"十四五"省级规划教材
工程应用型院校计算机系列教材

**总主编** 胡学钢　　　**总主审** 郑尚志

# Python语言
# 程序设计教程

（第2版）

主　编◎王永国
副主编◎黄晓梅　赵生艳　葛　华

北京师范大学出版集团
BEIJING NORMAL UNIVERSITY PUBLISHING GROUP
安徽大学出版社

## 内容提要

本书基于 Python 3.8 环境,集理论讲解和实验训练于一体,面向不具有程序设计基础的学生,系统介绍了 Python 程序设计知识,其中,理论篇主要介绍 Python 基础知识、数据类型、程序流程控制语句、函数和文件、Python 计算生态及高级应用等。实验篇安排了 12 个实验,着眼于解题思维、程序设计基本功及解决实际问题能力的训练。本书配有电子教案、电子课件、MOOC 视频及无纸化考试系统等教学资源,可以作为高等院校计算机程序设计课程的教材和全国高等学校(安徽考区)计算机水平考试、全国计算机等级考试 Python 语言考试的参考书,也可供相关科技人员、Python 程序设计开发者与爱好者参阅。

### 图书在版编目(CIP)数据

Python 语言程序设计教程/王永国主编. —2 版. —合肥:安徽大学出版社,2023. 3 (2024.8 重印)

计算机应用能力体系培养系列教材

ISBN 978-7-5664-2550-8

Ⅰ. ①P… Ⅱ. ①王… Ⅲ. ①软件工具 – 程序设计 – 高等学校 – 教材

Ⅳ. ①TP311. 561

中国国家版本馆 CIP 数据核字(2023)第 000678 号

## Python 语言程序设计教程(第 2 版)

PYTHON YUYAN CHENGXU SHEJI JIAOCHENG

王永国 主 编

**出版发行** 北京师范大学出版集团
安 徽 大 学 出 版 社
(安徽省合肥市肥西路 3 号 邮编230039)
www. bnupg. com
www. ahupress. com. cn

**印 刷:**合肥华苑印刷包装有限公司
**经 销:**全国新华书店
**开 本:**787 mm × 1092 mm 1/16
**印 张:**20
**字 数:**463 千字
**版 次:**2023 年 3 月第 2 版
**印 次:**2024 年 8 月第 3 次印刷
**定 价:**59.00 元
ISBN 978-7-5664-2550-8

**策划编辑:**刘中飞 宋 夏    **装帧设计:**李 军
**责任编辑:**宋 夏            **美术编辑:**李 军
**责任校对:**陈玉婷            **责任印制:**赵明炎

# 前　　言

本书自第 1 版问世以来,受到许多高校师生的欢迎与厚爱,并受安徽省大规模在线开放课程(MOOC)示范项目"Python 程序设计"(2019 mooc 221)支持。为了更好地服务教学,我们在广泛听取读者意见的基础上,根据教学课时和相关考试的实际情况,对原书进行了较大幅度的修订,主要体现在以下几个方面。

1.考虑到 Python 语言在不断更迭,为更好地体现计算机语言的时代性,本书将Python 语言的版本从 3.6 升级为 3.8;

2.根据《高等学校课程思政建设指导纲要》精神,在理论篇每章都增加"课程思政"元素,便于教师在课堂教学中渗透,有助于帮助学生树立正确的人生观、价值观和世界观;

3.对理论篇内容进行重新整合,在篇首增加导读,将第 1 版第 1、2、3 章调整为第 1、2章,优化充实了第 1 版第 4~7 章,精简了第 1 版第 8、9 章,将部分内容调整到知识拓展部分,使得全书的可读性与教学适应性增强,能更好地满足教学需求;

4.完善实验篇内容,在篇首增加导读,对实验内容进行了优化,更方便教师进行实验课程教学;

5.结合全国计算机等级考试与全国高等学校(安徽考区)计算机水平考试实际,充实了课后习题,使全书例题、习题与实验数目超过 1 000 个,更有助于学生理解章节内容,检测学习效果;

6.充分利用信息技术手段,对案例、数据资源、习题答案提供必要的下载渠道,方便读者;

7.本书配套资源丰富,包括教学大纲、实验大纲、课件、教案、例题源代码、习题答案、实验解答、无纸化练习系统、MOOC 视频等,授课教师可以与作者(QQ:76929693,E-mail:ygwang21@163.com)或出版社(E-mail:329318343@qq.com)联系获取。

本书第 1、2 章由王永国、赵生艳修订,吴长勤参与部分工作,第 3、4 章由黄晓梅编写并修订,第 5、6 章由王永国编写并修订,第 7、8 章由葛华编写并修订,实验部分由赵生艳补充完善,全书的统稿、定稿工作由王永国完成。此外,朱庆生、汪志宏、李军、汪采萍等老师有的参与了修订讨论,有的对本书的修订提供了很多资料。一些省内外同仁也提出了宝贵建议。在此一并向他们表示感谢。

本书受安徽大学一流教材建设项目支持。

由于编者学识有限,敬请读者指正。感谢每一位读者,希望您能从本书有所收获!

编　者

2022 年 10 月

MOOC 网址　　　　　　主编信息

# 第 1 版前言

随着大数据、人工智能的快速发展,以及人们对幽灵粒子发现、美国 NASA 计划、AlphaGo 战胜围棋世界冠军等事件的热情高涨,Python 语言受到了广泛的关注和欢迎。该语言于 2010 年和 2018 年两度进入世界程序设计语言排行榜,且地位有继续攀升之势。大批高等院校已经或计划将 Python 程序设计课程列入教学计划。为了满足 Python 程序设计课程教学的需要,在近几年 Python 课程教学实践基础上,结合课程改革的发展,我们组织多所高等院校有相关教学经验的专家、教授,面向对程序设计"零基础"的学生组织编写了这本入门级 Python 教材。

本书基于 Python 3.6 环境,以知识点为导向,系统介绍 Python 程序设计知识。全书分理论篇和实验篇两部分:理论篇共 9 章,第 1~7 章主要介绍 Python 基础知识、数据类型、程序流程控制语句、函数和文件等内容,第 8~9 章介绍 Python 计算生态及高级应用;实验篇设计了 12 个实验。

本书特点鲜明,具体有如下几点。

1. 注重基础

本书面向对程序设计"零基础"的学生,注重教学内容的实用性和基础性,同时考虑与后续课程的衔接,对面向对象、GUI 界面及数据库等进行了指引性和导向性阐述。

2. 突出重点

本书对重要的知识点重点介绍,强调"化难为易"。通过精选的示例、分析、说明和注意,力求将重点、难点的掌握过程转变为自然学习的过程,从而减少学生对编程学习的畏难情绪,让读者真正体会到"人生苦短,我学 Python"的含义。

3. 兼顾考试

本书内容兼顾全国高等学校(安徽考区)计算机水平考试大纲和全国计算机等级考试大纲,内容完善、题型丰富、题量充足,配备无纸化考试系统,便于学生检测学习效果,通关相应考试。

4. 资源丰富

本书配有电子教案、电子课件、例题代码、无纸化考试系统、课后习题及实验答案等教学电子资源。任课老师可以与作者(QQ:76929693,E-mail:ygwang21@163.com)或出版社(E-mail:329318343@qq.com)联系获取教学电子资源。

本书由王永国担任主编。安徽大学王永国编写第 1、2、6、7 章,安徽科技学院吴长勤编写第 3 章,安徽建筑大学黄晓梅编写第 4、5 章,安徽科技学院葛华编写第 8、9 章,王永国统一修改了全书并开发了无纸化考试系统。习题参考答案、实验及其答案、PPT 和教案、例题代码等电子资源由各章对应编者整理。汪志宏、张正金、李军等对本书的编写提供了很多资料和宝贵的建议,在此向他们表示感谢。

本书的策划、编写和出版得到了高校同仁和安徽大学出版社的关心、支持和帮助,在此向他们表示衷心的感谢。

Python 是一门新兴的程序设计语言,很多教学方法还在探索之中,加之编者水平有限,书中不足之处在所难免,欢迎广大同仁和读者反馈建议、交流经验。

编　者

**2019** 年 **8** 月

# 目　　录

## 理 论 篇

## 实　验　篇

# 附 录 篇

# 理 论 篇

通过该篇的学习,使学生能够熟练使用 IDLE 或其他 Python 开发环境;熟练运用 Python 基本数据类型及组合类型(列表、元组、字典、集合)等解决实际问题;熟练掌握 Python 三种基本结构(顺序结构、分支结构、循环结构)和函数设计;熟练使用 Python 读写文本文件、二进制文件和 CSV 文件,了解 JSON 格式文件及 Python 程序的调试方法;初步掌握类的设计与使用、GUI 界面设计及数据库的基本操作;在掌握基本库的基础上,了解不同领域 Python 扩展库的基本用法,能够根据自己的兴趣掌握 1~2 个扩展库的使用,为后续课程学习打下基础。

通过贯穿各章的思政元素,如程序编译与芯片关系,程序调试(漏洞)与法律关系,独立实验与诚信,函数与垃圾分类,资源与环保意识,信息编码与加解密技术,信息安全、黑客与法律意识,量子通信技术的战略意义,Python 的编程生态与"绿水青山就是金山银山"的生态文明论述,类与载人航天工程和北斗系统的复杂性等,帮助学生树立正确的价值观,培养学生服务党和国家重大战略需求的爱国情怀、创新精神、团队精神、工匠精神与奋斗精神,坚守学术诚信和严谨的科学作风,提高学生实事求是的科学素养,培养学生严肃认真的工作态度及主动探索的创新精神。

# 第 1 章　Python 语言概述

## 课 程 目 标

- ➤ 了解 Python 的发展、特点、应用、版本区别及文件类型。
- ➤ 理解程序的运行方式、开发环境和运行环境配置。
- ➤ 掌握程序的运行、IDLE 开发环境及帮助的使用。
- ➤ 了解 Python 源程序的格式框架。
- ➤ 掌握源程序的书写风格。

## 课 程 思 政

- ➤ 通过程序编译使学生了解我国在计算机语言、芯片上的短板,从而激发学生的爱国主义热情,培养其坚持追求科学真理的开拓精神。

第 1 章例题代码

# 1.1 Python 语言简介

Python 语言是一种解释型的面向对象程序设计语言,是学习计算机编程,使用计算机解决实际问题的有效工具,现已成为最受欢迎的程序设计语言之一。自 2018 年以来,Python 语言的使用率呈线性增长,并于 2018 年、2020 年和 2022 年三次登上世界程序设计语言排行榜榜首(https://www.tiobe.com/tiobe-index/)。

## 1.1.1 Python 语言的发展

1989 年圣诞节期间,在阿姆斯特丹,吉多·范罗苏姆(Guido van Rossum)为了打发圣诞节,决心开发一个新的脚本解释程序,作为 ABC 语言的一种传承。之所以选中 Python(大蟒蛇)作为该编程语言的名字,是因为吉多·范罗苏姆是 Monty Python 喜剧团体的爱好者之一。

ABC 语言是由 Guido 参与设计的一种教学语言。Guido 认为,ABC 语言是专门为非专业程序员设计的语言,它相当优美且非常强大。但是 ABC 语言并没有成功,Guido 认为这是由它的非开放性造成的。Guido 决心在 Python 中避免这一错误。同时,他还想实现在 ABC 语言开发中闪现但未实现的东西。就这样,Python 在 Guido 手中诞生了。Python 从 ABC 语言发展而来,主要受到了 Modula-3(另一种相当优美且强大的语言,针对小型团体设计开发)的影响,并且结合了 Unix shell 和 C 的习惯。

2000 年 10 月,Python 2.0 正式发布,开启了 Python 应用的新时代。2010 年,Python 2.x 系列最后一个版本发布,主版本号为 2.7。2018 年 3 月,该语言作者在邮件列表上宣布 Python 2.7 将于 2020 年 1 月 1 日终止支持。用户若想要在这个日期之后继续得到与 Python 2.7 有关的支持,则需要付费给商业供应商。

2008 年 12 月,Python 3.0 正式发布,该版本在语法层面和解释器内部进行了重大改进,但由于 3.x 系列与 2.x 系列版本代码无法向下兼容,因此一度影响了 Python 语言的发展。目前,绝大多数 Python 函数库已完成升级。大多数程序员开始采用 Python 3.x,使用 Python 3.x 是大势所趋。本书以 Python 3.8 作为操作环境,介绍 Python 语言的语法结构及其使用。

Python 语言简洁、易读、可扩展,因此,用 Python 语言做科学计算的研究机构日益增多。一些知名大学已经采用 Python 语言来教授程序设计课程。例如,卡耐基梅隆大学的编程基础和麻省理工学院的计算机科学及编程导论都使用 Python 语言讲授。众多开源的科学计算软件包都提供了 Python 的调用接口,例如,著名的计算机视觉库 OpenCV、三维可视化库 VTK、医学图像处理库 ITK 等。而 Python 专用的科学计算扩展库就更多了。NumPy、SciPy 和 matplotlib 就是 3 个经典的科学计算扩展库,分别为 Python 提供了快速数组处理、数值运算以及绘图功能。因此 Python 语言及其众多的扩展库所构成的开发环境十分适合工程技术人员、科研人员处理实验数据,制作图表,甚至开发科学计算应用程序。

随着大数据、人工智能、机器人等专业的设立，国内高校相继开设了该门课程，很多高校甚至将其作为通识类语言课程普遍开设。

## 1.1.2 Python 语言的特点

Python 语言是一种面向对象的解释型语言，与其他语言相比，它具有以下特点。

（1）语法简洁。Python 遵循"简单、优雅、明确"的设计哲学，结构简单，易于学习、阅读与维护。

大多数程序语言的第一个入门编程代码都使用"Hello World"。以下为使用 Python 编写的 Hello World 程序，只有一行代码。

```
＞＞＞print(″Hello World″)
Hello World
```

其中，第一行的"＞＞＞"是 Python 语言运行环境的提示符，其后为 Python 语句；第二行是 Python 语句的执行结果。类似于 C 语言的 Hello 程序：

```
#include ＜stdio.h＞
int main(void)
{
    printf(″Hello World\n″);
    return 0;
}
```

对比可以发现，同样功能的程序，Python 语言代码的行数仅相当于 C 语言的 1/5 至 1/10（当然简洁程度还取决于程序的复杂度和规模），这种优越性将带来更少的程序错误、更快的开发速度和更好的可读性。

（2）高级语言。Python 是一种面向对象的高级程序设计语言，既支持面向过程，也支持面向对象。

（3）免费和开源。Python 是 FLOSS(Free/Libre and Open Source Software，自由/开源软件，https://opensource.org/)之一，允许开发人员自由地发布软件的备份、阅读和修改其源代码、将其一部分自由地用于新的自由软件中。这也为它的发展奠定了坚实的受众基础。

（4）解释型。Python 是解释型语言，兼有编译功能。Python 程序可以在任何安装 Python 解释器的计算机环境中运行，为跨平台运行奠定了基础。

（5）跨平台。作为脚本语言，Python 能运行在不同的平台上，这也导致 Python 程序执行速度相对较慢。

（6）强制可读。Python 通过强制缩进来体现语句间的逻辑关系，提高了程序的可读性与可维护性。

（7）黏性可扩展。Python 可以方便地与其他语言结合，如可以通过 C、C++ 为 Python 编写扩充模块。这种特性使得 Python 被称为"胶水语言"。

(8)丰富的类库。Python 拥有丰富的数据结构与第三方库,具备良好的编程生态环境。

当然,Python 语言也有不足之处,如运行速度相对较慢、源代码加密困难等。但作为一种编程语言,Python 在兼顾质量和效率方面有很好的平衡。

### 1.1.3　Python 语言的应用

Python 语言的开发哲学是:用一种方法,最好只用一种方法来做一件事。Python 语言作为一种功能强大且通用的编程语言,在科学计算、人工智能、大数据、机器人、Web 应用开发、网络爬虫、多媒体、游戏编程、计算机视觉、自然语言处理等方面得到越来越多的应用,下面列举几个大家熟知的应用。

(1)Google。Web 爬虫和搜索引擎中的很多组件均是用 Python 实现的。

(2)Yahoo。Yahoo 使用 Python 和其他技术管理讨论组。

(3)NASA。美国宇航局的 NASA 在它的几个系统中既用 Python 开发,又将其作为脚本语言。

(4)YouTube。作为全球最大的视频分享网站,YouTube 视频分享服务中的大部分是用 Python 编写的。

(5)豆瓣(douban)。作为国内书评、影评方面影响较大的一个网站,豆瓣的前台、后台及服务器的管理系统都是用 Python 编写的。

(6)引力波。引力波是爱因斯坦基于广义相对论所预言的一种以光速传播的时空波动。引力波的观测数据是用 Python(GWPY 包)分析的。Python 对引力波的发现起到了非常重要的作用。

(7)AlphaGo。AlphaGo 打败柯洁轰动世界,而 AlphaGo 背后的程序,有很大一部分是用 Python 编写的。

# 1.2　Python 语言的版本与安装

### 1.2.1　Python 语言的版本

在 Python 的发展历史中,被使用较多的是 2.x 系列版本。Python 3 被视为 Python 的未来,它解决和修正以前版本的内在设计缺陷。目前,Python 的最新版本是 3.10.5,近期,Python 3.11 推出测试版。起初,Python 3 不能向后兼容导致对 Python 2 的更迭缓慢。随着 Python 3 支持的 Python 包数量逐渐增加,它得到越来越多人选用,逐渐成为主流。

Python 3.x 对 Python 2.x 主要做了如下改进。

(1)对 raw_input()和 input()进行了整合,删除了 raw_input(),保留了input(),将所有输入默认为字符串处理,并返回字符串类型。

(2)用 print()函数取代 print 输出语句,如 Python 2.x 中"print "The answer is",

2 * 2"在 Python 3. x 中被替换为"print(″The answer is″, 2 * 2)″。

（3）调整除法运算结果为浮点数。

（4）用 exec 函数取代 exec 语句。

（5）默认采用 UTF-8 编码,在处理 UTF-8 编码时无须在前面加 u 或 U。

（6）增加关键字 as、with、True、False、None 等。

（7）将八进制使用 0 开头修改为使用 0o 开头,如用 0o37 代替 037。

（8）去掉 < > 运算符,仅用! = 表示"不等于"。

（9）去掉长整型(long)数据类型,整数只有 int 一种类型,新增了 bytes 类型。

## 1.2.2　Python 安装文件下载

Python 语言解释器是一个轻量级的软件。用户可以在 Python 语言主网站下载并安装 Python 运行环境,网址为:https//www. python. org/downloads/,下载页面如图1-1所示。

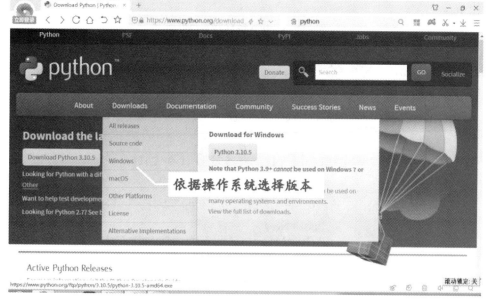

**图 1-1　Python 主网站下载页面**

根据操作系统的版本选择适宜版本的安装程序。本书建议下载 Windows 环境 Python 3.8 版本 exe 安装文件,如图 1-2 所示,其他操作系统请选择相应链接进行下载。

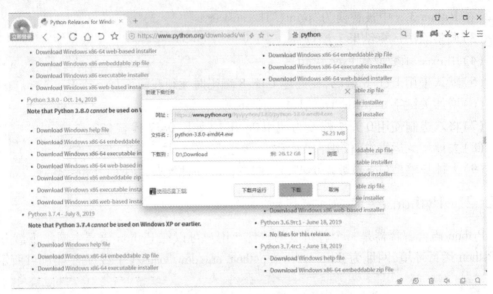

图 1-2　Python 解释器下载页面

## 1.2.3　Python 语言的安装

双击下载的程序安装 Python 解释器,启动安装向导,如图 1-3 所示。

图 1-3　安装向导界面

图 1-3 所示窗口中有典型安装和自定义安装两种方式。建议在图 1-3 界面选择自定义安装,路径为 C:\Python38,同时勾选"Add Python 3.8 to PATH"前的复选框,以确保将 Python.exe 所在的目录附加到 PATH 这个环境变量中,方便在命令行模式下运行 Python 命令,然后逐步按屏幕提示操作,直至出现安装完成界面。

对环境变量检查的步骤:右击桌面上的"计算机",点击"属性"→"高级系统设置",将出现如图 1-4 所示的界面。

图 1-4　Python 环境变量

默认在 Windows 下安装 Python 之后,系统并不会自动添加相应的环境变量,这意味着不能在命令行直接使用 Python 命令。此后可通过图 1-4 的方法将 Python. exe 所在的文件夹附加到 PATH 环境变量中。然后打开命令提示符,依次执行:按"Win + R"→输入"cmd"→输入"Python"→回车。若显示 Python 的版本信息,则表明添加成功。

# 1.3　Python 语言的开发环境与文件类型

## 1.3.1　Python 语言的开发环境

安装 Python 后,运行 Python 程序有两种方式:交互式和文件式。交互式是指 Python 解释器即时响应用户输入的每条代码,给出输出结果;文件式(批量式)是指用户将 Python 程序写在一个或多个文件中,然后启动 Python 解释器批量执行文件中的代码。

**1. 交互式程序运行**

**交互式方法 1**:同时按下"Win + R"键,执行 cmd,启动 Windows 命令行工具,输入 Python 命令并回车,当出现">>>"时表示成功进入,如图 1-5 所示。

图 1-5 Windows 命令行方式

在＞＞＞后面可以输入想要执行的 Python 语句,如:print("Hello,World"),如图 1-6
所示。

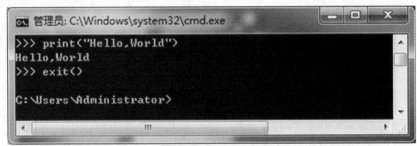

图 1-6 执行 Python 语句

**注意**:这是在 Windows 下执行应用程序,如果执行出错,就会提示"'python'不是内部
或外部命令,也不是可运行的程序或批处理文件"。这说明 Python 文件夹没有加入
PATH 环境变量,需要进入 Python 安装文件夹,也可按图 1-4 所示把 Python 文件夹添加
到环境变量中。

**交互式方法 2**:选择"开始"→"所有程序"→"Python 3.8"→"Python 3.8(64-bit)"也
可进入图 1-5 所示界面。

大多数情况下,使用 Python 内置的集成开发环境 IDLE(该环境使用图形化用户界
面)可以提高编写效率。遗憾的是,该界面没有提供清屏命令,有时显得不够方便。

IDLE 方式:选择"开始"→"所有程序"→"Python 3.8"→"IDLE (Python 3.8 64-
bit)"打开 IDLE 窗口,如图 1-7 所示。

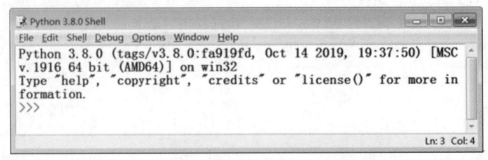

图 1-7 IDLE 交互式编程模式(Python 命令解析器 Shell)

IDLE 默认为交互式方式,可以像交互式方式一样执行 Python 命令并立即得到结果,如图 1-8 所示。不同的是该方法拥有语法加亮、代码提示和补全等智能化功能,代码错误时会抛出异常。

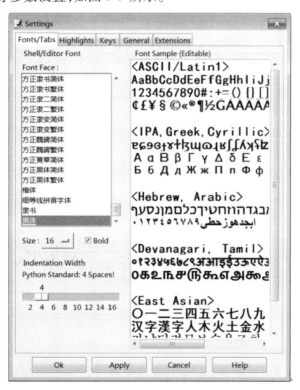

图 1-8　IDLE 交互式方式执行命令

　　初次使用 Python,可以根据自己的喜好通过菜单 Options→Configure IDLE 进行字体、字号、缩进宽度等参数设置,如图 1-9 所示。

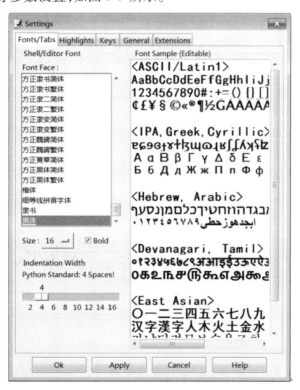

图 1-9　IDLE 参数设置

　　在 IDLE 交互模式中浏览上/下一条命令(历史命令)的快捷键分别是"Alt + P"和"Alt + N"。

　　输入 exit( )、quit( ) 命令或直接单击窗口右上角的" × "按钮,可以关闭 IDLE。

## 2. 文件式程序运行

命令行采用交互式方法执行 Python 程序,无须创建文件,可以立即看到结果,一般适用的场景是语句功能测试。而脚本文件(源程序)具有反复运行、易于编辑的优点,特别适合编写大型程序的场景,也可利用 PyInstaller 打包成可在 Windows 平台上运行的 exe 文件。

使用文本编辑器和 IDLE 编写 Python 脚本文件(源程序),编写与执行过程包括以下三个步骤。

①创建 Python 源代码文件,即后缀为 .py 的文件;

②把 Python 源代码文件编译成字节码,即后缀为 .pyc 的文件。这是一个自动过程,可以节省加载模块的时间,提高效率;

③加载并执行 Python 程序。

以输出"Hello,World"为例,编写源文件 hello.py 并执行的流程如图 1-10 所示。

**图 1-10　编写和执行 Python 程序流程图**

.py 文件需要用 Python 解释器运行。Python 解释器有很多种,如 CPython、IPython、PyPy、Jython、IronPython 等,使用最广泛的是 CPython,之前安装的就是官方版本的解释器 CPython。因为它是用 C 语言编写的,所以叫 CPython。相同的 .py 文件在不同的解释器上运行,结果可能有差异。

(1)使用文本编辑工具编辑。单击"开始"→"所有程序"→"附件"→"记事本"启动记事本程序,然后输入源代码,如图 1-11 所示。

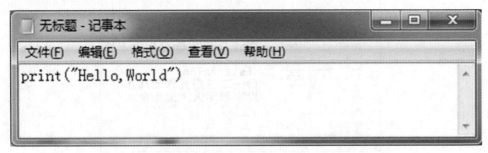

**图 1-11　使用"记事本"编辑程序**

单击"文件"→"另存为",在弹出的窗口中选择保存路径、输入文件名 hello.py,单击"编码",选择"UTF-8"格式,单击"保存",如图 1-12 所示。

**图 1-12　保存为 hello. py**

在 Windows 命令窗口输入命令:python hello. py 即可直接调用 Python 解释器执行程序 hello. py 输出结果。

**注意**:如果程序不是保存在 Python 文件夹下,则需要在. py 文件名前加上路径或切换到. py 文件所在的文件夹,如:

python C:\test\hello. py 或　　C:\test > python hello. py

(2)使用 IDLE 编辑。在 IDLE 窗口,单击菜单 File→New File 或使用快捷键"Ctrl + N"打开一个新窗口,输入语句并保存为 hello. py,然后单击菜单 Run→Run Module(F5)或使用快捷键 F5 即可运行该程序,如图 1-13 所示。

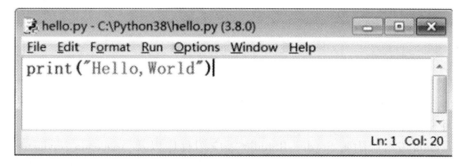

**图 1-13　使用 IDLE 编辑程序**

### 3. 编辑器的选用

Python 自带的编辑器 IDLE 使用方便、比较轻巧,是一个"简易"的 Python 开发环境,不利于项目的管理。在面向较大规模项目开发的集成开发环境中常用下面几种编辑器。

(1)Thonny。Thonny 是基于 Python 内置图形库 tkinter 开发出来的支持多平台(Windows、Mac OS、Linux)的 Python IDE,支持语法着色、代码自动补全、debug 等功能,是一个"轻量级"的 Python 开发环境,下载地址为:

https://thonny.org/

该 Python IDE 是爱沙尼亚的塔尔图大学计算机科学院(Institute of Computer Science of University of Tartu)开发的,自带 Python 编译器,无须另外安装 Python,如图 1-14 所示。

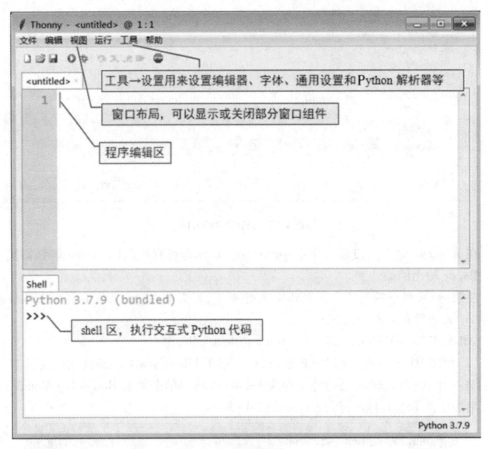

**图 1-14  Thonny 编辑器**

(2)Anaconda。Anaconda 是一个免费的开源软件,易于安装 Python 和 R 编程语言。Anaconda 模仿 MATLAB 的"工作空间"功能,界面由许多窗格构成,可以很方便地观察、修改变量和程序。

Anaconda 发行版附带 Spyder、RStudio 等应用程序以及 Anaconda Navigator。其中,Anaconda Navigator 是 Anaconda 发行版中包含的桌面图形用户界面(GUI)。它允许我们启动 Anaconda 发行版中提供的应用程序,并轻松管理 conda 包、环境和通道,而无需使用命令行命令,适用于 Windows、Mac OS 和 Linux。

Spyder 是一个科学的 Python 开发环境,是一个功能强大的"企业级"Python IDE,具有高级编辑、交互式测试和调试等功能,如图 1-15 所示。

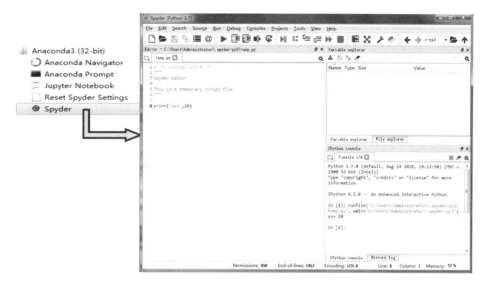

图 1-15　**Spyder 编辑器**

RStudio 是一套集成工具，旨在帮助用户提高 R 语言的工作效率，下载地址为：
https：//www. anaconda. com/downloads/

（3）PyCharm。PyCharm 是一款 Python 的 IDE 编辑工具，带有一套可以帮助用户在使用 Python 语言开发时提高效率的工具，使用方便，便于项目管理，下载地址为：
http：//www. jetbrains. com/pycharm/download/

（4）Eclipse。Eclipse 是一个开放源码、基于 Java 的可扩展开发平台。本身只是一个框架和一组服务，用于通过插件组件构建开发环境。Eclipse 配置 Python 开发环境可参看：
https：//www. cnblogs. com/lizm166/p/8092743. html

## 1.3.2　Python 语言的文件类型

### 1. 源代码

Python 的源文件以"py"为扩展名，由 python. exe 解释运行，可在控制台下运行。"pyw"是图形开发用户接口（GUI）文件的扩展名，作为桌面应用程序，这种文件用于开发图形界面，由 pythonw. exe 解释运行。"py"和"pyw"文件都可以用文本编辑器打开并编辑。

### 2. 字节代码

Python 的源文件经过编译之后生成扩展名为"pyc"的文件，该文件不能用文本编辑器打开或编辑。"pyc"文件与平台无关，因此 Python 程序可以运行在 Windows、Unix 和 Linux 等平台上。

通过命令可以将"py"文件手动编译成"pyc"文件。

```
＞＞＞import py_compile
＞＞＞py_compile. compile("hello. py")
```

或在命令下执行：

```
python -m py_compile hello.py
```

运行之后可以得到"hello. cpython-38. pyc"文件，"pyc"文件存放于源文件路径的 __pycache__文件夹下。如果模块或包被其他的模块引入，则执行引入模块会被动生成 pyc 文件。

# 1.4　Python 语言编程规范

**引例:**已知华氏温度和摄氏温度计算公式分别如下：

$$C = (F - 32)/1.8$$
$$F = C * 1.8 + 32$$

其中,$C$ 表示摄氏温度,$F$ 表示华氏温度,编写 Python 程序实现二者转换的代码如下：

```
#FC.py
val = input("请输入带有符号的温度值(例如:32C):")
if val[-1] in ['F','f']:
    c = (eval(val[0:-1]) -32)/1.8
    print("转换后的温度是%0.2fC"% c)
elif val[-1] in ['C','c']:
    f = 1.8 * eval(val[0:-1]) + 32
    print("转换后的温度是%.2fF"% f)
else:
    print("输入格式错误!")
```

一个 Python 程序由若干语句组成,对应于后缀为. py 的源文件,而语句用于创建对象、变量赋值、调用函数、控制分支、创建循环等,通常包含表达式。运行 Python 程序时,按语句顺序依次执行。

在 IDLE 中将上述程序保存为 FC. py,运行该程序,如：

```
>>>
请输入带有符号的温度值(例如:32C):68F
转换后的温度是20.00C
>>>
请输入带有符号的温度值(例如:32C):47C
转换后的温度是116.60F
```

Python 语言最具特色的是采用"缩进"表示代码之间的包含和层次关系。缩进是指每一行代码开始前的空白区域。编写时,代码缩进可以用 Tab 键实现,也可以用多个空格(一般为 4 个),但两者不可混用。建议使用空格键缩进,以免出错。缩进是 Python 语言中表明程序框架的唯一手段,但在物理行行首不要留有空格。

## 1.4.1　Python 语句及其书写规则

### 1. 语句

语句是程序的构成要素,Python 程序中的语句分为非执行语句与执行语句。非执行语句包括注释语句、空语句和空行,执行语句包括简单语句(如赋值、import、break 语句等)和复合语句(如 if、while、for、try 语句,函数定义和类定义等)。

### 2. 书写规则

(1)Python 语句区分大小写,程序中的标点符号除字符串外均为英文标点。

(2)在 Python 中,一行通常只有一条语句。若语句太长,则可以在行尾使用反斜杠(\)作续行符进行续行,例如:

```
>>>print('如果语句太长,可以使用反斜杠作续行符放在行尾,\
继续输入!')
```

注意:[]、{}或()中的多行语句不需要使用反斜杠。

(3)当同一行中书写多条语句时,语句之间用分号(;)分隔。例如:

```
>>>s=123; print(s)
```

(4)第一列前面不能有任何空格,否则会产生语法错误。

(5)注释语句可以从任意位置开始。

(6)通常,缩进是相对头部语句缩进 4 个空格,也可以是任意空格。复合语句的构造体必须缩进,但同一构造体代码块的多条语句缩进的空格数必须一致(对齐)。如果语句不缩进或缩进不一致,就会导致编译错误。

## 1.4.2　Python 源程序的注释与空语句

### 1. 注释

单行注释采用#开头,多行注释用三个单引号(''')或者三个双引号(""")开头和结尾。Python 注释语句可以出现在任意位置。

Python 解释器将忽略所有的注释语句,因此不会影响程序的执行结果。良好的注释有助于对程序的阅读与理解,多用于标明程序的作者、版权信息、功能及一些辅助信息等。

【例 1-1】　注释语句示例。

```
#exam1-1.py ——注释语句
'''——注释块
功能: This is a demo
作者: ygwang21
'''
print("Hello World!")  #输出:Hello World!——语句注释
```

**2. 空行与空语句 pass**

空行可用在函数之间或类的方法之间,表示一段新代码的开始。类和函数入口之间也用一行空行分隔,以突出函数入口的开始。

空行与代码缩进不同,空行并不是 Python 语法的一部分。书写时不插入空行,Python 解释器运行也不会出错。但是空行的作用在于分隔两段不同功能或含义的代码,便于日后代码的维护或重构。

**注意**:空行也是程序代码的一部分。

空语句 pass 不做任何事情,一般用作占位语句,以便日后补充。目的是保持程序结构的完整性。如果留空,程序就会报错。

**【例 1-2】** 空语句示例。

```
if True:
    pass
```

## 1.4.3　标识符与关键字

**1. 标识符**

标识符是变量、函数、类、模块和其他对象的名字。

标识符第一个字符必须是英文字母或下划线(_);标识符的其他部分由字母、数字和下划线组成;Python 语言标识符对大小写敏感,长度没有限制。

**注意**:

(1)从 Python 3.x 开始,非 ASCII 标识符也是允许的,但不建议。

(2)以双下划线(__)开始和结束的名称具有特殊含义,一般应避免使用,如"__init __"。

(3)避免使用 Python 的保留字和预定义标识符等,如 for、if。

例如:x3、x_3、my_factor 是正确的,而 3x、if(保留字)、__init__(预定义标识符)则是错误的。

**2. 标识符命名规则**

为增加可读性,通常采用以下方法对变量、函数、类和包等命名。

(1)见名知意法。起一个有意义的名字,尽量做到看一眼就知道是什么意思,例如,"名字"用 name 表示,"学生"用 student 表示等。

(2)驼峰命名法。小驼峰式命名法(lower camel case):第一个单词以小写字母开始;第二个单词的首字母大写,如 myName、aDog。大驼峰式命名法(upper camel case):每个单词的首字母都采用大写字母,如 MyClass。

不过在程序员中还有一种命名法比较流行,就是用下划线"_"来连接所有的单词,如 TAX_RATE。

**3. 关键字**

关键字也称保留字,是指被编程语言内部定义并保留使用的标识符。程序员编写程序时不能定义与关键字相同的标识符,否则会产生编译错误。每种程序设计语言都有一套关键字,一般用来构成程序整体框架、表达关键值和具有结构性的复杂语义等。关键字大小写敏感,例如,True 是关键字,而 true 不是关键字。掌握一门编程语言首先要熟记其对应的关键字,Python 3.8 关键字共有 35 个。

Python 标准库提供了一个 keyword 模块,可以输出当前版本的所有关键字,例如:

```
>>> import keyword
>>> keyword.kwlist        #keyword.iskeyword('字符')判断是否关键字
['False', 'None', 'True', 'and', 'as', 'assert', 'async', 'await', 'break', 'class', 'continue', 'def','del',
'elif','else', 'except', 'finally', 'for', 'from', 'global', 'if', 'import', 'in', 'is', 'lambda', 'nonlocal', 'not',
'or', 'pass', 'raise', 'return', 'try', 'while', 'with', 'yield']
```

也可使用语句"help("keywords")"查看 Python 系统定义的关键字。有关关键字的含义如表 1-1 所示。

表 1-1　Python3.8 的关键字及其含义

| 关键字 | 含　义 | 关键字 | 含　义 |
|---|---|---|---|
| False | 布尔类型,表示假 | from | 与 import 结合使用,用于导入模块 |
| None | 表示空,数据类型为 NoneType | global | 定义全局变量 |
| True | 布尔类型,表示真 | if | 条件语句,与 else、elif 结合使用 |
| and | 用于表达式运算,逻辑与操作 | import | 用于导入模块,与 from 结合使用 |
| as | 用于类型转换 | in | 判断变量是否在序列中 |
| assert | 断言,用于判断变量或者条件表达式的值是否为真 | is | 判断变量是否为某个类的实例 |
| async | 用于声明一个函数为异步函数 | lambda | 定义匿名函数 |
| await | 用于声明程序被挂起 | nonlocal | 用于封装函数,且一般用于嵌套函数中 |
| break | 中断循环语句的执行 | not | 用于表达式运算,逻辑非操作 |
| class | 用于定义类 | or | 用于表达式运算,逻辑或操作 |
| continue | 继续执行下一次循环 | pass | 空的类、方法或函数的占位符 |
| def | 用于定义函数或方法 | raise | 异常抛出操作 |
| del | 删除变量或者序列的值 | return | 用于从函数返回计算结果 |
| elif | 与 if、else 结合使用 | try | 用于处理异常的语句,与 except、finally 结合使用 |
| else | 与 if、elif 结合使用。也用于异常和循环语句 | while | while 循环语句 |
| except | 与 try、finally 结合使用,except 包含捕获异常后的操作代码块, | with | 简化 Python 的语句 |
| finally | 与 try、except 结合使用,表示始终要执行 finally 包含的代码块。 | yield | 用于从函数依次返回值 |
| for | for 循环语句 | | |

# 1.5 Python 语言的帮助和资源

## 1.5.1 Python 交互式帮助

Python 提供了丰富多样的帮助功能,通过这些功能可以方便地获取有关函数和命令的使用方法,有助于学习和开发。在 Python 中可以使用交互式或文档方式获取帮助,本书仅介绍交互式帮助。

Python 语言包含许多内置函数,可以实现交互式帮助。直接输入 help( )函数可以进入交互式帮助系统,输入 help(对象)可以获取具体对象的帮助信息。

(1)查看内置对象 pow( )的帮助信息。help( )函数是 Python 内置的一个帮助函数,可以查询当前 Python 已安装的所有模块以及每个模块的说明信息和所用函数。

```
>>> help(pow)
```

在交互式状态下输入上述命令,会出现 Python 内置 pow( )函数的帮助信息,如图 1-16所示。

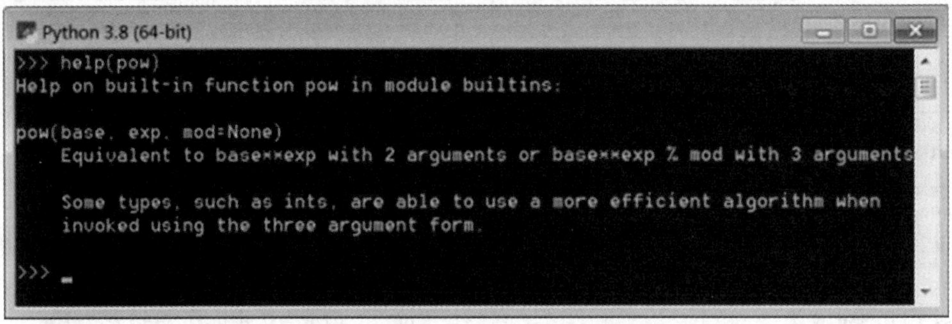

**图 1-16  pow( )函数的帮助信息**

(2)查看 Python 内置对象。dir( )函数比较常用,传入对应的模块名,会列出这个模块下面的所有函数,如"dir(math)",会列出 math 模块下所有的函数,只不过没有函数的详细说明。

```
>>> dir(__builtins__)
```

在交互式状态下输入上述命令,会出现 Python 对象列表,如图 1-17 所示。

图 1-17　**Python** 对象列表

（3）查看对象成员方法。命令为：

> > > help( list)

（4）进入交互式帮助系统。命令为：

> > > help( )

在交互式状态下输入上述命令,可进入交互式帮助系统,屏幕出现 help > ,如图 1-18
所示。

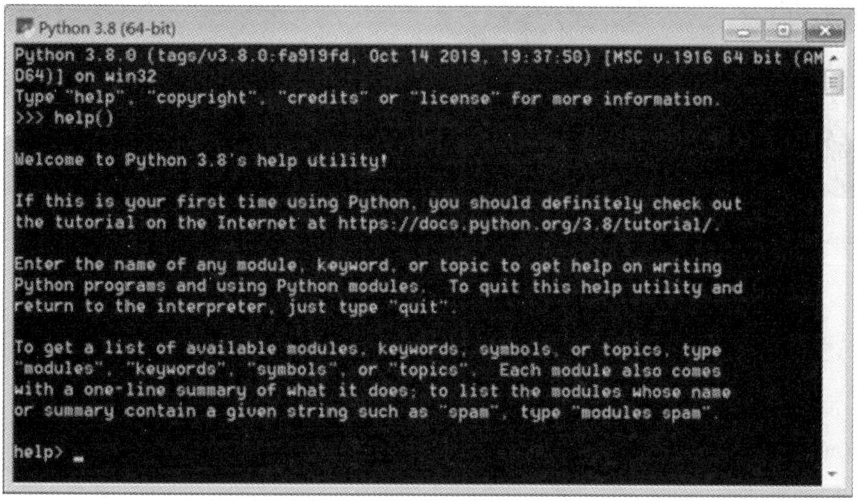

图 1-18　交互式帮助系统

在该状态下显示所有安装模块,可以输入 modules 后回车,如图 1-19 所示。

图 1-19　显示所有安装模块

直接输入 math 回车即可在 help > 状态下显示 math 模块的帮助信息,如图1-20所示。

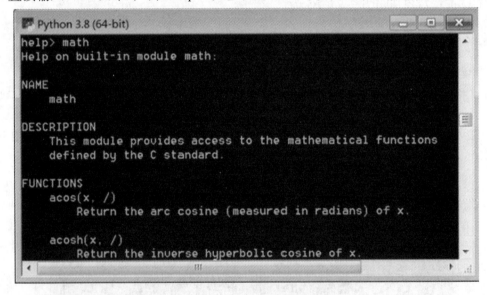

图 1-20　显示 math 模块的帮助信息

除上述 help > math 方式外,也可以使用下面代码显示模块 math 的帮助信息。

```
> > > import math
> > > help( math)
```

如需显示 math 模块中 sin( )函数的帮助信息,可以输入 math. sin,如图 1-21 所示。

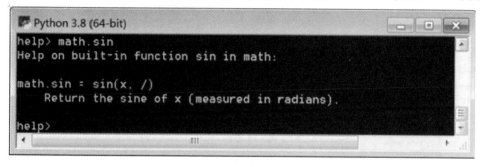

**图 1-21  显示 math 模块中 sin 函数的帮助信息**

(5)退出交互式帮助系统。输入 quit 回车即可,如图 1-22 所示。

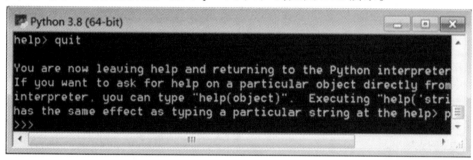

**图 1-22  退出交互式帮助系统**

## 1.5.2  Python 语言的资源

Python 文档提供了有关 Python 语言及标准模块的详细参考信息,是学习和使用 Python 编程语言不可或缺的工具。

### 1. 使用 Python 文档

Python 帮助窗口相当于一个帮助信息浏览器。使用帮助窗口可以搜索和查看所有帮助文档,进入帮助窗口的方法有以下两种。

**方法 1:**单击“开始”→“所有程序”→“Python3. 8”→“Python 3. 8 Manuals (64-bit)”,即可进入 Python 帮助信息浏览窗口,如图 1-23 所示。

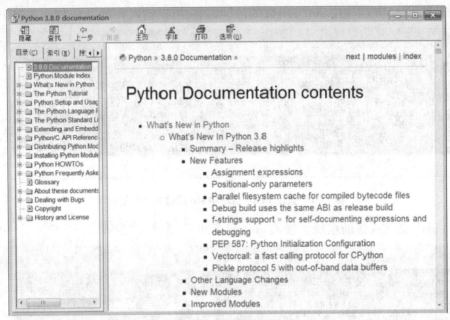

**图 1-23　Python 帮助信息浏览窗口**

将左侧的目录树依次展开,可以找到所需要的帮助信息,也可以在"搜索"标签输入查找信息进行查找。

**方法 2:** 在 IDLE 环境下"Help"→"Python Docs F1"或按 F1 键,进入图 1-23 所示界面。

### 2. Python 官网

在 Python 官网(https://www.python.org/)可以下载各种版本的 Python 程序,查看帮助文档等,如图 1-24 所示。单击"Documentation",选择"Docs"后再选择具体版本号即可下载。

**图 1-24　Python 官网**

# 1.6　Python 应 用

Python 开发者有一个口号："人生苦短，我用 Python。"可以看出使用 Python 非常省时省力。Python 不似 Java 和C++般文采飞扬，但非常具有人文情怀；Python 的核心就是简洁、清晰、直接。下面我们通过几个应用初步了解 Python 的强大功能。

### 1. 图形绘制

```
import turtle
turtle. color('red','blue')
turtle. pensize(2)
turtle. circle(10)
turtle. circle(30)
turtle. circle(70)
turtle. circle(120)
```

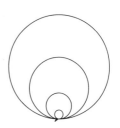

图 1-25　图形绘制

运行结果如图 1-25 所示。

### 2. 统计图绘制

```
import matplotlib. pyplot as plt
t = (5,1,2,4,3,6,8,7)
plt. plot(t ,'b')
plt. show()
```

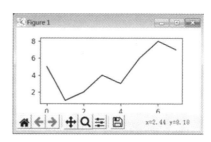

运行结果如图 1-26 所示。

图 1-26　折线图

**备注**：需要在 cmd 窗口输入命令"pip install matplotlib ==3.5.2"，安装绘制图形第三方库 matplotlib。

### 3. 词云图绘制

在 cmd 窗口输入命令"pip install wordcloud ==1.8.1"安装词云第三方库 wordcloud。

```
from wordcloud import WordCloud
txt = ["QBASIC","C++","Visual BASIC","PHP","Python","Java","Delphi","MATLAB","SQL"]
newtxt = ' '. join(txt)      #空格拼接
wordcloud = WordCloud()
wordcloud. generate(newtxt)
wordcloud. to_file("c:\\词云图. jpg")      #保存图片
```

运行后将在 C 盘根目录下生成一个"词云图. jpg"的文件，结果如图 1-27 所示。

图 1-27  词云图

## 4. GUI 界面设计初识

```python
from tkinter import  *

def showWingets( ) :
    if label["text"] == '设计初试':
        label. config( text = '( ＊＾▽＾＊ )')
    else:
        label. config( text = '设计初试')


top = Tk( )
top. title('图形界面')
top. geometry( '240x130 + 150 + 250')  #240 与 130 之间为小写 x

label = Label( top, text = '设计初试')
label. pack( )

button = Button( top, text = '点点吧', command = showWingets)
button. pack( )


top. mainloop( )
```

运行结果如图 1-28 左图所示;单击"点点吧"按钮,结果如图 1-28 右图所示。

 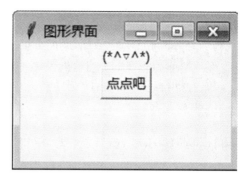

图 1-28 图像处理

## 5. 网络爬虫初识

在 cmd 窗口分别执行命令"pip install requests ==2.28.1"与"pip install beautifulsoup4 ==4.11.1",安装相应的第三方库 requests 与 beautifulsoup4,输入以下程序代码,运行。

```python
import requests        #requests == 2.28.1
import bs4             #beautifulsoup4 == 4.11.1

def getHTMLText(url):
    '''
        获取 url 地址信息的内容,抓取网页信息
    '''
    try:
        r = requests.get(url, timeout = 30)
        r.raise_for_status()
        r.encoding = r.apparent_encoding
        return r.text
    except:
        return "抓取失败!"

def UnivList(ulist, html):
    '''
    提取 html 中的数据,存入 ulist 列表
    '''
    soup = bs4.BeautifulSoup(html, "html.parser")
    for tr in soup.find('tbody').children:
        #判断 tr 的子节点是否为非属性字符串
        if isinstance(tr, bs4.element.Tag):
            tds = tr("td")
            px = str(tds[0].div.string).strip()
```

```
            xm = tds[1].a.string
            lx = str(tds[3].contents[0]).strip()
            mc = str(tds[4].contents[0]).strip()
            ulist.append([px,xm,lx,mc])
    return ulist


def printUnivList(ulist,num):
    '''
    将 ulist 列表信息输出,num 表示学校数目
    '''
    print("{:^3}\t{:^10}\t{:^6}\t{:^10}".format("排名","学校名称","类型","总分"))
    for i in range(num):
        u = ulist[i]
        print("{:^3}\t{:<10}{:^2}\t{:>9}".format(u[0],u[1],u[2],u[3]))


#调用输出
ulist = []
url = 'https://www.shanghairanking.cn/rankings/bcur/2022'
html = getHTMLText(url)
ulist = UnivList(ulist,html)
printUnivList(ulist,10)    #此处仅爬取第 1 页,学校数目应小于等于30
```

运行结果如图 1-29 所示。

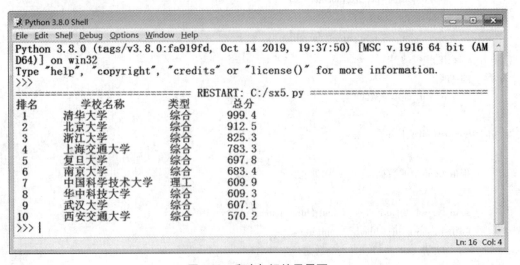

图 1-29    爬虫初识结果界面

**知识拓展**

1. Python 软件基金会(Python Software Foundation, PSF,请参阅 https://www. python. org/psf/)是一个专门为拥有与 Python 相关的知识产权而创建的非营利组织。

2. Python"Windows 命令行窗口"的两种清屏方法:

方法 1:使用 subprocess 模块。

```
>>> import subprocess
>>> k = subprocess. call('cls', shell = True)
```

方法 2:使用 os 模块。

```
>>> import os
>>> k = os. system("cls")
```

3. Python"IDLE 窗口"的清屏方法,步骤如下:

(1)扫描右侧二维码,下载 ClearWindow. py 文件,将其放在 C:\Python38\Lib\idlelib 下。

(ClearWindow.py)

(2)扫描右侧二维码,下载 config-extensions. def 文件,覆盖 C:\Python38\Lib\idlelib\config-extensions. def 文件。

(config-extensions.def)

(3)重新启动 Python IDLE,在 options 选项中就可以看到增加了 Clear shell Window Ctrl + L,即清屏的快捷键为"Ctrl + L"。

## 习 题 1

**一、单选题**

1. Python 是一种_____类型的编程语言。

　　A. 机器语言　　　　B. 解释　　　　C. 编译　　　　D. 汇编语言

2. Python 解释器在语法上不支持_____编程方式。

　　A. 面向过程　　　　B. 面向对象　　　　C. 语句　　　　D. 自然语言

3. 以下_____项不属于 Python 语言的特点。

　　A. 语法简洁　　　　B. 依赖平台　　　　C. 支持中文　　　　D. 类库丰富

4. 下列选项中,不属于 Python 特点的是_____。

　　A. 免费和开源　　　　B. 面向对象　　　　C. 运行效率高　　　　D. 可移植性

5. Python 语言通过_____来体现语句之间的逻辑关系。

　　A. {}　　　　B. ()　　　　C. 缩进　　　　D. 自动识别

6. 关于 Python 语言,_____ 说法是不正确的。

  A. Python 语言由 Guido van Rossum 设计并领导开发

  B. Python 3.$x$ 是 Python 2.$x$ 的扩充,语法层无明显改进

  C. Python 语言提倡开放开源

  D. Python 语言的使用不需要付费,不存在商业风险

7. 关于 Python 的说法,以下选项中错误的是_____。

  A. Python 采用严格的"缩进"来体现语句的逻辑关系

  B. Python 用 exit( )命令退出 python 解释器

  C. Python 源程序的扩展名是 py

  D. Python 可以采用 help 语句获取帮助信息

8. 采用 IDLE 进行交互式编程,其中" > > >"符号是_____。

  A. 运算操作符      B. 程序控制符      C. 命令提示符      D. 文件输入符

9. Python 内置的集成开发环境是_____。

  A. IDLE      B. IDE      C. Pydev      D. Visual Studio

10. Python 解释器的提示符是_____。

  A. >      B. > >      C. > > >      D. > > > >

11. 在 IDLE 的交互模式中,浏览上一条命令的快捷键是_____。

  A. Win + R      B. Alt + P      C. Alt + N      D. Alt + G

12. Python 3.$x$ 源程序默认的编码类型是_____。

  A. Unicode      B. ASCII      C. ANSI      D. UTF-8

13. Python 3.$x$ 源程序的扩展名是_____。

  A. exe      B. py      C. python      D. pyc

14. 以下选项中说法不正确的是_____。

  A. 解释是将源代码逐条转换成目标代码同时逐条运行目标代码的过程

  B. 编译是将源代码转换成目标代码的过程

  C. Python 语言是解释型语言,兼有编译功能

  D. 静态语言采用解释方式执行,脚本语言采用编译方式执行

15. 下列 Python 程序中与"缩进"有关的说法正确的是_____。

  A. 缩进统一为 4 个空格

  B. 缩进是非强制的,仅为了提高代码可读性

  C. 复合语句的构造体必须缩进,表示语句间的包含关系

  D. 缩进在程序中长度统一且强制使用

16. 以下不是 Python 的注释方式是_____。

  A. #注释一行            B. #注释第一行

                           #注释第二行

  C. //注释第一行         D. """Python 文档注释"""

17. _____选项不是 Python 语言的保留字。

  A. try      B. None      C. int      D. del

18. 下面不属于 Python 保留字的是_____。

    A. def             B. elif             C. type            D. import

19. 以下_____选项不是 Python 语言的保留字。

    A. False           B. and            C. true            D. if

20. 下列选项中不是 Python 语言标识符的是_____。

    A. stu_info        B. var2           C. 3v            D. name

## 二、判断题

1. Python 是一种跨平台、开源、免费的高级动态编程语言。

2. 在 Windows 平台上编写的 Python 程序无法在 Unix 平台运行。

3. Python 3.$x$ 完全兼容 Python 2.$x$。

4. 不同版本的 Python 不能安装到同一台计算机上。

5. Python 程序只能在安装了 Python 环境的计算机上以源代码形式运行。

6. Python 3.$x$ 和 Python 2.$x$ 的唯一区别是:print 在 Python 2.$x$ 中是输出语句,而在 Python 3.$x$ 中是输出函数。

7. Python 是一种面向对象的高级程序设计语言,只支持面向对象,不支持面向过程。

8. Python 程序文件不能使用记事本编辑。

9. Python 使用缩进来体现代码之间的逻辑关系。

10. Python 代码的注释只有一种方式,那就是使用#符号。

11. 放在一对三引号之间的任何内容将被认为是注释。

12. 为了计代码更加紧凑,编写 Python 程序时应尽量避免加入空格和空行。

13. 语句 pass 仅起到占位符的作用,并不会做任何操作。

14. 执行 quit( )命令可以退出 python 解释器。

15. 退出帮助系统 help > 应该使用 exit。

## 三、填空题

1. Python 程序文件扩展名主要有_____和_____两种,其中后者常用于 GUI 程序。

2. 为了提高 Python 代码运行速度并进行适当的保密,可以将 Python 程序文件编译成扩展名为_____的文件。

3. Python 内置的集成开发工具是_____。

4. 在 IDLE 交互模式中浏览上一条语句的快捷键是_____。

5. 运行 Python 程序有_____和_____两种方式。

6. Python 程序用符号_____、_____和_____表示注释。

7. 为了保持程序结构的完整性,Python 语言采用_____作为占位语句。

8. Python 程序中如果语句太长,可以使用_____作为续行符。

9. Python 程序中如果一行写多条语句,则语句间可以用_____分隔。

10. 要关闭 Python 解释器,可以用_____命令或快捷键_____。

## 四、操作题

1. 访问 www.python.org,了解 Python 最新版本并浏览 Python 3.8 版本信息。

2. 用 Python 命令行方式执行下列语句:

    print("祖国,您好!")

    print("我来了,学好 Python。")

3. 分别采用 IDLE 命令行方式与 IDLE 程序方式(文件名 ex1. py)执行下列语句,体会两种方式的优缺点。

```
#ex1. py
r = float( input("input r = "))
s = 3. 14 * r * r
print("s = ", s)
```

修改最后一行分别为:

```
print("s = {:. 2f}". format(s))
```

与

```
print("s = %. 2f"% s)
```

再试试!

习题 1 参考答案

# 第 2 章　Python 语言基础

## 课程目标

➢ 掌握基本数据类型、变量、运算符与表达式的使用。

➢ 掌握模块及其引用、常用基本内置函数的应用。

➢ 掌握输入输出函数及字符串格式化的使用方法。

➢ 了解空值、布尔型、类型间转换的应用。

➢ 理解字符串编码、索引与切片,掌握字符串处理的常用方法。

➢ 了解正则表达式的基本语法,能够编写简单的正则表达式。

## 课程思政

➢ 在课堂教学设计中,通过基本数据类型讲规则、做人底线与诚信的道理,通过 Python 语言基础谈本领、基本功与"工匠精神"。

第 2 章例题代码

# 2.1 Python 基本数据类型

数据类型是程序中的基本概念,数据类型不同,在计算机中的存储形式和遵循的运算规则不同。Python 语言中,每个对象都对应某种数据类型。

Python 提供了丰富的数据类型,可以有效地处理各种类型的数据,主要有基本类型、组合类型、自定义数据类型等。

基本类型包括数值类型(包括 int、float、complex)、空值、布尔类型、字节(bytes)类型与字符串类型。

组合类型包括列表、元组、集合与字典类型。

本节主要介绍基本类型,第 4 章介绍组合类型。

## 2.1.1 数值类型

Python 语言包括三种数值类型:整型、浮点型、复数型。

### 1. 整数类型(int)

整数类型也称整型,用来表示整数值,可以是正整数、负整数和 0。Python 可以处理任意大小的整数(包括负整数)。在 Python 中,整数在程序中的表示方法和数学上的写法一样。例如:1,100,-8080,0 等。试一试 pow(2,10)、pow(2,100)。

整数共有四种进制表示,默认为十进制。二进制、八进制和十六进制均需要增加引导符号,如:

0b010、-0B101 (以 0b、0B 开头表示 2 进制数)

0o132、-0O45 (以 0o、0O 开头表示 8 进制数)

0x9a、-0X89 (以 0x、0X 开头表示 16 进制数)

Python 3.$x$ 之后已不再区分 int 和 long,统一用 int。

另外,Python 还提供了表 2-1 所示的内置函数,用于数值不同进位制之间的相互转换。

表 2-1 **Python** 内置的数值型转换函数

| 函 数 | 描 述 | 示 例 | |
|---|---|---|---|
| bin($x$) | 将整数 $x$ 转换为二进制数 | bin(-10) | #'-0b1010' |
| oct($x$) | 将整数 $x$ 转换为八进制数 | oct(100) | #'0o144' |
| hex($x$) | 将整数 $x$ 转换为十六进制数 | hex(123) | #'0x7b' |

### 2. 浮点数类型(float)

Python 的浮点数就是数学中带有小数点及小数的数字。之所以称为浮点数,是因为按照科学计数法表示时,浮点数的小数点位置是可变的,如:$1.43 \times 10^9$ 和 $14.3 \times 10^8$ 是相等的。

浮点数可以用数学写法,如:1.23、77、-9.01 等。但是对于很大或很小的浮点数,就必须用科学计数法表示,用 e 替代 10。如:$1.43 \times 10^9$ 就是 1.43e9 或者 14.3e8,0.000012可以写成 1.2e-5 等。

整数和浮点数在计算机内部存储的方式是不同的,整数运算永远是精确的,而浮点数运算的数值范围存在限制,小数精度也存在限制(与计算机系统有关),亦即有误差。

在运算中,整数与浮点数运算的结果是浮点数。

```
>>> import sys
>>> sys. int_info          #系统整数信息
sys. int_info( bits_per_digit = 30, sizeof_digit = 4)
>>> sys. float_info          #系统浮点数信息
sys. float_info ( max = 1. 7976931348623157e + 308, max_exp = 1024, max_10_exp = 308, min =
2. 2250738585072014e - 308, min_exp = - 1021, min_10_exp = - 307, dig = 15, mant_dig = 53, epsilon =
2. 220446049250313e - 16, radix = 2, rounds = 1)
```

**3. 复数类型( complex )**

与数学中的复数概念一致,在 Python 语言中,复数可以看作二元有序实数对,如: $(a,b)$ 表示 $a + bj$,其中 $a$ 是实数部分(实部), $b$ 是虚数部分(虚部), $a$ 和 $b$ 都是浮点型,虚数部分用 j 或者 J 标识, $b$ 和 j 中间不能加 $*$ 号。

例如: $12.3 + 4j$, $-5.6 + 7j$。

对于复数 z,可以用 z. real 获得实数部分,用 z. imag 获得虚数部分,用 z. conjugate( ) 获得共轭复数,其他数值类型与复数进行运算,结果是复数。

```
>>> a = 1 + 2j
>>> a. real
1.0
>>> a. imag
2.0
>>> a. conjugate( )
(1 - 2j)
```

**思考:** 若 $z = 1.23e - 4 + 5.6e + 89j$,则此复数的实部和虚部分别是什么?

## 2.1.2　空值类型与布尔类型

**1. 空值类型( NoneType )**

空值类型是 Python 里一个特殊的类型,表示对应值是一个空对象,用 None 表示。不能将 None 理解为 0,因为 0 是有意义的,而 None 是一个特殊的空值类型。例如,没有返回值的函数结果。

```
>>> None
>>> type( None)
< class 'NoneType' >
```

**2. 布尔类型(bool)**

布尔类型只有 True、False 两种值(注意大小写),一般用在条件运算中,以便程序判断进行何种操作。关系运算、逻辑运算的结果是布尔值。

在 Python 中,None、任何数值类型中的 0、空字符串''、空元组()、空列表[ ]、空字典{ }都被视为 False。

例如:

```
if None:
    print('123')
else:
    print('ABC')
```

结果为:

```
ABC
```

## 2.1.3 字节类型与字符串类型

**1. 字节类型(bytes)**

在 Python 3.x 中,字符串和二进制数据完全区分开。字符串由 str 类型表示,以字符为单位进行处理;二进制数据由 bytes 类型表示,以字节为单位处理。

Python 3.x 中,bytes 通常用于网络数据传输、二进制图片和文件的保存等。

创建 bytes 类型数据需在常规的 str 类型前加个 b 以示区分,例如:

```
>>>b = b''          #创建一个空的 bytes
>>>b = bytes()      #创建一个空的 bytes
>>>b = b'hello'     #直接指定这个 hello 是 bytes 类型
```

**2. 字符串类型(str)**

Python 字符串使用单引号、双引号、三单引号或三双引号作为定界符,并且不同的定界符之间可以互相嵌套。

字符串是以'或"括起来的任意文本,比如'abc',"xyz"等。其中'或"本身只是一种表示方式,不是字符串的一部分。因此,字符串'abc'只有 a、b、c 这 3 个字符。如果'本身也是一个字符,那就可以用""括起来,比如"I'm OK"包含的字符是 I、'、m、空格、O、K 这 6 个字符。

如果字符串内部包含'又包含"怎么办?可以用转义字符\来标识,例如:

```
'I\'m \"OK\"!'
```

表示的字符串内容是:I'm "OK"!

转义字符\可以转义很多字符,如\n 表示换行,\t 表示制表符,字符\本身也要转义,所以\\表示的字符就是\,Python 转义字符如表 2-2 所示。

表 2-2 **Python 格式字符串的转义字符及其含义**

| 转义字符 | 含　义 | 转义字符 | 含　　　义 |
|---|---|---|---|
| \a | 响铃 | \ | 行尾时作续行符 |
| \b | 退格 | \\ | 一个斜线\ |
| \f | 换页符 | \' | 单引号' |
| \n | 换行符 | \" | 双引号" |
| \r | 回车 | \ddd | 把 3 位八进制数 ddd 转成对应的 ASCII 字符 |
| \t | 水平制表符 | \xhh | 把以小写 x 起始的十六进制数 hh 转成对应的 ASCII 字符 |

例如：

```
>>> print('Hello\nWorld')          #包含转义字符的字符串
Hello
World
>>> print('\101')                  #三位八进制数对应的字符
A
>>> print('\x41')                  #两位十六进制数对应的字符
A
>>> type('Python')
<class 'str'>
>>> print('I\'m OK.')
I'm OK.
>>> print('I\'m learning\nPython.')
I'm learning
Python.
```

为了避免对字符串中的转义字符进行转义，可以使用原始字符串，在字符串前面加上字母 r 或 R 表示原始字符串，其中的所有字符都表示原始的含义而不会进行任何转义。例如：

```
>>> print('C:\Windows\notepad.exe')     #字符\n 被转义为换行符
C:\Windows
otepad.exe
>>> print(r'C:\Windows\notepad.exe')     #任何字符都不转义
C:\Windows\notepad.exe
```

# 2.2 　常量和变量

## 2.2.1 　常　量

常量是指在程序运行过程中不会改变的量。一般分为字面常量与符号常量。

字面常量:如 −3、3.65、'Monday'等。

符号常量:一般语言中使用 const 保留字指定符号常量(如C++、Visual BASIC 等),而 Python 并没有定义常量的保留字,通常遵照约定。为增加程序可读性,一般使用大写字母或下划线表示常量。

**【例 2-1】** 常量示例。

```
TAX_RATE = 0.16
PI = 3.14
```

**注意**:math 包中包含两个数学常量 pi、e,分别表示圆周率 π 与自然常数,如图 2-1 所示。

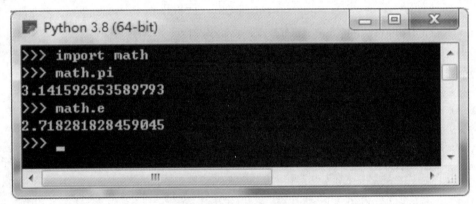

图 2-1　math 包中的数学常量

## 2.2.2　变量与赋值语句

变量是指程序中其值可以发生改变的元素,在程序中用变量名标识。可以用变量名表示一个数字、字符串或任意数据类型数据,并通过变量名来访问这些数据。在 Python 3 中,一切皆为对象,每个对象都有唯一的 id 标识。

Python 语言变量名的命名规则与标识符的命名规则相同。变量在使用之前必须初始化(赋值),否则会报错,如图 2-2 所示。

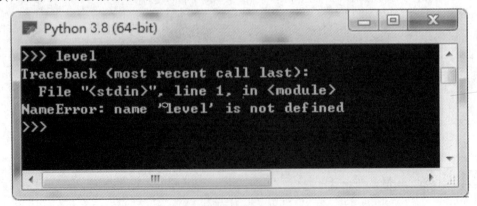

图 2-2　变量未初始化

变量赋值语句的语法格式:

变量名 = 字面量或表达式

**功能**:将 = 右侧的值赋给左侧的变量。该语句也称"赋值语句",其中" = "称为赋值号。

Python 语言属于动态类型语言,即变量不需要显式声明数据类型。Python 解释器会根据变量的值自动确定其数据类型。在定义变量时,在内存将产生两个动作:一是为变量开辟内存空间;二是将变量名与内存空间相关联。可用内置函数 type 判断变量的类型,id 函数返回变量所指对象在内存中的位置。如:

```
>>> x = 1;str1 = 'abc'
>>> type(x);type(str1)
< class 'int' >
< class 'str' >
>>> id(x);id(str1)
8791430305440
8791430305440
31309168
```

在 Python 中,允许多个变量指向同一个值。修改变量的值实质是修改变量指向内存的地址。如图 2-3 所示。

```
>>> y = x;z = 1
>>> id(x);id(y);id(z)
8791430305440
8791430305440
8791430305440
>>> x = 3;id(x)
8791430305504
```

**图 2-3　Python 内存管理模式**

变量赋值的语法格式还有:

变量名 1 = 变量名 2 = … = 变量名 n = 字面量或表达式

用于给多个变量赋相同值,如:

```
>>> a = b = c = 1
```

变量名1,变量名2,…,变量名 n = 表达式1,表达式2,…,表达式 n

用于给多个变量赋不同值,如:

> > > name, age, sex = ′张三′, 23, ′男′

赋值号除 = 之外,还有复合赋值运算符,如表2-3所示。

表2-3　复合赋值运算符及其应用示例

| 运算符 | 含义 | 示例 | 等价于 |
|---|---|---|---|
| + = 、 − = 、* = 、/ = | 算术赋值 | s + = 1 | s = s + 1 |
| // = | 整除赋值 | x// = y − z | x = x//(y − z) |
| % = | 取模赋值 | x% = 2 | x = x% 2 |
| ** = | 乘方赋值 | x ** = 2 | x = x ** 2 |
| < <= 、 > >= | 左、右移赋值 | x < <= y | x = x < < y |
| & = 、 | = 、 ^ = | 按位赋值 | x& = y | x = x&y |

对于不再使用的变量,可以使用 del 语句删除。格式为:

del v1[ ,v2,…,vn]

如:

> > > ans = 1
> > > del ans
> > > ans
Traceback ( most recent call last):
　　File ″< pyshell#10 >″, line 1, in < module >
　　　　ans
NameError: name ′ans′ is not defined

# 2.3　运算符与表达式

## 2.3.1　运算符与表达式

运算符是用来将运算对象(常量、变量、函数等)连接起来的一种物理符号,是构造表达式的基础。

表达式是用运算符、运算对象和括号按一定规则连接起来的符合 Python 规则的式子。表达式通过运算后产生运算结果,运算结果的类型由操作数和运算符共同决定。表达式的书写规则如下。

(1)表达式从左到右在同一个基准上书写。例如,数学公式 $x^2 + y^2$ 应该写为:

$$x * * 2 + y * * 2$$

（2）乘号不能省略。例如，数学式子 $3x$ 应写为：

$$3 * x$$

（3）括号必须成对出现，而且只能使用圆括号；圆括号可以嵌套使用，例如，数学公式 $\dfrac{x}{x+y}$ 应写为：

$$x / (x + y)$$

Python 语言定义了许多运算符，按照运算对象不同，运算符及表达式的分类分别如表 2-4 ~ 表 2-10 所示。

### 1. 算术运算符及其表达式

算术运算符和数学运算中使用的符号基本相同，Python 语言中的算术运算符如表 2-4 所示。

表 2-4　算术运算符及其示例

| 运算符 | 功能说明 | 示例（$a = 3, b = 5$） |
|---|---|---|
| + | 加法，列表、元组、字符串合并与连接，正号 | $a + b$ 为 8 |
| − | 减法，集合差集，相反数 | $a - b$ 为 $-2$ |
| * | 乘法，序列重复 | $a * b$ 为 15 |
| / | 除法 | $a / b$ 为 0.6 |
| // | 求整数商 | $a // b$ 为 0 |
| % | 求余数，字符串格式化 | $a \% b$ 为 3 |
| ** | 幂运算 | $a * * b$ 为 243 |

例如：

```
>>> a = 3 ; b = 5
>>> a + b
8
>>> a // b
0
```

### 2. 字符串运算符及其表达式

在 Python 中，可以使用算术运算符 " + " 和 " * " 来实现字符串拼接，具体运算符如表 2-5 所示。

表 2-5　字符串运算符及其示例

| 操作符 | 描　　述 | 实例（a = "Hello"，b = "Python"） |
|---|---|---|
| + | 将 + 前后字符串连接成一个字符串 | >>> a + b<br>'HelloPython' |
| * | 重复输出字符串。如果将一个字符串与 0 或负数相乘，结果将是一个空字符串。 | >>> a * 2<br>'HelloHello' |

例如：

```
>>> name = "Wang"
>>> print("My name is" + name)
My name is Wang
```

### 3. 关系运算符及其表达式

用于将两个操作数的大小进行比较,若关系成立,则结果为 True,否则为 False。关系运算符如表 2-6 所示。

表 2-6　关系(比较)运算符及其示例

| 运算符 | 功能说明 | 示例($a=3,b=5$) |
|---|---|---|
| == | 等于 | $a==b$ 为 False |
| != | 不等于 | $a!=b$ 为 True |
| > | 大于 | $a>b$ 为 False |
| >= | 大于等于 | $a>=b$ 为 False |
| < | 小于 | $a<b$ 为 True |
| <= | 小于等于 | $a<=b$ 为 True |

例如：

```
>>> a=3
>>> a>5.0
False
>>> 2>True
True
>>> 1<a<=7
True
>>> "ab123">"ab12"
True
>>> 123>"ab"
Traceback (most recent call last):
  File "<pyshell#11>", line 1, in <module>
    123>"ab"
TypeError: '>' not supported between instances of 'int' and 'str'
>>>
```

可以看出,字符串类型是逐个比较对应字符的 ASCII 码值大小,不同类型进行比较将产生错误,但数值类型(包括布尔型,True 自动转换为 1,False 自动转换为 0)之间可以进行比较。Python 对介于两个值之间的比较可以采用"值 1<变量<值 2"的形式,但不推荐使用,以免与其他语言混淆。

### 4. 逻辑运算符及其表达式

逻辑运算符一般与关系运算符结合使用,用于检测两个以上条件的情况,结果通常是布尔型。常作为第 3 章将要介绍的选择语句或循环语句的判断依据。Python 语言中提供的逻辑运算符按从高到低的顺序,如表 2-7 所示。

表 2-7　逻辑运算符及其示例

| 运算符 | 功能说明 | 示　　例 |
|---|---|---|
| not | 逻辑非,取反,单目运算符 | not True |
| and | 逻辑与,都为真(非0)时,结果为真 | True and True |
| or | 逻辑或,至少有一个为真(非0)时,结果为真 | True or False |

**注意:**

(1)Python 的任意表达式都可以作为逻辑值参与逻辑运算。

```
>>> not 2
False
>>> not 0
True
>>> not 'abc'
False
```

(2)对于 A or B 形式的逻辑表达式,如果 A 不为 0 或不为空或为 True,则返回 A;否则返回 B。此称"短路",即仅在必要时才计算操作数 B。

```
>>> 1 or 2
1
>>> 0 or 2
2
>>> False or True
True
>>> True or False
True
```

(3)对于 A and B 形式的逻辑表达式,如果 A 为 0 或空或为 False,则返回 A;否则返回 B。此称"短路",即仅在必要时才计算操作数 B。

```
>>> 2 and 3
3
>>> 0 and 3
0
>>> True and 2
2
>>> False and 2
False
```

可以看出,逻辑运算符可以操作任何类型的表达式,结果也不一定是布尔类型,可以是任意类型,这是不同于其他语言的。

### 5. 位运算符及其表达式

操作数必须是整数,按其二进制位逐位进行逻辑运算,结果为十进制整数。位运算符如表 2-8 所示。

表 2-8　位运算符及其示例

| 运算符 | 功能说明 | 示例($a=3,b=5$) |
|---|---|---|
| & | 位与,集合交集 | $a\&b$ 为 1 |
| \| | 位或,集合并集 | $a\|b$ 为 7 |
| ^ | 位异或 | $a\^b$ 为 6 |
| ~ | 位求反 | $\sim a$ 为 $-4$(最高位 1 表示负数,后为补码) |
| << | 左移位 | $a<<2$ 为 12 |
| >> | 右移位 | $a>>2$ 为 0 |

例如:

```
>>> a=3;b=5
>>> a=3;b=5        #a→011,b→101
>>> a|b            #111→7
7
>>> a<<2           #1100
12
>>> ~a             #11111100(负数以补码存储)→10000100(源码)→-4
-4
```

### 6. 成员运算符及其表达式

成员运算符用于判断序列中是否有某个成员,结果为布尔型值,如表 2-9 所示。

表 2-9　成员运算符及其示例

| 运算符 | 功能说明 | 示　例 |
|---|---|---|
| in | 如果 $x$ 在序列 $y$ 中,则值为 True | 3 in [1,3,5]值为 True |
| not in | 如果 $x$ 不在序列 $y$ 中,则值为 True | 3 not in [1,3,5]值为 False |

例如:

```
>>> 3 in [1,3,5,7]
True
>>> 'wang' in ('wang','huang','ge')
True
>>> 'bc' in 'abcd'
True
```

### 7. 标识(或身份)运算符及其表达式

标识运算符用于比较两个对象的内存地址是否相同,结果为布尔型值,如表 2-10 所示。

表 2-10　标识运算符及其示例

| 运算符 | 功能说明 | 示　　例 |
|---|---|---|
| is | 运算符两侧的变量指向同一对象时,表达式值为 True | $x$ is $y$ 类似 id($x$) == id($y$) |
| is not | 运算符两侧的变量指向同一对象时,表达式值为 False | $x$ is not $y$ 类似 id($x$) != id($y$) |

例如:

```
>>> a = 10
>>> b = 10
>>> a == b
True
>>> a is b
True
>>> x = [1,3,5]
>>> y = [1,3,5]
>>> x == y
True
>>> x is y
False
>>> id(a);id(b);id(x);id(y)
8791432992704
8791432992704
50024256
42123456
```

**注意**:is 与 == 的区别,== 用于比较两个对象的值是否相等,而 is 用于比较两个对象的内存地址是否相同。

## 2.3.2　表达式运算次序

在一个表达式中出现多种运算符,将按照预先确定的顺序解析计算。运算符按优先级从高到低排序,如表 2-11 所示。

表 2-11　运算符的优先级

| 优先级 | 运算符 | 描　述 | 优先级 | 运算符 | 描　述 |
|---|---|---|---|---|---|
| 1 | ** | 指数/幂 | 8 | <、<=、>=、!=、== | 比较 |
| 2 | ~、+、- | 取反、正负号 | 9 | is、is not | 同一性 |
| 3 | *、/、%、// | 乘、除、余、商 | 10 | in、in not | 成员 |
| 4 | +、- | 加减法 | 11 | not | 非 |

续表

| 优先级 | 运算符 | 描　　述 | 优先级 | 运算符 | 描　　述 |
|---|---|---|---|---|---|
| 5 | ＞＞、＜＜ | 移位 | 12 | and | 与 |
| 6 | & | 与 | 13 | or | 或 |
| 7 | ^、\| | 异或、或 | 14 | lambda | lambda 表达式 |

**说明：**

（1）当一个表达式中出现多个运算符时，Python 会先比较各个运算符的优先级，按照优先级从高到低的顺序依次执行；具有相同优先级的运算符将从左至右依次运算。

（2）不要把一个表达式写得过于复杂，如果一个表达式过于复杂，可以尝试把它拆分开来书写。

（3）不要过多地依赖运算符的优先级来控制表达式的执行顺序，否则可读性太差，应尽量使用小括号()来控制表达式的运算顺序。

**思考：**根据各运算符的优先级写出 $20 - 2 * 3 ** 4/6 \% 5 + 15//4$ 的运算结果。

# 2.4  函 数 与 模 块

函数是可以重复调用的代码块，使用函数可以有效地组织代码，提高代码的重用率。本节主要介绍内置函数和标准库函数 math，其他标准库函数、第三方模块函数及自定义函数将在后续章节中予以介绍。

## 2.4.1  内置函数

Python 语言包含许多内置的函数，如 print、input 等，可以直接使用。Python 3.8 提供的所有内置函数如表 2-12 所示。

表 2-12　Python 3.8 内置函数

| 类　　别 | 函　　数 |
|---|---|
| 数学运算 | abs、divmod、max、min、pow、round、sum |
| 类型转换 | bool、int、float、complex、str、bytearray、bytes、ord、chr、bin、oct、hex、tuple、list、dict、set、frozenset、enumerate、range、iter、slice、super、object |
| 序列操作 | all、any、filter、map、next、reversed、sorted、zip |
| 交互操作 | input、print |
| 对象操作 | dir、id、hash、type、len、ascii、format、vars |
| 变量操作 | globals、locals |
| 文件操作 | open |
| 编译执行 | compile、eval、exec、repr、breakpoint、memoryview |
| 装饰器 | property、classmethod、staticmethod |
| 反射操作 | isinstance、issubclass、hasattr、getattr、setattr、delattr、callable |
| 系统操作 | help、exit、quit、copyright、license、credits |

下面介绍其中的常用函数。

**1. 查看内置函数信息函数**

**格式:** dir([object])

**功能:** 函数不带参数时,返回当前范围内的变量、方法和定义的类型列表;带参数时,返回参数的属性、方法列表。其中,object 可以是对象、变量或类型。如:

```
>>>dir()                      #获得当前模块的属性列表
['__annotations__', '__builtins__', '__doc__', '__loader__', '__name__', '__package__',
'__spec__']
  >>> dir(__builtins__)            #查看内置模块中的函数名称、一些异常和其他属性
  >>> dir([])                      #查看列表的方法
['__add__', '__class__', '__contains__', '__delattr__', '__delitem__', '__dir__', '__doc__',
'__eq__', '__format__', '__ge__', '__getattribute__', '__getitem__', '__gt__', '__hash__',
'__iadd__', '__imul__', '__init__', '__init_subclass__', '__iter__', '__le__', '__len__', '__lt__',
'__mul__', '__ne__', '__new__', '__reduce__', '__reduce_ex__', '__repr__', '__reversed__',
'__rmul__', '__setattr__', '__setitem__', '__sizeof__', '__str__', '__subclasshook__', 'append',
'clear', 'copy', 'count', 'extend', 'index', 'insert', 'pop', 'remove', 'reverse', 'sort']
  >>> import sys
  >>> dir(sys)                     #查看 sys 模块的属性和方法
```

**2. 数值运算函数**

**格式:** divmod(x,y)

**功能:** 输出二元形式的商和余数,即(x//y,x% y)。如:

```
>>>divmod(10,3)
(3,1)
>>>a,b = divmod(10,3)
>>>c = divmod(10,3)
>>>c[0];c[1]
3
1
```

**格式:** pow(x,y)　　或　　pow(x,y,z)

**功能:** 幂运算,即 x ** y 或(x ** y)% z。如:

```
>>>pow(10,3)
1000
```

**格式:** round(x)　　或　　round(x,d)

**功能:** 对 $x$ 四舍五入,保留 $d$ 位小数,无 $d$ 时返回四舍五入整数。如:

```
>>>round(1.4)
1
```

**格式:** $\max(x_1, x_2, \cdots, x_n)$ 或 $\min(x_1, x_2, \cdots, x_n)$
**功能:** 返回 $x_1, x_2, \cdots, x_n$ 的最大值或最小值。如:

```
>>>max(1,0,8,3,5)
8
```

### 3. input( ) 函数

**格式:** 变量名 = input([提示性文字])
**功能:** 接收一个标准输入数据,返回值为字符串(str)类型。如:

```
>>>x = input("请输入:")
请输入:123                    #输入数字
>>> type(x)
<class 'str'>
>>> x = input("请输入:")
请输入:ab1                    #输入字符
>>> type(x)
<class 'str'>
```

### 4. eval( ) 函数

**格式:** eval(<字符串>)
**功能:** 以 Python 表达式的方式解析并执行字符串,返回结果输出。eval 函数是 Python 语言中一个十分重要的函数,可以实现 list、dict、tuple 与 str 之间的转换,如:

```
>>>x = 7
>>>eval('x+1')
8
>>>eval('pow(2,2)')
4
>>>eval('1.1 + 2.2')
3.3
```

eval 函数经常和 input 函数一起使用,用来获取用户输入的数值,方法如下:

```
<变量>=eval(input(<提示性文字>))
```

### 5. print( ) 函数

print( ) 函数有两种格式。
**格式1:** print(x)

**功能:**输出常量、变量(数值、布尔、列表、字典等)和表达式的值。如:

```
>>> x = 12
>>> print(x + 1)
13
>>> s = 'Hello'
>>> print(s)
Hello
>>> L = [1,2,'a']
>>> print(L)
[1, 2, 'a']
>>> t = (1,2,'a')
>>> print(t)
(1, 2, 'a')
>>> d = {'a':1, 'b':2}
>>> print(d)
{'a': 1, 'b': 2}
```

默认输出是换行的,如果不想换行,需要在变量末尾加上 end = ""或别的非换行符字符串,如:

```
print('123')                    #默认换行
print('123', end = "")          #不换行
```

**格式 2:**print(value,…,sep = ' ',end = '\n'[ ,file = sys. stdout])

**功能:**按指定的格式要求输出变量 value 的值(输出多个时需要用",分隔)。其中 sep 代表分隔符,默认是一个空格;end 代表结束处的符号,默认是一个换行符;file 代表要写入的文件对象,默认为屏幕。

**注意:**value 输出信息可以使用% 运算符进行格式化输出(后面还会介绍使用 format() 方法进行格式化),格式如图 2-4 所示。

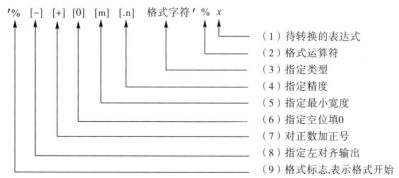

图 2-4　% 格式化输出的完整形式

其中的格式字符如表 2-13 所示。

表2-13　**Python** 格式字符及其说明

| 格式字符 | 说　　明 |
| --- | --- |
| %s | 字符串 |
| %c | 单个字符 |
| %d | 十进制整数 |
| %o | 八进制整数 |
| %x | 十六进制整数 |
| %e | 指数（基底写为e） |
| %E | 指数（基底写为E） |
| %f、%F | 浮点数 |
| %% | 一个字符"%" |

另外,格式字符串中使用特殊字符时需用转义字符" \ ",如表2-2所示。

如：

```
>>>'结果:%f'%88
'结果:88.000000'
>>>print('我的名字是%s 年龄是%d' % ('ZhangSan',20))
我的名字是 ZhangSan 年龄是 20
```

【例2-2】　输入两个数字,计算并输出它们的平均数。

```
#avg. py
x = input("The first number is =")
y = input("The second number is =")
avg = (float(x) + float(y))/2
print('The average number is %f' % avg)
```

程序运行结果为：

```
The first number is =2
The second number is =7
The average number is 4.500000
```

## 6. 类型判断函数

**格式:** type(x)

**功能:** 对变量 x 类型进行判断,适用于任何类型。

```
>>>type(4.5)
<class 'float'>
>>>type(3 - 2j)
<class 'complex'>
>>>type('3.14')
<class 'str'>
```

**注意**:type 输出信息是一种内部表示,不可采用字符串比较方式进行类型判断。例如要判断 n 是否为整数可以采用 type(n) is int 或 type(n) == type(10),而不能采用 type(n) == ″< class ′int′ >″表示。

**格式**:isinstance(object,classinfo)

**功能**:用来判断一个对象是否是一个已知的类型。如果 object 的类型与 classinfo 相同或是其中一个,则返回 True,否则返回 False。其中参数 object 表示待判断的对象,classinfo 可以是类、基本类型或者由它们组成的元组。

```
>>> x = 2
>>> isinstance(x,int)
True
>>> isinstance(x,str)
False
>>> isinstance(x,(str,int,list))        #若 x 是元组中的一个,则返回 True
True
```

isinstance( ) 与 type( ) 的区别:type( ) 不会认为子类是一种父类类型,不考虑继承关系;isinstance( ) 会认为子类是一种父类类型,考虑继承关系。如果要判断 n 与某个类型是否相同,推荐使用 type(n) is <类型> 或 isinstance(n, <类型>)形式。

```
>>> x = 3;y = 4
>>> type(x) is type(y)
True
>>> isinstance(x,type(y))
True
>>> x = 4.5
>>> isinstance(x,type(y))
False
>>> type(x) is type(y)
False
```

### 7. 类型间转换函数

整数与浮点数运算的结果是浮点数,其他数值类型与复数进行运算结果是复数,两个整数采用/运算结果将是浮点数,布尔型与数值型进行运算时 True 转换为 1,False 转换为 0,这些操作可以隐式转换。但有些必须显式地进行转换,如数值与字符的转换问题,常用的类型间转换函数如表 2-14 所示。

表 2-14　常用的类型间转换函数

| 函　　　数 | 描　　　述 | 示　　　例 | |
|---|---|---|---|
| int(x[ ,base]) | 将 x 转换为整数,x 可以是浮点数或字符串,base 可以是 2、8、16,此时 x 必须是字符串 | int(2.8)<br>int(−2.8)<br>int('2.8')<br>int('ff',16)<br>int('1011',2) | #2<br>#−2<br>#错误<br>#255<br>#11 |
| float(x) | 将 x 转换为浮点数,x 可以是整数或字符串 | float('10')<br>float(10) | #10.0<br>#10.0 |
| complex(re[ ,im]) | 生成一个复数,实部 re 可以是整数、浮点数或字符串,虚部 im 只能是整数或浮点数 | complex(−2,3) | #(−2+3j) |
| str(x) | 将 x 转换为字符串,x 可以是整数或浮点数 | str(3.14) | #'3.14' |

例如:

```
>>> x = 19
>>> "您的年龄是:" + x
Traceback (most recent call last):
    File "<pyshell#5>", line 1, in <module>
        "您的年龄是:" + x
TypeError: can only concatenatestr (not "int") to str
>>> "您的年龄是:" + str(x)        #强制转换
'您的年龄是:19'
```

【例 2-3】　根据本金 $p$、年利率 $r$ 和年数 $y$,计算复利 $v = p(1+r)^y$,保留 2 位小数。

```
##Ex2_3. py
p = float(input('请输入本金:'))
r = float(input('请输入年利率:'))
y = int(input('请输入存款年数:'))
v = p * (1 + r) ** y        #计算复利
print("%.1f 按年利率%.3f 存款%d 年,本息和为:%.2f"%(p,r,y,v))
```

程序运行结果如下:

```
请输入本金:1000
请输入年利率:0.3
请输入存款年数:5
1000.0 按年利率 0.300 存款 5 年,本息和为:3712.93
```

【例 2-4】　用户输入一个三位自然数,计算并输出其百位、十位和个位上的数字。

```
#Ex2_4_1.py
x = input('请输入一个三位数:')
x = int(x)
a = x // 100
b = x // 10 % 10
c = x % 10
print(a, b, c, sep = ",")
```

```
#Ex2_4_2.py
x = input('请输入一个三位数:')
x = int(x)
a,b = divmod(x,100)
b,c = divmod(b,10)
print(a,b,c,sep = ",")
```

程序运行结果均为:

```
请输入一个三位数:251
2,5,1
```

**思考:**还有别的办法吗?

## 2.4.2　模块及其引用

在 Python 中,一个.py 文件称为一个模块(Module),通常把具有相关功能模块的集合称为库(Liabray)。为了避免模块名冲突,又引入了按目录来组织模块的方法,称为包(Package)。

事实上,Python 中的模块分内置模块、标准模块和第三方模块,内置模块(__builtins__)启动后自动加载;标准模块无须下载但要导入才可使用,如 math、random 等(里面有一些模块是看不到的,如 sys 模块);第三方模块需要下载安装并导入才能使用,如 jieba、pyinstaller 等;当然用户也可以根据需要自行开发模块,然后使用。如果需要查看 Python 当前已安装的所有模块,可以执行:

```
>>>help('modules')
```

Python 标准库和第三方库,提供了大量的模块,可以用 import 或者 from…import 语句来导入相应的模块(包),以调用模块中的函数。具体如下:

**格式:**import 模块名 [as 别名][,…]

**功能:**将整个模块导入,可以使用"模块名.函数名()"调用。

**格式:**from 模块名 import 函数名 1[,…]

**功能:**从模块中导入某个或多个函数,直接写函数名()即可调用。

**格式:**from 模块名 import *

**功能:**导入模块中的全部函数,直接写函数名()即可调用。

导入后,查询某个模块的详细信息,可以执行以下命令:

```
>>>import math          #Python 标准库中的数学类函数库
>>>help('math')
```

## 2.4.3　math 模块及其使用

math 模块是 Python 提供的数学计算的标准函数库,不支持复数类型。

使用 math 模块必须先使用保留字 import 引用该模块方可使用。

```
>>> import math
>>> dir(math)
['__doc__', '__loader__', '__name__', '__package__', '__spec__', 'acos', 'acosh', 'asin', 'asinh', 'atan', 'atan2', 'atanh', 'ceil', 'copysign', 'cos', 'cosh', 'degrees', 'e', 'erf', 'erfc', 'exp', 'expml', 'fabs', 'factorial', 'floor', 'fmod', 'frexp', 'fsum', 'gamma', 'gcd', 'hypot', 'inf', 'isclose', 'isfinite', 'isinf', 'isnan', 'ldexp', 'lgamma', 'log', 'log10', 'log1p', 'log2', 'modf', 'nan', 'pi', 'pow', 'radians', 'sin', 'sinh', 'sqrt', 'tan', 'tanh', 'tau', 'trunc']
```

表 2-15 列出了 math 库中的 4 个数学常数及主要数学函数,并指出了它们的功能,给出了示例。

表 2-15　math 库中的常数及主要数学函数

| 函　数 | 功　　能 | 示　　例 |
|---|---|---|
| e | 表示一个常量 | >>> math.e　#2.718281828459045 |
| pi | 数字常量,圆周率 | >>> math.pi　#3.141592653589793 |
| inf | 无穷大(∞) | >>> -math.inf |
| nan | 不定量 | |
| sqrt($x$) | 求 $x$ 的平方根 | |
| pow($x$, $y$) | 返回 $x$ 的 $y$ 次方,即 $x**y$ | >>> math.pow(3,4)　　#81.0 |
| copysign($x$, $y$) | 把 $y$ 的正负号加到 $x$ 前面,可以使用0 | >>> math.copysign(2, -3)　#-2.0 |
| fabs($x$) | 返回 $x$ 的绝对值 | |
| factorial($x$) | 取 $x$ 的阶乘的值 | >>> math.factorial(3) |
| log($x$) | 返回 $x$ 的自然对数 | |
| log10($x$) | 返回 $x$ 的以 10 为底的对数 | |
| log2($x$) | 返回 $x$ 的以 2 为底的对数 | |
| sin($x$) | 求 $x$($x$ 为弧度)的正弦值 | |
| cos($x$) | 求 $x$($x$ 为弧度)的余弦值 | >>> math.cos(math.pi/4)<br>0.7071067811865476 |
| tan($x$) | 返回 $x$($x$ 为弧度)的正切值 | |
| degrees($x$) | 把 $x$ 从弧度转换成角度 | >>> math.degrees(math.pi/4)　#45.0 |
| radians($x$) | 把角度 $x$ 转换成弧度 | >>> math.radians(45)<br>0.7853981633974483 |
| exp($x$) | 返回 e 的 $x$ 次方 | >>> math.exp(1)<br>#2.718281828459045 |

续表

| 函 数 | 功 能 | 示 例 |
|---|---|---|
| ceil($x$) | 取大于等于 $x$ 的最小的整数值 | >>> math. ceil(4.01)　　　#5<br>>>> math. ceil(−3.99)　　#−3 |
| floor($x$) | 取小于等于 $x$ 的最大的整数值 | >>> math. floor(4.1)　　　#4<br>>>> math. floor(−4.999)　#−5 |
| modf($x$) | 返回由 $x$ 的小数部分和整数部分组成的元组 | >>> math. modf(12.34)<br>(0.33999999999999986, 12.0) |
| trunc($x$) | 返回 $x$ 的整数部分 | >>> math. trunc(6.789)　　#6 |
| fsum | 对迭代器里的每个元素求和 | >>> math. fsum([1,2,3,4])　#10.0 |
| gcd($x$, $y$) | 返回 $x$ 和 $y$ 的最大公约数 | >>> math. gcd(8,6)　　　　#2 |
| fmod($x$, $y$) | 得到 $x/y$ 的一个浮点数余数 | >>> math. fmod(20,3)　　　#2.0 |
| hypot($x$, $y$) | 得到 $(x**2+y**2)$ 平方根的值 | >>> math. hypot(3,4)　　　#5.0 |
| ldexp($x$, $i$) | 返回 $x*(2**i)$ 的值 | >>> math. ldexp(5,5)　　　#160.0 |
| isfinite($x$) | 如果 $x$ 不是无穷大的数字,则返回 True,否则返回 False | >>> math. isfinite(0.0001)　#True |
| isinf($x$) | 如果 $x$ 是正无穷大或负无穷大,则返回 True,否则返回 False | |
| isnan($x$) | 如果 $x$ 不是数字,则返回 True,否则返回 False | |

**【例 2-5】** 求一元二次方程 $ax^2+bx+c=0$ 的解。

```
#Ex2_5. py
import math          #导入标准模块 math
a = float( input( "a =") )
b = float( input( "b =") )
c = float( input( "c =") )
x1 = ( −b + math. sqrt( b * b − 4 * a * c) )/( 2 * a)
x2 = ( −b − math. sqrt( b * b − 4 * a * c) )/2/a
print( '方程% d * x * x + % d * x + % d = 0 的解为:% 5.1f,% 5.1f' % ( a,b,c,x1,x2) )
```

程序运行结果为:

```
a = 3
b = 5
c = −1
方程 3 * x * x + 5 * x − 1 = 0 的解为:  0.2,  −1.8
```

**注意**:math 模块不支持复数类型,仅支持整数与浮点数的运算。当上例中输入值不满足 $b^2-4ac\geqslant0$ 时,将出错,这会在以后的学习中进一步处理。

# 2.5 字符串处理及格式化

## 2.5.1 字符串编码

最早的字符串编码是美国标准信息交换码 ASCII(见附录),仅对 10 个数字、26 个大写英文字母、26 个小写英文字母及一些其他符号进行了编码。ASCII 码采用 1 个字节来对字符进行编码,最多只能表示 256 个符号。

GB2312 是我国制定的中文编码,使用 1 个字节表示英语,2 个字节表示中文;GBK 是 GB2312 的扩充,而 CP936 是微软在 GBK 基础上开发的编码方式。GB2312、GBK 和 CP936 都使用 2 个字节表示中文。

UTF-8 对全世界所有国家需要用到的字符都进行了编码,用 1 个字节表示英语字符(兼容 ASCII),用 3 个字节表示中文,还有些语言的符号使用 2 个字节(例如俄语和希腊语符号)或 4 个字节表示。

Unicode 是一种包含所有字符的字符集,UTF-8 是对 Unicode 字符集编码的一种规则。不同编码格式之间相差很大,采用不同的编码格式意味着不同的表示和存储形式。把同一字符存入文件时,写入的内容可能会不同。在试图理解其内容时,必须了解编码规则并进行正确的解码。如果解码方法不正确就无法还原信息,从这个角度讲,字符串编码也具有加密的效果。

在 Python 3.$x$ 中,有两种常用的字符串类型,分别为 str 和 bytes 类型,其中 str 用来表示 Unicode 字符,bytes 用来表示二进制数据。str 类型和 bytes 类型之间需要使用 encode()和 decode()方法进行转换。

**encode()语法格式**:str. encode([encoding =″utf-8″])

**功能**:用于将 str 类型转换成 bytes 类型(该过程称为编码)。其中 str 表示要进行转换的字符串,encoding = ″utf-8″指定编码格式,默认采用 utf-8 编码。

```
>>>str = "Python 语言"
>>>str. encode()
b'Python\xe8\xaf\xad\xe8\xa8\x80'
>>>str. encode('GBK')
b'Python\xd3\xef\xd1\xd4'
```

**注意**:使用 encode()方法对原字符串进行编码,不会直接修改原字符串,如果想修改原字符串,则需要重新赋值。

**decode()语法格式**:bytes. decode([encoding =″utf-8″])

**功能**:用于将 bytes 类型的二进制数据转换为 str 类型(该过程称为解码)。其中 bytes 表示要进行转换的二进制数据,encoding = ″utf-8″指定解码格式,默认采用 utf-8 编码。

```
>>>str = "Python 语言"
>>>zj = str. encode( )
>>>zj. decode( )
'Python 语言'
```

**注意:**解码时要选择和编码时一样的格式,否则会抛出异常。

Python 3. x 默认为 Unicode 字符串,使用 u''或 U''的字符串指定为 Unicode 字符串。例:

```
>>> u'abc'
'abc'
>>> 'abc'
'abc'
```

## 2.5.2  字符串类型的索引与切片

Python 3. x 完全支持中文字符,默认使用 UTF-8 编码格式,无论是一个数字、一个英文字母,还是一个汉字,在统计字符串长度时都按一个字符处理。

### 1. 索引

字符串是字符的有序集合,可以通过其位置获得相应的元素值。字符串中的序号称为"索引"。

**格式:** < String >[ < 序号 >]

| | H | e | l | l | o | | J | o | h | n |
|---|---|---|---|---|---|---|---|---|---|---|
| 正向→ | 0 | 1 | 2 | 3 | 4 | 5 | 6 | 7 | 8 | 9 |
| 反向← | −10 | −9 | −8 | −7 | −6 | −5 | −4 | −3 | −2 | −1 |

从左到右称为"正向索引",从右到左称为"反向索引"。对于一个长度为 L 的字符串,"正向索引"的取值范围为 0 ~ L − 1,"反向索引"的取值范围为 −1 ~ −L。即序号可正、可负,但必须是整型数据。

```
>>> s = "Python 语言"        #len( s)结果为 8
>>> print( s[ 2])
t
>>> x = 8
>>> print( s[ x − 2])
语
>>> s[ −4]
'o'
```

### 2. 切片

可以通过两个索引值确定一个位置范围,返回这个范围的子串( 切片)。

格式: < String >[ < start > : < end >[ :step]]

start 和 end 都是整数型数值,这个子序列从索引 start 开始直到索引 end 结束,但不包括 end 位置。如果 start(或 end)索引缺失,则默认为开始(或结束)索引值。step 为步长,默认为 1。

```
>>> s ="Python 语言"
>>> s[-1: :-1]
'言语 nohtyP'
```

## 2.5.3 字符串处理函数与方法

### 1. 字符串处理函数

在 Python 语言中,字符串属于不可变对象,不支持原地修改。Python 语言提供的常用字符串操作函数如表 2-16 所示。

表 2-16 常用的字符串处理函数

| 操作 | 含 义 | 示 例 |
|------|-------|-------|
| len(x) | 返回 x 的长度或其他组合类型元素的个数 | >>> len("Python 语言")    #8 |
| str(x) | 返回任意类型的 x 所对应的字符串形式 | >>> str(1011)    # '1011' |
| chr(x) | 返回 Unicode 编码 x 所对应的单字符 | >>> chr(65)    # 'A' |
| ord(x) | 返回单字符 x 所对应的 Unicode 编码 | >>> ord('♉')    # 9801 |

例如:

```
>>>"2 +3 =7   " +chr(10006)
'2 +3 =7  ✖'
>>> "金牛座字符♉的 Unicode 值是:" + str(ord('♉'))
'金牛座字符♉的 Unicode 值是:9801'
```

### 2. 字符串处理方法

"方法"是面向对象程序设计领域的一个专有名词,在 Python 解释器内部,所有数据类型都采用面向对象方式实现。

方法也是一个函数,只是调用方式不同。函数采用 func(x)方式调用,而方法则采用 < object > . func(x)方式调用。表 2-17 给出了常用的字符串处理方法,其中 str 代表一个字符串或字符串变量。

表 2-17 常用的字符串处理方法

| 操 作 | 含 义 |
|-------|-------|
| str. title( ) | 字符串中每个单词的首字母大写 |
| str. capitalize( ) | 字符串首字母大写 |
| str. upper( ) | 字符串中字母大写 |
| str. lower( ) | 字符串中字母小写 |
| str. isupper( ) | 当 str 所有字母都是大写时,返回 True,否则返回 False |

| 操　作 | 含　义 |
|---|---|
| str. islower( ) | 当 str 所有字符都是小写时,返回 True,否则返回 False |
| str. swapcase( ) | 字符串中大小写互换 |
| str. split( sep = None) | 返回一个根据 sep 分割后的列表(数组),默认为空格 |
| str. join( iter) | 在 iter 变量的每一个元素后增加一个 str 字符串 |
| str. find( sub) | 用来查找 sub 串在另一个字符串 str 指定范围(默认是整个字符串)中首次和最后一次出现的位置,如果不存在,则返回 - 1 |
| str. replace( old, new) | 将 str 中的 old 字符用 new 字符替换 |
| str. strip( chars) | 从 str 中去掉其左右两侧的 chars 字符 |
| str. count( sub) | 返回 sub 子串出现的次数 |
| str. center( width, fillchar) | 字符串居中,fillchar 参数可选 |
| str. startswith( sub) | 判断字符串 str 是否以指定字符串 sub 开始 |
| str. endswith( sub) | 判断字符串 str 是否以指定字符串 sub 结束 |
| str. isalnum( ) | 测试字符串 str 是否为数字或字母 |
| str. isalpha( ) | 测试字符串 str 是否为字母 |
| str. isdigit( ) | 测试字符串 str 是否为数字字符 |
| str. isspace( ) | 当 str 所有字符都是空格时,返回 True,否则返回 False |

例如:

```
>>>s = "What's Your Name?"
>>>s. lower( )                #字符串对象 s 的方法,返回小写字符串
"what's your name?"
>>>str. lower( s)            #str 类的方法,字符串 s 作为参数,等价于 s. lower( )
"what's your name?"
>>>s. capitalize( )          #字符串首字母大写
'What is your name?'
>>>s. title( )               #每个单词的首字母大写
'What Is Your Name?'
>>>s. swapcase( )            #大小写互换
'wHAT IS yOUR nAME?'
>>>s. islower( )
False
>>>s = "2019-06-30"
>>>s. split( "-")            #等价于 str. split( s, '-')
['2019', '06', '30']
>>>s = ["apple", "peach", "banana", "pear"]
>>>',' . join( s)            #等价于 str. join( ',', s)
'apple,peach,banana,pear'
```

使用 split( )和 join( )方法还可以删除字符串中多余的空白字符,使连续多个空白字符只保留一个。例如:

```
>>> x = 'aaa        bb      c d e    fff    '
>>> ' '.join(x.split())                    #使用空格作为连接符
'aaa bb c d e fff'
>>> s = "apple,peach,banana,peach,pear"
>>> s.find("peach")                        #等价于 str.find(s,"peach")
6
>>> s.find("peach",7)
19
>>> s.find("peach",7,20)
-1
>>> s = "密码为213"
>>> s.replace("213","***")                 #等价于 str.replace(s,"213","***")
'密码为***'
>>>" abc   ".strip()                        #删除空白字符
'abc'
>>>'\n\nhello world    \n\n'.strip()        #删除空白字符
'hello world'
>>>'aabbcdeffg'.strip('af')                 #字母 f 不在字符串两侧,所以不删除
'bbcdeffg'
>>>'aabbcdeffg'.strip('gaf')                #从两侧一层一层地往里扒
'bbcde'
>>>"this is a program".count('a')          #等价于 str.count("this is a program",'a')
2
>>>'Hello world!'.center(20)               #居中对齐,以空格填充
'    Hello world!    '
>>>'Hello world!'.center(20,'=')           #居中对齐,以字符 =填充
'====Hello world!===='
>>> s = 'Beautiful'
>>> s.startswith('Be')                     #检测整个字符串
True
>>> s.startswith('Be',5)                   #指定检测范围起始位置
False
>>>'1234abcd'.isalnum()
True
>>>'1234abcd'.isalpha()                    #全部为英文字母时返回 True
False
>>>'ⅣⅢX'.isnumeric()                        #支持罗马数字
True
```

```
>>>'九'. isnumeric( )                    #支持汉字数字
True
>>>'1234'. isdigit( )                    #全部为数字时返回 True
True
>>>'九'. isdigit( )
False
>>>'Ⅳ Ⅲ Ⅹ'. isdigit( )
False
>>>'九'. isdecimal( )
False
>>>'Ⅳ Ⅲ Ⅹ'. isdecimal( )
False
```

【例 2-6】　输入一个月份数字,返回对应月份名称的缩写。

**分析:**将所有月份的字母名称缩写(3 个字母)存储在字符串中;在字符串中截取适当的子串来查找特定月份,具体切割子串的算法为:

|       | 月份 | 字符串中的位置 |
|-------|------|----------------|
| Jan   | 1    | 0              |
| Feb   | 2    | 3              |
| Mar   | 3    | 6              |
| Apr   | 4    | 9              |
| …     | …    | …              |

如果 pos 表示一个月份的第一个字母,则 months[pos:pos + 3]表示这个月份的缩写。程序为:

```
#Ex2_6. py
month = "JanFebMarAprMayJunJulAugSepOctNovDec"
n = input("请输入月份数字(1 ~ 12):")
pos = (int(n) - 1) * 3
print(n + "月份的简写是" + month[pos:pos + 3] + ".")
```

程序运行结果为:

```
请输入月份数字(1 ~ 12):8
8 月份的简写是 Aug.
```

## 2.5.4　字符串类型的格式化

通过字符串的格式化,可以输出特定格式的字符串。字符串的格式化主要有三种方法:使用% 运算符进行格式化;使用 format 方法进行格式化;格式化的字符串常量。

### 1. 使用%运算符进行格式化

**格式:**格式字符串%(值1,值2,…)

此种格式主要兼容Python 2.x,不建议使用。有关%运算符进行格式化的内容已在2.4.1介绍过。例如:

```
>>>'学生人数% d,平均成绩% 2.1f ' % (15,82)
'学生人数15,平均成绩82.0 '
```

### 2. 使用 format 方法进行格式化

**格式:** <字符串>.format(<逗号分隔的参数>)

**功能:**按指定的格式输出字符串。

字符串中包含一系列槽({}),用来控制修改字符串中嵌入值出现的位置,其基本思想是将format()方法中用逗号分隔的参数按照序号关系替换到字符串的槽中(需要输出大括号用{{ }})。

例如:

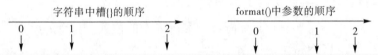

```
>>> "{}:计算机{}的 CPU 占用率为{}% 。". format("2022-9-18","Python",10)
'2022-9-18:计算机 Python 的 CPU 占用率为10% 。'
```

槽的内部样式:{<参数序号>:<格式控制标记>}

其中,参数序号缺省按照出现顺序替换,否则按序号对应参数替换;格式控制标记用来控制参数显示时的格式。

格式控制标记包括:<填充><对齐><宽度><,><.精度><类型>6个字段,这些字段都是可选的,可以组合使用,各部分内容使用方法如表2-18所示。

**表 2-18  槽中格式控制标记**

| : | <填充> | <对齐> | <宽度> | <,> | <.精度> | <类型> |
|---|---|---|---|---|---|---|
| 引导符号 | 用于填充的单个字符 | <左对齐<br>>右对齐<br>^居中 | 槽的输出宽度 | 数值的千分位分隔符,适用于整数和浮点数 | 浮点数的精度或字符串的最大输出长度 | 整数类型 b、c、d、o、x、X;<br>浮点数类型 e、E、f、%(百分) |

例如:

```
>>>"{}{}{}". format("圆周率",3.1415,"…")          #按顺序接收参数
'圆周率3.1415…'
>>>"圆周率{1}{2}是{0}". format("无理数",3.1415,"…")    #按索引接收参数
'圆周率3.1415…是无理数'
>>>'圆周率{pi}…是{lx}'. format(lx ='无理数',pi =3.14)   #按关键字接收参数
'圆周率3.14…是无理数'
```

```
>>>s="圆周率{{{1}{2}}}是{0}"
>>>s.format("无理数",3.1415,"…")          #str.format(s,"无理数",3.1415,"…")
'圆周率{3.1415…}是无理数
>>> "{0:10},{2:.3f},{1:.2%}".format("Python",3.1415926,2.71828)
'Python    ,2.718,314.16%'
```

### 3. 格式化的字符串常量

从 Python 3.6.x 开始,Python 支持一种新的字符串格式化方式,使格式化字符串的操作更加简便,官方称为 Formatted String Literals(格式化字符串常量),在字符串前加字母 f 或 F,含义与字符串对象 format( )方法类似。

**格式:**f'xxxx' 或 F'xxxx'

**功能:**格式化字符串"xxxx"。"xxxx"中的大括号{field[=]:format}表明被替换的字段及其输出格式。其中 field 可以是变量或者表达式,给出"="时,则在 = 左边输出 field,右侧输出 field 结果值;format 是格式描述符,采用默认格式时不必指定":format",常用的格式描述符如表 2-19 所示。

表 2-19　常用的 F 格式描述符

| 格式描述符 | 含义与作用 |
|---|---|
| < | 左对齐(字符串默认对齐方式) |
| > | 右对齐(数值默认对齐方式) |
| ^ | 居中 |
| + | 负数前加负号( - ),正数前加正号( + ) |
| , | 使用,作为千位分隔符 |
| width. precision | 整数 width 指定宽度(对数值型 width 前置 0,不足宽度用 0 补齐),整数 precision 指定显示精度,其后也可置 s、d、f 与% 等类型符。 |

**注意:**若 f 使用的是单引号,那么里面的{}若是字符串则应该用双引号,反之一样。如果需要显示大括号,则应连续输入两个大括号{{和}}。

例如:

```
>>> name = '帅哥'
>>>age = 18
>>> f'我的名字叫{name},今年{age}岁。'
'我的名字叫帅哥,今年18岁。'
>>>z=11/3
>>> f'{z:<+8.2f}'          #左对齐,宽度8位,显示+,定点数格式,2位小数
'z=+3.67   '
>>> stud ={"name":"帅哥","age":18}
>>> print(F"我的名字叫{stud['name']},今年{stud['age']}岁。")
我的名字叫帅哥,今年18岁。
```

# 2.6 正则表达式初识

## 2.6.1 基本知识

正则表达式又称规则表达式(Regular Expression,常简写为 regex、regexp 或 re),本质上是一个微小的且高度专业化的编程语言。它被嵌入到 Python 中,并通过 re 模块提供给程序员使用。

正则表达式是用于处理字符串的强大工具,拥有自己独特的语法以及一个独立的处理引擎,效率上可能不如 str 自带的方法,但它简单、优美、功能强大、妙用无穷,能够成百倍地提高开发效率和程序质量;可以解决字符串方法不能完成的操作,被广泛用在文本的快速匹配、检验、切割、替换、提取等场景。如目前流行的网络爬虫程序的编程就离不开正则表达式,但对初学者而言存在一定的难度。

正则表达式描述了一种字符串匹配的模式(pattern),用来检查一个串是否含有某种子串,将匹配的子串替换或者从某个串中取出符合某个条件的子串等。如同在 Windows 中通过? 和 * 通配符来查找硬盘上的文件。

使用正则表达式进行匹配的流程如图 2-5 所示。

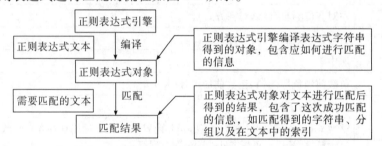

图 2-5 正则表达式匹配流程

正则表达式的大致匹配过程是:依次将表达式和文本中的字符比较,如果每一个字符都能匹配,则匹配成功;一旦有匹配不成功的字符,则匹配失败。

【例 2-7】 从单词间点号不等的字符串"I. am.. learning. how.... to. use... Regex"中提取各个单词。

分析:本例字符串中各单词之间的点号数不一样,无法利用字符串的 split 方法进行分割,如果不用正则表达式提取各个单词则比较麻烦,这里利用正则表达式'\. +'来匹配一个或多个点号,从而顺利提取其中的各个单词进入列表。

例如:

```
>>>import re     #导入正则模块库
>>>string = "I. am.. learning. how.... to. use... Regex"   #单词间点号数不一样
>>>re. split('\. +',string)   #利用正则表达式'\. +'分隔点号,返回一个列表
['I', 'am', 'learning', 'how', 'to', 'use', 'Regex']
```

## 2.6.2　正则表达式

正则表达式是由普通字符与元字符组成的文字模式,用于将某个字符模式与所搜索的字符串进行匹配。

### 1. 普通字符

普通字符是指仅能够描述其自身的字符,包括所有大小写字母、数字、标点符号和一些其他符号。

### 2. 元字符

元字符又称特殊字符,指用于构建正则表达式的具有特殊含义的字符,例如 * 、+ 和?等。如果要在正则表达式中包含元字符,使其失去特殊的含义,则必须在前面加上 \ 进行转义。正则表达式的元字符如表 2-20 所示。

表 2-20　元字符及其功能描述

| 分类 | 字符 | 功　　能 | 正则表达式 | 字符串 | 匹配结果 |
|---|---|---|---|---|---|
| 匹配单个字符 | . | 匹配除了换行符(\n)外的任意一个字符 | 'a.c' | "abca2cd" | 'abc'、'a2c' |
| | [ ] | 匹配位于[ ]之中的任意一个字符 | 'a[b.]c' | "abca.cd" | 'abc'、'a.c' |
| | \d | 匹配数字 0~9,等价于[0-9] | 'a\dc' | "abca2cd" | 'a2c' |
| | \D | 与\d含义相反,等价于[^0-9] | 'a\Dc' | "abca2cd" | 'abc' |
| | \s | 匹配任何空白字符(包括空格、换行符、换页符、回车符与制表符),等价于[ \n\f\r\t\v] | 'a\sc' | "a\nca\tcd" | 'a\nc'、'a\tc' |
| | \S | 与\s含义相反,等价于[^\n\f\r\t\v] | 'a\Sc' | "a\nca2cd" | 'a2c' |
| | \w | 匹配a~z、A~Z、0~9、_,等价于[a-zA-Z0-9_] | 'a\wc' | "abca2cd" | 'abc'、'a2c' |
| | \W | 与\w含义相反,等价于[^a-zA-Z0-9_] | 'a\Wc' | "a\nca2cd" | 'a\nc' |
| 匹配多个字符 | * | 匹配前一个字符出现 0 次或无限次 | 'abc*' | "ababcabcc" | 'ab'、'abc'、'abcc' |
| | + | 匹配前一个字符至少一次 | 'abc+' | "ababcabcc" | 'abc'、'abcc' |
| | ? | 匹配前一个字符出现 0 次或 1 次 | 'abc?' | "ababcabcc" | 'ab'、'abc'、'abc' |
| | {m} | 匹配前一个字符出现 m 次 | 'ab{2}c' | "ababbcabcc" | 'abbc' |
| | {m,} | 匹配前一个字符至少 m 次 | 'ab{1,}c' | "ababbcabcc" | 'abbc'、'abc' |
| | {m,n} | 匹配前一个字符出现 m 到 n 次 | 'ab{1,2}c' | "ababbcabcc" | 'abbc'、'abc' |
| 匹配开头和结尾 | ^ | 匹配行首,即匹配以^后面的字符开头的字符串 | r'^abc' | "abccabc" | 'abc' |
| | $ | 匹配行尾,即匹配以 $ 之前的字符结束的字符串 | r'abc$' | "abccabc" | 'abc' |
| | \b | 不会去匹配一个字符,而是单纯的检测\b出现的位置是否是单词边界(字符串开始和结尾、空格、换行、标点符号等) | r'\babc' | "abcc abc" | 'abc'、'abc' |
| | \B | 与\b含义相反 | r'a\Bbc' | "abccabc" | 'abc'、'abc' |
| 匹配分组 | \| | 匹配\|左或右的字符 | 'ab\|cd' | "abcd" | 'ab'、'cd' |
| | ( ) | 组合:将括号中的内容作为一个整体进行操作<br>捕获:使用带括号的正则表达式匹配成功后,只获取括号中的内容<br>重复:在正则表达式中可以通过\数字来重复前面()中匹配到的结果,数字代表前第几个分组 | 组合:<br>r'(\d[a-zA-Z]){2}'<br>捕获:<br>r'(\d{3})abc'<br>重复:<br>r'([a-z]{3})-(\d{2})\2' | 组合:<br>'2a3b4c'<br>捕获:<br>'886abc'<br>重复:<br>'wyg-6868' | 组合:<br>'3b'<br>捕获:<br>'886'<br>重复:<br>('wyg', '68') |

由于正则表达式用反斜杠字符"\"表示特殊形式,如果以"\"开头的元字符与转义字符相同,则需要使用"\\",为解决这种麻烦,可以在字符串前加上前缀 r 或 R(这里 r 是指 raw,即原始的意思),以减少用户输入。因此 r'\n'表示包含'\'和'n'两个字符的字符串(不用 r 方式要写为:'\\n'),而'\n'则表示只包含一个换行符的字符串。

例如:

```
>>> import re        #导入正则模块库
>>> s = 'Anhui Science and Technology University'
>>> re.findall(r'\bT\w + \b',s)      # 在 s 中找以 T 开头的单词
['Technology']
>>> string = "I. am. . learning. how. . . . to. use. . . Regex"   #单词间点号数不一样
>>> re.findall(r'\b\w + \b',string)
['I', 'am', 'learning', 'how', 'to', 'use', 'Regex']
```

### 3. 运算符优先级

正则表达式从左到右进行计算,并遵循优先级顺序,这与算术表达式非常类似。相同优先级的从左到右进行运算,不同优先级的运算先高后低。

表 2-21 说明了各种正则表达式运算符的优先级顺序,其中优先级按从上到下、由高到低排列。

表 2-21  正则表达式运算符的优先级

| 运算符 | 描　　述 |
| --- | --- |
| \ | 转义符 |
| ( ), (?:), (? =), [ ] | 圆括号和中括号 |
| * , + , ?, {n}, {n,}, {n,m} | 限定符 |
| ^, $ , \任何元字符、任何字符 | 定位点(位置)和序列(顺序) |
| | | 替换、"或"操作 |

例如:

```
>>> import re        #导入正则模块库
>>> s = "info:LiTong 21 anhui"
>>> re.split(r':| ',s)       #根据冒号或者空格切分,其中|表示或
['info', 'LiTong', '21', 'anhui']
```

## 2.6.3  re 模块

Python 中的 re 模块提供各种正则表达式的匹配操作,在文本解析、复杂字符串分析和信息提取时是一个非常有用的工具。有关 re 模块的常用函数如表 2-22 所示。

表 2-22　re 模块常用函数

| 函　　数 | 功　　能 |
|---|---|
| compile(pattern[,flags=0]) | 编译匹配模式为模式对象,便于重复使用 |
| search(pattern,string[,flags=0]) | 在整个字符串中寻找匹配模式,返回 match 对象或 None |
| match(pattern,string[,flags=0]) | 从字符串开始处匹配模式,返回 match 对象或 None |
| split(pattern,string[,maxsplit=0][,flags=0]) | 返回按模式匹配拆分字符串的列表 |
| findall(pattern,string[,flags=0]) | 返回字符串中所有模式匹配项的列表 |
| sub(pattern,repl,string[,count=0]) | 将字符串中所有模式匹配项用 repl 替换,但不改变原字符串值。 |

**注意:**

(1)表中 pattern 表示匹配的正则表达式,string 是要匹配的字符串,flags 用于控制正则表达式的匹配方式,此值可以是 re.I(忽略大小写)、re.M(多行匹配)、re.S(使元字符".". 匹配包括换行符在内的任意字符)、re.X(忽略空格和注释)或使用"|"进行组合。

例如:

```
>>> import re      #导入正则模块库
>>> re.findall('[a-z]+',"One12Two34Three567Four",re.I)   #忽略大小写
['One', 'Two', 'Three', 'Four']
>>> ph = "0551-5159719     #住宅电话"
>>> re.sub(r'\s+#. * $', "", ph)    #删除字符串中的 Python 注释
'0551-5159719'
>>> ph             #原字符串值未变
'0551-5159719       #住宅电话'
>>> re.sub('\D', "", ph)   #删除字符串中非数字的字符串
'05515159719'
>>> string  = "I. am. . learning. how. . . . to. use. . . Regex"
>>> string = re.sub(r'\. +', ' ',string)   #将 string 中一个或多个点用空格替换
```

(2)re. match 与 re. search 的区别:re. match 只匹配字符串的开始,如果字符串开始不符合正则表达式,则匹配失败,函数返回 None;而 re. search 匹配整个字符串,直到找到一个匹配。一般先用 re. compile() 函数编译正则表达式,生成一个表达式(Pattern)对象,供 match() 和 search() 这两个函数复用。

例如:

```
>>> import re      #引入正则表达式
>>> reg = re.compile(r'\d+')     #编译匹配模式为模式对象
>>> s1 = reg.search("One12Two34Three567Four")   #调用模式对象的 match 方法
>>> s2 = reg.match("One12Two34Three567Four")    #调用模式对象的 search 方法
>>> print(s1);print(s2)
<re. Match object; span = (3, 5), match = '12'>
```

```
None
>>> print(s1.group())    #如 s2 不为 None,则 group 方法返回匹配的字符串
12
>>> reg.findall("One12Two34Three567Four")    #调用模式对象的 findall 方法
['12', '34', '567']
```

**【例 2-8】** 假设有一段网络爬虫得到的 HTML 文本如下,请利用本节知识提取其中的歌曲名称。

```
#Ex2_8.py
html = '''<div id="songs-list">
    <h2 class="title">经典老歌</h2>
    <p class="introduction">
        经典老歌列表
    </p>
    <ul id="list" class="list-group">
        <li data-view="2">一路上有你</li>
        <li data-view="7">
            <a href="/2.mp3" singer="任贤齐">沧海一声笑</a>
        </li>
        <li data-view="4" class="active">
            <a href="/3.mp3" singer="齐秦">往事随风</a>
        </li>
        <li data-view="6"><a href="/4.mp3" singer="beyond">光辉岁月</a></li>
        <li data-view="5"><a href="/5.mp3" singer="陈慧琳">记事本</a></li>
    </ul>
</div>'''

import re
html = re.sub('<a.*?>|</a>', '', html)    #删除<a.*?>与</a>匹配内容
html = re.sub(r'\n *', '', html)    #删除换行符及其后空格
gq = re.findall('<li.*?>(.*?)</li>', html)    #提取<li.*?>与</li>之间内容
print(gq)#输出提取结果
```

程序运行结果为:

```
['一路上有你', '沧海一声笑', '往事随风', '光辉岁月', '记事本']
```

扫描本章开始处的二维码,找到例 2-8 的代码文件,运行试试。

**知识拓展**

1. cmath 模块

cmath 模块的函数跟 math 模块函数基本一致,区别是 cmath 模块运算的是复数,math 模块运算的是数学运算。

```
>>> import cmath        #导入 cmath 模块
>>> dir(cmath)          #查看 cmath 包含的内容
['__doc__', '__loader__', '__name__', '__package__', '__spec__', 'acos', 'acosh', 'asin',
'asinh', 'atan', 'atanh', 'cos', 'cosh', 'e', 'exp', 'inf', 'infj', 'isclose', 'isfinite', 'isinf', 'isnan', 'log',
'log10', 'nan', 'nanj', 'phase', 'pi', 'polar', 'rect', 'sin', 'sinh', 'sqrt', 'tan', 'tanh', 'tau']
```

下面主要介绍 cmath 模块中的坐标转换函数。

(1)cmath. phase(x)——复数相位的浮点值。

```
>>> import cmath
>>> cmath. phase(complex( -1.0, 0.0))
3.141592653589793
```

(2)cmath. polar(x)——复数转为极坐标的元组值。

```
>>> print(cmath. polar(2 -3j))
(3.605551275463989, -0.982793723247329)
```

(3)cmath. rect(r, phi)——返回模数为 r 且相位为 phi 的复数,等效于:r * (math. cos(phi) + math. sin(phi) * 1j)

```
>>> print(cmath. rect(1,0))
(1 +0j)
```

2. 正则表达式

(1)正则表达式(在线)测试工具是一款用来编写和测试正则表达式的工具软件。通过可视化的界面,可以快速、正确地帮你判断所写的正则表达式是否能正确匹配相应的字符。建议初学者到网上下载并借助该工具学习理解、使用正则表达式。

(2)常用的正则表达式。

| 类别 | 要求与正则表达式 |
|---|---|
| 校验数字 | 数字:^[0-9] * $<br>n 位的数字:^\d{n}$<br>至少 n 位的数字:^\d{n,}$<br>m ~ n 位的数字:^\d{m,n}$<br>零和非零开头的数字:^(0\|[1-9][0-9] * )$<br>非零开头的最多带两位小数的数字:^([1-9][0-9] * )+(.[0-9]{1,2})?$ |
| 校验字符 | 汉字:^[\u4e00 -\u9fa5]{0,}$<br>英文和数字:^[A -Za -z0 -9] + $ 或 ^[A -Za -z0 -9]{4,40}$<br>长度为 3 ~20 的所有字符:^.{3,20}$<br>由 26 个英文字母组成的字符串:^[A -Za -z] + $<br>由数字和 26 个英文字母组成的字符串:^[A -Za -z0 -9] + $<br>中文、英文、数字包括下划线:^[\u4E00 -\u9FA5A -Za -z0 -9_] + $<br>禁止输入含有 ~ 的字符:[^~\x22] + |

69

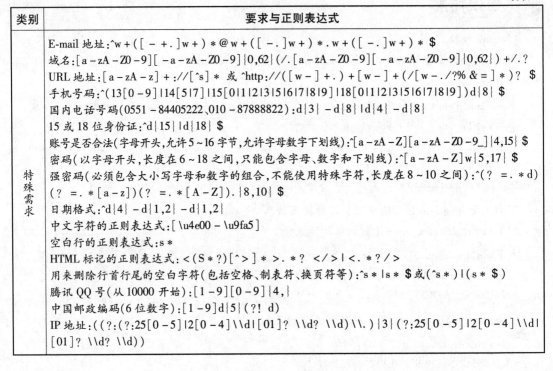

| 类别 | 要求与正则表达式 |
|---|---|
| 特殊需求 | E-mail 地址:^w + ( [ − + . ] w + ) * @ w + ( [ − . ] w + ) * . w + ( [ − . ] w + ) * $ <br> 域名:[ a − zA − Z0 − 9 ] [ − a − zA − Z0 − 9 ] {0,62} ( /. [ a − zA − Z0 − 9 ] [ − a − zA − Z0 − 9 ] {0,62} ) + /. ? <br> URL 地址:[ a − zA − z ] + ://[ ^s ] 或 ^http://( [ w − ] + . ) + [ w − ] + ( /[ w − ./?% & = ] * ) ? $ <br> 手机号码:^( 13[ 0 − 9 ] 114[ 5l7 ] 115[ 0l1l2l3l5l6l7l8l9 ] 118[ 0l1l2l3l5l6l7l8l9 ] )d{ 8 } $ <br> 国内电话号码(0551 − 84405222、010 − 87888822):d{ 3 } − d{ 8 } 1d{ 4 } − d{ 8 } <br> 15 或 18 位身份证:^d{ 15 } 1d{ 18 } $ <br> 账号是否合法(字母开头,允许 5~16 字节,允许字母数字下划线):^[ a − zA − Z ] [ a − zA − Z0 − 9_ ] { 4,15 } $ <br> 密码(以字母开头,长度在 6~18 之间,只能包含字母、数字和下划线):^[ a − zA − Z ] w{ 5,17 } $ <br> 强密码(必须包含大小写字母和数字的组合,不能使用特殊字符,长度在 8~10 之间):^( ? =. * d) ( ? =. * [ a − z ] ) ( ? =. * [ A − Z ] ). { 8,10 } $ <br> 日期格式:^d{ 4 } − d{ 1,2 } − d{ 1,2 } <br> 中文字符的正则表达式:[ \u4e00 − \u9fa5 ] <br> 空白行的正则表达式:s * <br> HTML 标记的正则表达式:< (S * ?) [ ^> ] * >. * ? </>1<. * ? /> <br> 用来删除行首行尾的空白字符(包括空格、制表符、换页等):^s * 1s * $ 或(^s * ) 1( s * $ ) <br> 腾讯 QQ 号(从 10000 开始):[ 1 − 9 ] [ 0 − 9 ] { 4, } <br> 中国邮政编码(6 位数字):[ 1 − 9 ] d{ 5 } ( ?! d) <br> IP 地址:( ( ?:( ?:25[ 0 − 5 ] 12[ 0 − 4 ] \\d1[ 01 ] ? \\d? \\d) \\. ) { 3 } ( ?:25[ 0 − 5 ] 12[ 0 − 4 ] \\d1[ 01 ] ? \\d? \\d)) |

## 习题 2

### 一、单选题

1. 以下_____是 Python 不支持的数据类型。

    A. char          B. int          C. float          D. list

2. 以下_____数字是八进制的。

    A. 0b072          B. 0a1010          C. 0o711          D. 0x456

3. 与 0xf2 值相等的是_____。

    A. 342          B. 242          C. 0b11010010          D. o362

4. Python 支持复数类型,以下_____说法是错误的。

    A. 实部和虚部都是浮点数          B. 表示复数的语法是 real + image j

    C. 1 + j 不是复数          D. 虚部后缀 j 必须是小写形式

5. 以下变量名不合法的是_____。

    A. MyGd2          B. _MyGd_          C. MyGd          D. 2MyGd

6. x = 2,y = 3,执行 x,y = y,x 之后,x 和 y 的值分别是_____。

    A. 2,3          B. 3,2          C. 2,2          D. 3,3

7. 下列 Python 赋值语句中,不合法的是_____。

    A. x,y = y,x          B. x = y = 1          C. x = ( y = 1)          D. x = 1;y = 1

8. 与数学表达式 $\dfrac{cd}{2ab}$ 对应的 Python 表达式中,不正确的是_____。

　　A. c * d/(2 * a * b)　　　B. c * d/2 * a * b　　　C. c/2 * d/a/b　　　　D. c * d/2/a/b

9. 关系表达式 $'a' \leqslant x \leqslant 'd'$ 对应的 Python 表达式中,不正确的是_____。

　　A. $'a' \leqslant x \leqslant 'd'$　　　　　　　　　　B. x > = 'a' and x < = 'd'

　　C. $'a' < = x$ and $x < = 'd'$　　　　　　　D. $'a' < = x < = 'd'$

10. Python 中,用于获取用户输入的函数是_____。

　　A. get( )　　　　　　B. eval( )　　　　　　C. input( )　　　　　　D. print( )

11. 以下_____函数可以同时作用于数字类型和字符串类型。

　　A. len( )　　　　　　B. complex( )　　　　　C. type( )　　　　　　D. bin( )

12. _____是语句 print('\nPython')的运行结果。

　　A. 在新的一行输出:Python　　　　　　B. 直接输出:'\nPython'

　　C. 直接输出:\nPython　　　　　　　　D. 先输出 n,然后新的一行输出 Python

13. 在 print( )格式化中,_____是输出浮点数变量 C 小数点后两位的表示。

　　A. {.2}　　　　　　B. {:2}　　　　　　C. {.2f}　　　　　　D. {:.2f}

14. 下列判断 $n$ 是否为整数的方法中,错误的是_____

　　A. type(n) is int　　　　　　　　　　B. type(n) == type(10)

　　C. type(n) == "< class 'int' >"　　　　D. isinstance(n,int)

15. 在 Python 中,导入模块或模块中的对象应该使用的关键字是_____。

　　A. using　　　　　　B. import　　　　　　C. from　　　　　　D. in

16. 在 Python 中,英文字符和中文字符分别对应的字符数是_____。

　　A. 1;1　　　　　　B. 1;2　　　　　　C. 2;1　　　　　　D. 2;2

17. s = "0123456789",以下_____表示"0123"。

　　A. s[1:5]　　　　　B. s[0:4]　　　　　C. s[0:3]　　　　　D. s[-10:-5]

18. "世界那么大,我想去看看"[7:-3]输出_____。

　　A. 我想去　　　B. 想去　　　C. 我想　　　D. 想

19. 以下字符串_____是合法的。

　　A. "abc 'def 'ghi'　　　　　　　　　　B. "I love " love" Python"

　　C. "I love Python'' '　　　　　　　　　D. 'I love'Python''

20. 字符串:s = 'abcde',n = len(s)。索引字符串 s 中字符'c',正确的语句是_____。

　　A. s[n/2]　　　　B. s[(n+1)/2]　　　　C. s[n//2]　　　　D. s[(n+1)//2]

21. 以下_____字符串处理方法能够根据','分隔字符串。

　　A. split( )　　　　　　B. strip( )　　　　　　C. center( )　　　　　　D. replace( )

22. 下列关于正则表达式的说法,不正确的是_____。

　　A. 正则表达式广泛应用于各种文本处理应用程序

　　B. 正则表达式是由普通字符以及特殊字符(或称元字符)组成的文字模式

　　C. 正则表达式中不可以使用元字符作为普通字符使用

　　D. 正则表达式中\s 表示空白字符,即等价于[ \t\n\r\f\v]

23. 用于匹配一位数字的元字符是_____。

　　A. \d　　　　　　B. \W　　　　　　C. \D　　　　　　D. \s

24. 正则表达式元字符_____用来表示该符号前面的字符或子模式 0 次或多次出现。

    A. *                  B. +                  C. ?                  D. ^

25. 正则表达式元字符_____用来匹配任何空白字符(包括空格、制表符、换页符)。

    A. \b               B. \d               C. \s               D. \w

26. 正则表达式元字符_____用来匹配任何字母、数字及下划线。

    A. \b               B. \d               C. \s               D. \w

27. 下列不是正则表达式元字符表示的是_____。

    A. ( )             B. [ ]             C. { }             D. < >

28. 与 [ a - zA - Z0 - 9_ ] 等价的正则表达式元字符是_____。

    A. \w               B. \W               C. \s               D. \d

29. 下列不是正则表达式元字符的是_____。

    A. \               B. *               C. /               D. +

30. 已知 x = 'a234b123c',并且 re 模块已导入,则表达式 re. split('\d + ',x) 的值为_____。

    A. [ 'a','b','c' ]                          B. [ 'c','b','a' ]

    C. [ 'a234','b123','c' ]                D. [ 'c','b123','a234' ]

## 二、判断题

1. 3 + 4j 不是合法的 Python 表达式。

2. 如果 a = 10.7,则 print( complex( a ) ) 的输出结果是( 10.7 + 0j )。

3. 0o12f 是合法的八进制数字。

4. Python 3 中,bytes 通常用于网络数据传输、二进制图片和文件的保存等。

5. 在 Python 中空值用 Null 表示。

6. Python 变量名必须以字母或下划线开头,并且区分字母大小写。

7. Python 变量名区分大小写,所以 student 和 Student 不是同一个变量。

8. Python 可以不对变量( 如 a) 初始化就可在表达式( 如 b = a + 1) 中使用该变量。

9. Python 运算符% 不仅可以用来求余数,还可以用来格式化字符串。

10. 加法运算符可以用来连接字符串并生成新字符串。

11. 表达式中各数据类型必须相同,否则必须进行强制类型转换。

12. 只有 Python 扩展库才需要导入以后才能使用其中的对象,Python 标准库不需要导入即可使用其中的所有对象和方法。

13. 尽管可以使用 import 语句一次导入任意多个标准库或扩展库,但是仍建议每次只导入一个标准库或扩展库。

14. Python 3. x 中 input( ) 函数的返回值一定是字符串。

15. 函数 eval( ) 用于数值表达式求值,例如 eval( 2 * 3 + 1)。

16. 执行 import math 后即可执行语句 print( sin( pi/2) )。

17. Python 字符编码使用 ASCII 编码。

18. 对字符串信息进行编码以后,必须使用同样的或者兼容的编码格式进行解码才能还原本来的信息。

19. 在 UTF-8 编码中,一个汉字需要占用 3 个字节。

20. 元字符就是用于构建正则表达式的大小写字母、所有数字、所有标点符号和一些其他符号。

### 三、填空题

1. 在 Python 中，_____ 表示空类型。

2. 查看变量类型的 Python 内置函数是 _____。

3. Python 支持的数字类型有：_____、_____、_____。

4. 1010.0 * 0 的结果是 _____ 类型，(1 + 1j) * 0 的结果是 _____ 类型。

5. 以 3 为实部，4 为虚部的复数的 Python 表达形式为 _____ 或 _____。

6. Python 语言的命名规定首字符不能是 _____。

7. 已知 $x = 3$，那么执行语句 x * = x + 6 之后，$x$ 的值为 _____。

8. Python 中使用 _____ 保留字引用当前程序以外的功能库。

9. Python 判断值是否相等的运算符是 _____，判断后的结果是 True 或 False。

10. Python 运算符中用来计算整商的是 _____。

11. 表达式 3 + 5% 6 * 2//8 的运算结果是 _____。

12. 数学表达式 $\dfrac{x + y}{xy}$ 对应的 Python 表达式是 _____。

13. Python 表达式 10 + 5//3 – True + False 的值为 _____。

14. Python 表达式 0 and 1 or not 2 < True 的值为 _____。

15. Python 语句序列 "x = True;y = False;z = False;print( x or y and z )" 的运行结果是 _____。

16. Python 语句序列 "x = 0;y = True;print( x > = y and 'A' < 'B' )" 的运行结果是 _____。

17. 在直角坐标系中，$x$、$y$ 是坐标系中任意点的位置，用 $x$ 和 $y$ 表示第一象限或者第二象限的 Python 表达式为 _____。

18. 判断整数 $n$ 能否同时被 3 和 5 整除的 Python 表达式为 _____。

19. 已知 "a = 3；b = 5；c = 6；d = True"，则表达式 not d or a > = 0 and a + c > b + 3 的值是 _____。

20. Python 程序设计中用于输入、转换和输出的函数分别是 _____、_____ 和 _____。

21. 使用反向递减序号时，s = 'Python' 中字符 'o' 的索引值是 _____。

22. 字符串 s 足够长，语句 _____ 返回字符串 s 中第 1 ~ 7 共 7 个字符组成的子串；语句 _____ 返回字符串 s 中第 3 ~9 共 7 个字符组成的子串。

23. s 是一个字符串变量，语句 s[0]. upper( ) + s[1:] 的功能是 _____。

24. 变量 a,b,c 是字符串，与 s = '｛｝｛｝｛｝'. format( a,b,c ) 等价的语句是 _____。

25. format ( ) 方法的槽的语法格式为 ｛< 参数序号 >：< 格式控制标记 >｝，其中 < 格式控制标记 > 包括 _____ 字段。

26. 用来删除行首行尾的空白字符（包括空格、制表符、换页符等）的正则表达式是 _____。

27. 用来删除空白行的正则表达式是 _____。

28. 正则表达式元字符 _____ 用来表示该符号前面的字符或子模式 1 次或多次出现。

29. 假设需要匹配的字符串为：site sea sue sweet see case sse ssee loses，需要匹配以 s 开头，以 e 结尾的单词的正则表达式是 _____。

30. 匹配所有有效 Python 标识符的正则表达式是 _____。

### 四、操作题

1. 对用户任意输入的一个合法表达式（例如：1.2 + 2.7），输出运算结果。

2. 计算并输出 $x = \dfrac{2^3 + 7 - \sqrt{3}}{3 \times 4}$ 的值。

3. 编程实现对任意输入的一个三位自然数,计算并输出其各位上的数字平方和。

示例:152→1 + 5 + 2→30

4. 建立一个字符串"Hello,Python!",然后对该字符串做如下处理。

(1)取 1～3 个字符组成的子字符串。

(2)取 1 至倒数第 2 个字符组成的子字符串。

(3)将字符串反序排列。

(4)将字符串中的小写字母变成大写字母。

(5)将字符串中的大小写字母互换。

(6)将其中的字符 llo 删除。

习题 2 参考答案

# 第 3 章　Python 控制结构

## 课 程 目 标

➤ 理解算法的基本概念,能够绘制简单算法的流程图。
➤ 掌握程序的选择结构,能够运用 if 语句实现选择结构程序设计。
➤ 掌握程序的循环结构,能够运用 for 语句和 while 语句设计程序。
➤ 掌握 break、continue 和循环嵌套的使用方法。
➤ 掌握程序调试的一般方法,了解程序的异常处理及使用方法。

## 课 程 思 政

➤ 在课堂教学设计中,通过算法强调理论对实践的依赖关系,同时理论又反过来指导实践,加深实践是检验真理的唯一标准与实践是对工作效率的检验的理解。通过程序调试、补漏洞,谈法律意识。

第 3 章例题代码

# 3.1　程序设计基础

## 3.1.1　程序和程序设计

程序是用某种计算机能够理解并且能够执行的语言来描述的解决问题的方法和步骤。编写程序的过程称为程序设计。程序设计的基本步骤如图3-1所示。

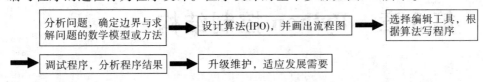

图3-1　程序设计的基本步骤

PASCAL语言的设计者沃斯(N. Wirth)曾提出一个著名公式:程序 = 数据结构 + 算法,数据结构指的是计算机存储、组织数据的方式,反映了数据与数据之间的逻辑关系,而算法指的是解决特定问题的方法和步骤,是程序设计的核心。

## 3.1.2　算法及其表示

算法(Algorithm)是计算机软件的一个基本概念,它是有穷指令的集合,用来描述解决实际问题的方法和步骤。算法是程序设计的核心,也是编写程序的基础。

例如,交换两个变量 $x,y$ 的值,其算法如下:

(1)输入变量 $x,y$ 的值;

(2)将变量 $x$ 的值赋给变量 $t$;

(3)将变量 $y$ 的值赋给变量 $x$;

(4)将变量 $t$ 的值赋给变量 $y$;

(5)输出变量 $x,y$ 的值。

根据问题所设计的算法有很多种,但作为算法,都应该具备如下几个特征。

(1)有零个或多个输入。所谓输入是指在执行算法时,从外界获取必要的信息。

(2)有一个或多个输出。算法的目的是求"解",没有输出就意味着没有结果,那么算法也就失去了意义。

(3)确定性(definiteness)。确定性是指算法的每条指令必须有明确定义,不允许出现模棱两可的解释。对于相同的输入必须得到相同的执行结果。

(4)有效性(effectiveness)。有效性又称可行性,指算法中的每一个步骤都能有效执行,并得到确定的结果。如在算法中不允许出现分母为零的操作,在实数范围内不能求一个负数的平方根等。

(5)有穷性(finiteness)。有穷性是指算法在执行有限步骤后终止,而且每一步都在合理的时间内完成。

算法的性能分析包括两个方面:时间性能分析和空间时间分析,因为在计算机上运行一个程序会产生时间开销和内存开销。

算法的表示可以有多种形式,常用的有自然语言、程序流程图、伪代码等。

**1. 自然语言**

自然语言就是人们日常使用的语言,如汉语、英语和其他语言等。用自然语言描述算法通俗易懂,但由于自然语言表示的含义往往不太严格,需根据上下文才能判断其准确含义,因此描述文字冗长,容易出现"歧义性"。此外,用自然语言描述包含分支结构和循环结构的算法不太方便。因此,除了很简单的问题之外,一般不用这种描述方法。

**2. 程序流程图**

流程图用一些标准图框来表示各种具体操作,用图形表示算法,直观形象,易于理解,现已被世界各国程序设计人员普遍接受。目前广泛采用的是美国国家标准化协会(ANSI)推荐的流程图符号,如图 3-2 所示。

图 3-2　流程图符号

其中,"起止框"表示程序的开始和结束;"输入/输出框"表示数据的输入或结果的输出;"判断框"表示条件判断,并根据判断结果选择执行不同的路径,它有一个入口,两个出口,如图 3-3 所示。通常把条件成立用 Y(英文单词 yes 首字母)表示,把条件不成立用 N(英文单词 no 首字母)表示。

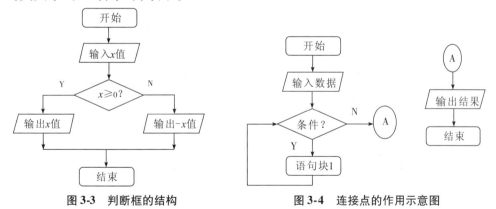

图 3-3　判断框的结构　　　　图 3-4　连接点的作用示意图

"处理框"表示一组处理过程;"流程线"表示程序执行的方向(或路径);"连接点"表示把若干个流程图连接起来。图 3-4 中有两个以Ⓐ为标志的连接点,它表示这两个点是连接在一起的。恰当地使用连接点,可以避免流程线交叉或过长,使流程图更加清晰。

**3. 伪代码**

伪代码是用介于自然语言和计算机语言之间的文字及符号来描述算法的。用伪代码写算法并无固定的、严格的语法规则,它不用图形符号,因此书写方便,格式紧凑,比较好理解,同时也便于向计算机语言算法(程序)过渡。在数据结构中常用这种方式描述算法。

### 3.1.3 三种基本结构

1966 年,计算机科学家 Bohm 和 Jaeopini 证明了任何简单或复杂的算法都可以由顺序结构、选择结构和循环结构这三种基本结构组成。

(1)顺序结构。按照语句出现的次序依次执行,如图 3-5 所示。虚线框内是一个顺序结构,即执行完 <语句块 1> 后再执行 <语句块 2>。顺序结构是最简单的一种基本结构。

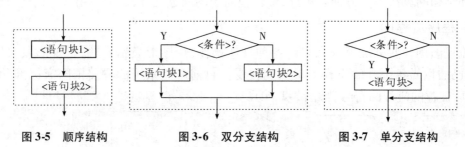

图 3-5  顺序结构          图 3-6  双分支结构          图 3-7  单分支结构

(2)选择结构。选择结构又称分支结构,如图 3-6 所示。虚线框内是一个选择结构,该结构中必定包含一个条件判断,根据条件是否成立而选择执行 <语句块 1> 还是 <语句块 2>。

**注意**:不论条件是否成立,都只能执行 <语句块 1> 或 <语句块 2> 中的一个,而不能两个语句块都执行,也不能两个语句块都不执行。 <语句块 1> 和 <语句块 2> 中可以有一个是空的,即不执行任何语句,如图 3-7 所示。

(3)循环结构。循环结构又称重复结构,即根据条件多次执行某些语句。Python 语言提供了两类循环结构:条件循环和遍历循环,如图 3-8 所示。

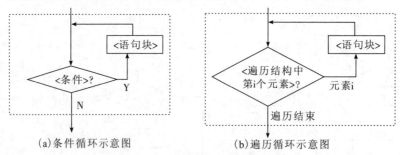

(a)条件循环示意图          (b)遍历循环示意图

图 3-8  循环结构

通过以上的流程图可以看出,三种基本结构有以下共同特点。

(1)只有一个入口。

(2)只有一个出口。

(3)结构内的每一部分都有机会被执行到。

(4)结构内不存在"死循环"(无终止的循环)。

## 3.1.4 IPO 程序编写方法

（1）输入（Input）数据。输入数据是一个程序的开始。程序要处理的数据有多种来源，形成了多种输入方式，包括文件输入、网络输入、控制台输入、交互界面输入、随机数据输入、内部参数输入等。

（2）处理（Process）数据。处理数据是程序对输入数据进行计算并产生结果的过程。计算问题的处理方法统称为"算法"，它是程序最重要的组成部分。可以说，算法是一个程序的灵魂。

（3）输出（Output）数据。输出数据是程序展示运算成果的方式。程序的输出方式包括控制台输出、图形输出、文件输出、网络输出、操作系统内部变量输出等。

如输入一个实数，求该数的绝对值，其 IPO 描述如下：

输入：实数 $x$

处理：$|x| = \begin{cases} x & x \geq 0 \\ -x & x < 0 \end{cases}$

输出：输出 $|x|$

IPO 描述主要用于区分程序的输入输出关系，重点在于结构划分，算法主要采用自然语言描述。

流程图描述侧重于描述算法的具体流程关系，流程图的结构化关系相比自然语言描述更进一步，有助于阐述算法的具体操作过程。

Python 代码描述是最终的程序产出，最为细致。对于一个计算问题，可以用 IPO 描述、流程图描述或者直接以 Python 代码方式描述。

# 3.2　顺　序　结　构

顺序结构按照语句出现的先后次序依次执行，是最简单、最常用的程序结构，其执行的流程如图 3-5 所示，即执行完 < 语句块 1 > 后才能执行 < 语句块 2 >。

**【例 3-1】** 已知长方形的长和宽，计算长方形的周长和面积。

**分析：** 假设长方形的长和宽分别用 $a$、$b$ 表示，周长用 $c$ 表示，面积用 $s$ 表示，则有 $c = 2(a+b)$，$s = ab$，程序运行时首先要输入 $a$、$b$ 的值，然后输出 $c$、$s$ 的计算结果。程序如下：

```
a = eval(input("请输入长方形的长:"))
b = eval(input("请输入长方形的宽:"))
c = 2 * (a + b)
s = a * b
print("长方形的周长是:",c)
print("长方形的面积是:",s)
```

程序运行结果：

请输入长方形的长:4
请输入长方形的宽:5
长方形的周长是: 18
长方形的面积是: 20

【例 3-2】 求方程 $2x^2 + 5x - 1 = 0$ 的两个实数根。

分析:一元二次方程的通式为 $ax^2 + bx + c = 0$,根据求根公式可知,当 $b^2 - 4ac \geqslant 0$ 时,方程有两个不同的实数根。由于上式 $b^2 - 4ac > 0$,因此该方程有两个实数根。程序如下:

```
import math
a = 2
b = 5
c = -1
d = math. sqrt(b * b - 4 * a * c)
x1 = (-b + d)/(2 * a)
x2 = (-b - d)/(2 * a)
print("方程的两个实数根分别为:",x1,x2)
```

程序运行结果:

方程的两个实数根分别为: 0.18614066163450715    -2.686140661634507

【例 3-3】 输入一个圆的半径 $r$,计算该圆的面积和周长。

分析:用 input( )输入一个数据,然后用 eval( )函数转化成数值,利用公式 $s = \pi r^2$ 和 $l = 2\pi r$ 分别求出该圆的面积和周长。程序如下:

```
PI = 3. 1415926
r = eval(input("请输入圆的半径:"))
s = PI * r * r
l = 2 * PI * r
print("半径为{}的圆的面积为:{:.6},周长为:{:.6}". format(r,s,l))
```

程序运行结果:

请输入圆的半径:5
半径为 5 的圆的面积为:78.5398,周长为:31.4159

从上面几个例子可以看出,顺序结构程序的执行是从上往下、依次执行每一个语句。

# 3.3　选择结构

计算机在执行程序时,通常是按照语句书写顺序依次执行,但大多数情况下需要根据条件选择所要执行的语句。如输入的学生考试成绩是否及格,输出两个数中的大数,一元二次方程是否有实根等。

选择结构可以根据条件来控制语句的执行,也称分支结构。Python 使用 if 语句来实现选择结构,它有三种形式:单分支选择结构、双分支选择结构和多分支选择结构。

## 3.3.1 单分支选择结构

if 语句单分支选择结构语法形式如下:

```
if   <条件表达式>:
    语句/语句块
```

**功能:** 当条件表达式的值为真(True)时,执行 if 后面的语句(块),否则什么都不做,控制转到与 if 同级别的下一条语句。单分支结构的控制流程图如图3-9所示。

**分析程序段:**

```
if x > 0:
    a = 3
    b = 4
    print(a, b)
print(x)
```

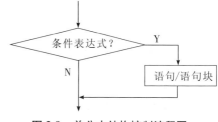

图3-9 单分支结构控制流程图

若 $x$ 的值为10,if 后面条件表达式的值为 True,则执行下面的三条语句,然后接着执行与 if 同级别的下一条语句 print($x$);若 $x$ 的值为 $-1$,if 后面条件表达式的值为 False,则直接执行与 if 同级别的下一条语句 print($x$);也就是说,不管条件是否成立都要执行 print($x$)。

**说明:**

(1)if 后面的条件表达式可以是关系表达式、逻辑表达式、算术表达式等,只要其值非零即为真(True),其值为零则为假(False)。有关关系表达式、逻辑表达式的计算问题,读者可阅读 2.3.1。

(2)if 后面的冒号(:)一定不能丢,而且下面的语句/语句块一定要缩进。在 Python 语言中,用缩进来区分同一级的语句。如上面程序段中,第 2、3、4 行语句是同一级的语句,它表示条件成立时执行这三条语句。

(3) if 后面的 <条件表达式> 也可以加括号(),当条件表达式比较复杂时,加括号可以看得清楚些。如上例中 if 语句写成"if (x > 0):"也正确。

**【例3-4】** 从键盘输入一个整数,输出这个数的绝对值。

**分析:** 输入一个数据存入变量 $x$ 中,对 $x$ 进行判断:若 $x < 0$,则将 $x$ 改为 $-x$。程序如下:

```
x = eval(input("请输入一个整数:"))
if x < 0:
    x = -x
print("x 的绝对值为:", x)
```

第一次运行的结果为:

```
请输入一个整数:3
x 的绝对值为: 3
```

第二次运行的结果为:

```
请输入一个整数: - 2
x 的绝对值为: 2
```

## 3.3.2 双分支选择结构

if 语句双分支选择结构语法形式如下:

```
if <条件表达式>:
  语句 1/语句块 1
else:
  语句 2/语句块 2
```

**功能**:当条件表达式的值为真(True)时,执行 if 后面的语句(块)1,否则执行 else 后面的语句(块)2。双分支结构的控制流程如图 3-10 所示。

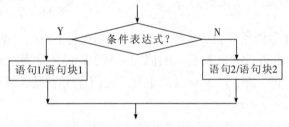

**图 3-10 双分支结构控制流程图**

**分析程序段**:

```
if x > 0:
  a = 3
  b = 4
else:
  a = 10
  b = 20
print(a,b)
```

若 $x > 0$ 条件成立,则执行 if 下面的两条语句,接着执行与 if 同级别的下一条语句 print(a,b);若条件不成立,则执行 else 下面的两条语句,也接着执行与 if 同级别的下一条语句 print(a,b)。

Python 语言还提供了一种更简洁的双分支表达形式,语法结构如下:

```
<表达式1> if <条件表达式> else <表达式2>
```

该表达式的计算过程为:当条件表达式的值为真(True)时,<表达式 1>的值就是该表达式的值,否则<表达式 2>的值就是该表达式的值。

例如,如果 $x \geqslant 0, y = \sqrt{x}$,否则,$y = \sqrt{-x}$,可以表示为:

y = math. sqrt( x) if x >=0 else math. sqrt (- x)

**注意:**这里需要用 import math 来导入 math 库。

【**例 3-5**】　键盘输入两个整型数据存入变量 $a, b$ 中,输出较大数。

**分析:**用 int( )将 input( )输入的数据转化成整型数据,然后用双分支结构进行判断:如果 $a >= b$,则输出 $a$ 的值,否则输出 $b$ 的值。程序如下:

```
a = int(input("请输入第一个数据:"))
b = int(input("请输入第二个数据:"))
if a >=b:
    print("两个数中的大数为:",a)
else:
    print("两个数中的大数为:",b)
```

程序运行结果:

```
请输入第一个数据:23
请输入第二个数据:10
两个数中的大数为:23
```

此题也可以用更简洁的双分支表达式形式,只要把程序中的双分支结构改为赋值语句即可,程序如下:

```
a = int(input("请输入第一个数据:"))
b = int(input("请输入第二个数据:"))
x = a if(a >=b) else b              #这里条件表达式加括号
print("两个数中的大数为:",x)
```

读者可以上机运行试试。

### 3.3.3　多分支选择结构

有时会有多个条件,如统计学生的成绩在 90 ~ 100,80 ~ 89,70 ~ 79,60 ~ 69,0 ~ 59 分数段上的人数,这就是一个多条件问题。Python 语言提供了多分支选择结构。

if 语句多分支结构的语法形式如下:

```
if <条件表达式 1>：
    语句 1/语句块 1
elif <条件表达式 2>：
    语句 2/语句块 2
…
elif <条件表达式 n>：
    语句 n/语句块 n
[else：
    语句 n + 1/语句块 n + 1]
```

从上往下依次判断每个条件表达式的值,若第 $i$ 个条件表达式的值为真(True),则程序控制执行"语句 $i$/语句块 $i$",然后跳转到与 if 同级别的下一条语句执行;若所有的条件表达式的值都为假(False),则执行 else 后面"语句 $n + 1$/语句块 $n + 1$"。else 子句是可选的,若没有 else 子句,则当所有的条件表达式都不成立的时候,就什么都不做。多分支结构的控制流程如图 3-11 所示。

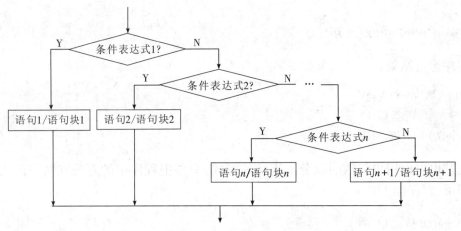

图 3-11　多分支结构控制流程图

说明:

(1)关键字 elif 是 else if 的缩写,但不能写成 else if。

(2)缩进必须要一致。

(3)多分支结构是对多个条件进行判断,因此条件表达式的设置必须正确,并且注意次序。若条件表达式为真,则执行后面的"语句/语句块"后就退出 if 结构,后面的条件表达式将不做判断。

【例 3-6】　计算下面函数的值。

$$y = \begin{cases} 1 & (x > 0) \\ -1 & (x < 0) \\ 0 & (x = 0) \end{cases}$$

分析:解决这个题目,有很多种方法,当然最简单的是用多分支结构,程序如下:

```
x = eval(input("请输入 x 的值:"))
if x > 0:
    y = 1
elif x < 0:
    y = -1
else:
    y = 0
print("函数的值为:", y)
```

第一次运行结果为:

```
请输入 x 的值:3
函数的值为: 1
```

第二次运行结果为:

```
请输入 x 的值: -2
函数的值为: -1
```

第三次运行结果为:

```
请输入 x 的值:0
函数的值为: 0
```

## 3.3.4　if 语句的嵌套

在前面 if 语句结构中,若"语句/语句块"中又包含了 if 语句,则称为 if 语句的嵌套。if 语句的嵌套,也可以解决多条件问题,但嵌套层次太多,程序变长,不利于阅读和修改,因此当条件比较多的时候,建议用 if 的多分支选择结构。

【例 3-7】　输入一个百分制成绩,输出所对应的等级。等级如下:85 ~ 100 为优秀,70 ~ 84 为良好,60 ~ 69 为及格,0 ~ 59 为不及格。

分析:这是一个多条件问题。首先对输入的成绩进行有效性判断:大于 100 或小于 0 都是无效的成绩,对于有效成绩,再进行等级判断。程序如下:

```
x = eval(input("请输入百分制成绩:"))
if(x < 0 or x > 100):                    #这里条件表达式都加了括号
    print("数据输入不正确!")
else:
    if(x >= 85):
        print("成绩等级为优秀")
    elif(x >= 70):
        print("成绩等级为良好")
```

```
    elif( x >=60) :
        print("成绩等级为及格")
    else :
        print("成绩等级为不及格")
```

第一次程序运行结果为:

请输入百分制成绩:102
数据输入不正确!

第二次程序运行结果为:

请输入百分制成绩:89
成绩等级为优秀

**注意**:嵌套的时候语句缩进必须要正确,而且要一致。

## 3.3.5 异常处理

Python 语言采用结构化的异常处理机制。在程序运行过程中,如果产生错误,解释器就会创建一个异常对象,并抛给系统运行,程序则终止正常执行流程,转而执行异常处理流程。在【例3-7】中,程序运行时输入学生成绩,若输入的不是数字字符,而是其他字符,例如输入 AB,这时 Python 解释器就会返回异常信息,同时程序运行终止。

常见的异常有以下几种。

(1)NameError:访问一个不存在(也称未声明)的变量。

如:

```
>>>a
结果:报错,最后一行显示:
NameError: name'a' is not define
```

(2)SyntaxError:语法错误。

如:

```
>>>int x
结果:报错,显示:
SyntaxError: invalid syntax
```

(3)TypeError:类型错误。

如:

```
>>>22 + 'ab'
结果:报错,最后一行显示:
TypeError: unsupported operand type(s) for + :'int' and 'str'
```

（4）ValueError：数值错误。

如：

> > > int('abc')

结果：报错，最后一行显示：

ValueError：invalid literal forint( ) with bass 10：'abc'

（5）ZeroDivisionError：零除错误。

如：

> > > 2/0

结果：报错，最后一行显示：

ZeroDivisionError：division by zero

（6）IndexError：索引越界。

如：

> > > x = [10,20,30]

> > > x[3]

结果：报错，最后一行显示：

IndexError：list index out of range

（7）KeyError：字典关键字不存在。

如：

> > > y = {1:'a',2:'b'}

> > > y[0]

结果：报错，最后一行显示：

KeyError：0

Python 异常信息中最重要的部分是异常类型，它说明发生异常的原因，是程序处理异常的依据。

Python 语言使用 try-except 语句实现异常处理，其语法形式为：

```
try：
    <语句块 1 >
except  <异常类型 >：
    <语句块 2 >
```

**执行流程：**<语句块 1 >是正常执行的程序语句，当发生异常时，执行 except 后面的 <语句块 2 >。

思考下面程序:

```
try:
    x = eval(input("请输入一个整数:"))
    print(x * 2)
except NameError:
    print("输入错误,请输入一个整数:")
```

在程序运行时,若输入 AB,则结果如何?

try-except 语句可以支持多个 except 语句,其语法形式为:

```
try:
    <语句块 1>
except <异常类型 1>:
    <语句块 2>
except <异常类型 2>:
    <语句块 3>
...
except <异常类型 n>:
    <语句块 n + 1>
except:
    <语句块 n + 2>
```

从第 1 到第 n 个 except 后面都指定了异常类型,当发生这些异常类型时,会执行对应的语句块,最后一个 except 语句没有指定异常类型,表示对应的语句块 n + 2 可以处理其他所有异常。这个与 if-elif-else 语句类似,是分支结构的一种表达方式。

异常语句还可以与 else 和 finally 配合使用,其语法形式为:

```
try:
    <语句块 1>
except <异常类型 1>:
    <语句块 2>
else:
    <语句块 3>
finally:
    <语句块 4>
```

**执行流程:**当 try 中的 <语句块 1> 正常执行结束,没有发生异常时,执行 else 后面的 <语句块 3>,然后执行 finally 后面的 <语句块 4>。若 <语句块 1> 执行过程中发生了异常,则执行 except 后面的 <语句 2>,然后执行 finally 后面的 <语句块 4>。也就是说,finally 后面的 <语句块 4> 是不管有没有异常,都要执行的。控制流程如图 3-12 所示。

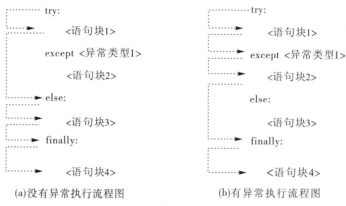

(a)没有异常执行流程图　　　　　　(b)有异常执行流程图

**图 3-12　异常处理控制流程图**

【**例 3-8**】　分析下面程序:

```
try:
    x = eval(input("请输入一个整数:"))
    y = x * 2
except NameError:
    print("输入错误,请输入一个整数:")
else:
    print("y =", y)
finally:
    print("程序运行结束!")
```

**分析:** 若程序输入的是数字字符,则输入正确,没有发生异常,程序执行 else 后面的 print("y =", y),接着执行 finally 后面的语句;若输入的是其他字符,发生异常,则执行异常处理语句,然后执行 finally 后面的语句。

第一次运行时输入异常,结果为:

```
请输入一个整数:AB
输入错误,请输入一个整数:
程序运行结束!
```

第二次运行输入没有异常,结果为:

```
请输入一个整数:20
y = 40
程序运行结束!
```

Python 能识别多种异常类型,但建议读者在编写程序时不要过度依赖 try-except 这种异常处理机制,要对问题进行全面分析,尽可能对可以预测的异常进行处理。

### 3.3.6 if 语句综合案例

选择结构的程序设计主要是通过 if 语句来实现的。

**注意**：问题的实现方法不是唯一的，当然程序越简单越好。

**【例 3-9】** 从键盘输入三角形的三条边，求该三角形的面积。

**分析**：从键盘输入三个数据分别存入变量 $a, b, c$ 中，首先要判断 $a, b, c$ 能否构成三角形。构成三角形的条件可以用"任意两边之和大于第三边"进行判断，然后用海伦公式求出三角形的面积即可。海伦公式：

$$s = \sqrt{l(l-a)(l-b)(l-c)} \text{，其中，} l = \frac{1}{2}(a+b+c)$$

程序如下：

```python
import math
a = eval(input("请输入三角形的第一条边:"))
b = eval(input("请输入三角形的第二条边:"))
c = eval(input("请输入三角形的第三条边:"))
if (a + b > c and a + c > b and b + c > a):
    l = 1/2 * (a + b + c)
    s = math.sqrt(l * (l-a) * (l-b) * (l-c))
    print("三角形面积为:", s)
else:
    print("不能构成三角形!")
```

程序第一次运行结果为：

```
请输入三角形的第一条边:3
请输入三角形的第二条边:4
请输入三角形的第三条边:5
三角形面积为:6.0
```

程序第二次运行结果为：

```
请输入三角形的第一条边:5
请输入三角形的第二条边:1
请输入三角形的第三条边:3
不能构成三角形!
```

**【例 3-10】** 从键盘输入三个数，将这三个数按从小到大排序并输出。

**分析**：对于三个数 $x, y, z$，先判断 $x > y$，若条件成立，则交换 $x, y$，这样 $x$ 一定小于 $y$；然后再判断 $x > z$，若条件成立，则交换 $x, z$，此时 $x$ 一定是最小的；最后判断 $y > z$，若条件成立，则交换 $y, z$，这样 $y$ 是第二小的数，$z$ 也就是最大数了。程序如下：

```
x = eval( input("请输入第一个数:"))
y = eval( input("请输入第二个数:"))
z = eval( input("请输入第三个数:"))
if x > y:
    x,y = y,x
if x > z:
    x,z = z,x
if y > z:
    y,z = z,y
print("三个数从小到大为:",x,y,z)
```

程序运行结果为:

```
请输入第一个数:6
请输入第二个数:2
请输入第三个数:5
三个数从小到大为:2 5 6
```

【例 3-11】　计算并输出一元二次方程 $ax^2 + bx + c = 0(a \neq 0)$ 的实数根。

**分析:**这是一个多条件问题,首先要判断 $a$ 不等于 0,否则以上方程就不是一元二次方程;其次根据 $b^2 - 4ac \geq 0$ 是否成立,判断该方程有无实数解。程序如下:

```
import math
print("请输入一元二次方程的系数 a,b,c")
a = eval( input( ))
b = eval( input( ))
c = eval( input( ))
if a == 0:
    print("这不是一元二次方程!")
else:
    d = b * b - 4 * a * c
    if d < 0:
        print("方程没有实数根!")
    elif d > 0:
        x1 = ( -b + math. sqrt( d))/(2 * a)
        x2 = ( -b - math. sqrt( d))/(2 * a)
        print("方程有两个不同的实数根!")
        print("x1 =",x1)
        print("x2 =",x2)
    else:
        x1 = -b/(2 * a)
        print("方程有两个相同的实数根!")
        print("x1 = x2 =",x1)
```

程序第一次运行结果为：

请输入一元二次方程的系数 a,b,c
3
2
5
方程没有实数根！

程序第二次运行结果为：

请输入一元二次方程的系数 a,b,c
0
3
6
这不是一元二次方程！

程序第三次运行结果为：

请输入一元二次方程的系数 a,b,c
3
2
－7
方程有两个不同的实数根！
x1 = 1.2301385866078098
x2 = －1.8968052532744766

# 3.4　循环结构

有规律地重复执行某些语句,称为循环。循环结构在程序设计中是不可缺少的,如求 1000 个无规律的数据之和,求 100 个数据中的最大数等,这些问题的求解都必须用到循环。

Python 语言提供了两种基本的循环语句:for 语句和 while 语句,用这两个语句构成的循环,习惯上分别称为 for 循环和 while 循环。

## 3.4.1　for 语句

for 语句主要用来解决循环次数可以提前确定的循环,循环次数由其遍历结构的元素个数确定。for 语句语法形式为:

```
for <循环变量> in <遍历结构>:
    语句/语句块
```

遍历“遍历结构”中的元素,并对“遍历结构”中每个元素执行一次语句/语句块。当遍历结束时,程序执行与 for 同级别的下一条语句。for 语句控制流程如图 3-13 所示。

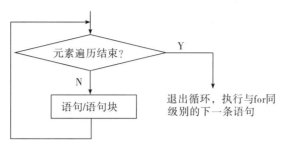

**图 3-13　for 语句控制流程图**

我们把语句/语句块称为循环体或循环体语句。for 语句构成的循环，又称为"遍历循环"，即从遍历结构中依次取出每个元素并放入循环变量中，然后对所取出的元素执行一次循环体。

**说明：**

（1）遍历结构可以是字符串、文件、组合数据类型或 range( ) 函数等，常用的使用方法如表 3-1 所示。

表 3-1　遍历结构常用的使用方法

| 结构 | 循环 $N$ 次 | 遍历文件 **fi** 的每一行 | 遍历字符串 **s** | 遍历列表 **ls** |
|------|------------|------------------------|-----------------|----------------|
| 使用方法（语句） | for i in range(N)：<br>　语句/语句块 | for line in fi：<br>　语句/语句块 | for c in s：<br>　语句/语句块 | for item in ls：<br>　语句/语句块 |

（2）range( ) 是 Python 语言的内置函数，它能生成数列。range(5) 的序列是 0 1 2 3 4，默认从 0 开始，注意取不到 5；也可以使用指定的区间值，如 range(3,6) 的序列是 3 4 5，此时不能取到边界值 6；还可以指定不同的增量，这个增量可以大于 0，也可以小于 0，但不能等于 0，如 range(1,10,2) 的序列是 1 3 5 7 9，range(10,-1,-3) 的序列是 10 7 4 1，通常我们把这个增量称为"步长"。

如程序：

```
for a in range(3,6)：
    print(a)
```

程序运行结果为：

```
3
4
5
```

此时增量（步长）默认为 1。

又如程序：

```
for a in range(10,-1,-3)：
    print(a)
```

程序运行结果为：

```
10
7
4
1
```

此时增量(步长)为 -3。

【例 3-12】 计算并输出 $1+2+3+\cdots+10$ 的值。

分析:用变量 $s$ 存放累加和,初值为 0,用 $i$ 来遍历 range(1,11),在循环体里做语句 $s=s+i$,即 $i$ 遍历取值 $1,2,3,\cdots,10$,每取一个值就做一次加法运算,当 $i$ 取值为 10 时就完成了 $1+2+3+\cdots+10$ 的运算,这时 $i$ 遍历结束,循环也结束。程序如下:

```
s = 0
for i in range(1,11):
    s = s + i
print("s = {}".format(s))
```

程序运行结果为:

```
s = 55
```

【例 3-13】 计算并输出 $10! = 1 \times 2 \times 3 \times \cdots \times 10$ 的值。

分析:用变量 $t$ 存放连乘积,初值为 1,跟上面的例子类似,用 $n$ 来遍历 range(1,11),在循环体里做语句 $t=t*n$,即 $n$ 遍历取值 $1,2,3,\cdots,10$,每取一个值就做一次乘法运算,当 $n$ 取值为 10 时就完成了 $1 \times 2 \times 3 \times \cdots \times 10$ 的运算,这时 $n$ 遍历结束,循环也结束。程序如下:

```
t = 1
for n in range(1,11):
    t = t * n
print("t = {}".format(t))
```

程序运行结果为:

```
t = 3628800
```

【例 3-14】 计算并输出 20 以内(不包括 20)偶数的积、奇数的和。

分析:前面我们已经知道怎么计算连乘积、怎么计算连加和,现在要在循环体里面用一个 if 语句,判断循环变量是偶数还是奇数,如何写这个条件表达式呢? 可以使用前面学过的求余运算符%,程序如下:

```
s = 0
t = 1
for i in range(1,20):
    if (i% 2 == 0):
```

```
        t = t * i
    else:
        s = s + i
print("20 以内的偶数积为:",t)
print("20 以内的奇数和为:",s)
```

程序运行结果为:

```
20 以内的偶数积为:185794560
20 以内的奇数和为:100
```

关于其他遍历结构的使用案例,我们将在下一章介绍。

for 语句还有扩展模式,即在 for 语句后面带一个 else 子句,其语法形式如下:

```
for <循环变量> in <遍历结构>:
    循环体
else:
    语句/语句块
```

在这种模式中,当 for 循环正常执行结束后,会继续执行 else 后面的"语句/语句块"。若 for 通过 break 语句退出循环,则不执行 else 子句,有关 break 的内容将在后面介绍。

## 3.4.2 while 语句

while 语句是根据所给的条件是否满足,决定循环是否执行,通常也称为条件循环。while 语句语法形式:

```
while <条件表达式>:
    语句/语句块
```

先计算 <条件表达式> 的值,若为真(True),则执行下面的语句/语句块;若为假(False),则退出循环,执行与 while 同级别的下一条语句。while 语句控制流程如图3-14所示。

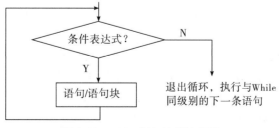

**图 3-14 while 语句控制流程图**

通常,我们把 while 后面的语句/语句块称为循环体或循环体语句。

【例3-15】 计算并输出从键盘输入的任意10个数的和。

**分析:**用变量 $s$ 存放累加和,初值为0,用 $i$ 作为计数器,设其初值为1,从键盘输入数据 $x$,然后把 $x$ 累加到 $s$ 中,计数器 $i$ 加1,当 $i \leqslant 10$ 时重复上面的操作,直到 $i \leqslant 10$ 不成立,退出循环。程序如下:

```
s = 0
i = 1
print("请输入 10 个数据:")
while i <= 10:
    x = eval(input())
    s = s + x
    i = i + 1
print("累加和:",s)
```

程序运行结果为:

```
请输入 10 个数据:
2
10
 -3
6
20
18
 -30
36
4
15
累加和为: 78
```

**说明:**

(1) <条件表达式>在每次进入循环之前都要进行判断,它可以是任何类型的表达式,只要表达式的值非零或非空,就执行循环体,否则退出循环。

(2) 注意冒号(:)不可缺少,缩进要正确且一致。

(3) 循环体中一定要有使循环趋于结束的语句,如上例中 $i = i + 1$,否则循环将永远进行下去,即陷入"死循环"。

【例3-16】 计算并输出从键盘输入的5个非零数据的连乘积。

**分析:**用变量 $t$ 存放连乘积,初始值为1,用 $i$ 作为计数器,设其初始值为1,从键盘输入数据 $x$,然后做 $t = t * x$,计数器 $i$ 加1,判断 $i \leqslant 5$ 是否成立,如果成立则继续做上面的操作,否则退出循环。程序如下:

```
t = 1
i = 1
print("请输入 5 个非零数据:")
while i <= 5:
    x = eval(input())
    t = t * x
    i = i + 1
print("5 个数的连乘积为:",t)
```

程序运行结果为:

```
请输入 5 个非零数据:
3
6
12
7
9
5 个数的连乘积为:13608
```

当循环次数已知时,用 for 语句来实现更为简洁,大家可以尝试用 for 循环改写【例 3-15】、【例 3-16】,并上机调试。

类似,如果用 while 语句计算阶乘的值,如 5! ($5! = 1 \times 2 \times 3 \times 4 \times 5$),那么将【例 3-16】程序中循环体里第一条输入语句删除,将第二条语句改为 $t = t * i$ 即可。修改后程序如下:

```
t = 1
i = 1
while i <= 5:
    t = t * i
    i = i + 1
print("5! = ",t)
```

程序运行结果为:

```
5! = 120
```

思考:如果要计算并输出 $1 + 2 + 3 + \cdots + 10$,如何修改【例 3-15】的程序?

与 for 循环类似,while 循环也有一种扩展模式,即在 while 语句后面带一个 else 子句,其语法形式如下:

```
while <条件表达式>:
    循环体
else:
    语句/语句块
```

在这种扩展模式中,当 while 循环正常执行结束后,程序会继续执行 else 后面的语句/语句块,即 else 子句只是在 while 后的条件表达式的值为假(False)时才执行。

分析下面程序:

```
a = 1
while a < 5 :
    print("a = ", a)
    a = a + 1
else :
    print("执行 else 子句")
    print("a = ", a)
    print("循环正常结束")
```

while 循环体中由于有 $a = a + 1$ 语句,因此执行 4 次循环体后,$a$ 的值变成了 5,此时 $a < 5$ 不成立,值为 False,退出循环,然后执行 else 子句。程序运行结果如下:

```
a = 1
a = 2
a = 3
a = 4
执行 else 子句
a = 5
循环正常结束
```

### 3.4.3 break 和 continue 语句

循环结构有两个保留字:break 和 continue,用来辅助控制循环执行,改变循环语句执行的顺序。

break 语句用来跳出最内层的 for 或 while 循环,通常与 if 语句配合使用。

如程序:

```
s = 0
for i in range(1,20) :
    s = s + i
    if s > 10 :
        break
print("退出循环,i 的值是:", i)
print("s = ", s)
```

程序运行结果为:

```
退出循环,i 的值是: 5
s = 15
```

上面的程序,由于循环体里 if 条件成立,所以执行 break 语句,提前跳出循环。通常把用 break 语句跳出循环称为"非正常退出循环"。

**注意**:break 语句只能跳出当前所在的循环结构。

continue 语句用来结束本次循环,即循环体中 continue 语句下面的部分都不执行,接着执行条件判断(while 循环)或继续进行遍历(for 循环)。

如程序:

```
s = 0
i = 0
while i <= 10:
    i = i + 1
    if i % 3 != 0:
        continue
    s = s + i
print("退出循环,i 的值是:", i)
print("s = ", s)
```

程序运行结果为:

```
退出循环,i 的值是: 11
s =  18
```

上面的程序是正常退出的。循环体里面的 if 条件成立($i$ 不是 3 的倍数),执行 continue 语句,此时不执行 $s = s + i$,转而继续判断 while 后面的条件表达式是否成立,若 if 条件不成立($i$ 是 3 的倍数),则不执行 continue 语句,转而执行 $s = s + i$。

**continue 语句和 break 语句的区别**:continue 语句只结束本次循环,并不终止整个循环的执行,而 break 语句则跳出当前循环,执行与 while 语句或 for 语句同级别的下一条语句。

【例 3-17】 分析下面程序。

```
s = 0
for i in range(1, 50, 3):
    s = s + i
    if s > 10:
        break
    else:
        print("循环正常结束")
        print("s = ", s)
print("程序非正常退出")
print("i, s 的值分别为:", i, s)
```

程序运行结果为:

程序非正常退出

i,s 的值分别为: 7 12

从上面的程序可以看出:当循环正常结束时,执行 else 后面的语句,然后程序继续往下执行;当循环非正常退出(通过 break 语句退出循环)时,执行与 else 同级别的下一条语句。

请读者体会 for 循环的扩展使用。

## 3.4.4 循环嵌套

在循环体中又完整地包含另一个循环,称为循环嵌套。看下面程序:

```
for i in range(1,3):
    for k in range (1,3):
        print(i,k)
print("循环结束,i,k 的值为:",i,k)
```

程序运行结果为:

```
1 1
1 2
2 1
2 2
循环结束,i,k 的值为: 2 2
```

这是两个 for 循环的嵌套,还可以是 while 语句的嵌套或 for 与 while 相互嵌套。

**注意**:不管是哪种嵌套,都是外循环变量变化一次,内循环变量变化一周。

【**例 3-18**】 输出所有的"水仙花数"。所谓的"水仙花数"是指一个三位数,其各位数字的立方和等于该三位数本身。例如 $153 = 1^3 + 5^3 + 3^3$,153 就是"水仙花数"。

**分析**:用 $g$ 代表个位上的数,数值范围为 $0 \sim 9$;用 $s$ 代表十位上的数,数值范围为 $0 \sim 9$;用 $b$ 代表百位上的数,数值范围为 $1 \sim 9$;则这个三位数就是 $b * 100 + s * 10 + g$,用循环嵌套来解决这个问题。程序如下:

```
for b in range(1,10):
    for s in range(0,10):
        for g in range(0,10):
            x = b * 100 + s * 10 + g
            y = b * b * b + s * s * s + g * g * g
            if x == y:
                print(x)
```

程序运行结果为:

```
153
370
371
407
```

此题也可以不用循环嵌套,请读者自己考虑应该如何编写程序。

## 3.4.5 循环语句综合案例

循环语句是控制程序运行的一类重要语句,与选择结构控制程序运行类似,也是通过判断条件是否成立来决定是否再执行一次或多次语句/语句块。

【例3-19】 利用公式:$\dfrac{\pi}{4} = 1 - \dfrac{1}{3} + \dfrac{1}{5} - \dfrac{1}{7} + \cdots$ 计算 $\pi$ 的近似值,直到某项绝对值小于 $10^{-6}$ 为止。

分析:这是求累加和的问题,只是这里有一个正负号交替变化的问题,可以用数学函数,也可以设一个表示正负号的变量,如 $t$,初始值为1,利用 $t = -t$ 就可以让 $t$ 的值在 1 和 $-1$ 之间变化,循环的条件是某项绝对值 $\geqslant 1e-6$。程序如下:

```
s = 0              #表示累加和
t = 1              #表示符号
x = 1              #表示要累加的项
i = 1              #表示分母
while x >= 1e - 6:
    x = 1/i
    s = s + t * x
    t = -t
    i = i + 2
s = 4 * s
print("π 的近似值为:{}". format(s))    #用 format() 进行输出
```

程序运行结果为:

```
π 的近似值为:3. 1415946535856922
```

【例3-20】 从键盘输入一个正整数,判断它是否是素数,并给出相应的信息。

分析:所谓素数,就是除了 1 和自身外没有任何因子。因此判断输入的数据 $m$ 是不是素数,就是从 $2 \sim m-1$ 之间找有没有数是 $m$ 的因子。如果有,则 $m$ 不是素数;否则 $m$ 就是素数。程序如下:

```
m = int(input("请输入一个正整数:"))
if m <= 0:
    print("数据输入不正确!")
else:
    if m > 1:
```

```
    for i in range(2,m):
       if m% i ==0:
          print("数据||不是素数!".format(m))
          break
       else:
          print("数据||是素数!".format(m))
    else:
       print("数据||不是素数!".format(m))
```

程序运行结果为:

```
请输入一个正整数:31
数据 31 是素数!
```

第二次运行结果为:

```
请输入一个正整数:133
数据 133 不是素数!
```

**【例 3-21】** 从键盘输入 10 个数据,找出其中的最大数并输出它是第几个数。

**分析:**假设输入的第一个数就是最大数,把这个数保存到 $max$ 中,同时用 $w$ 保存这个最大数是第几个数,循环体里输入第 $i$ 个数据 $x$,将 $x$ 与 $max$ 比较,如果 $x > max$,则把 $x$ 值赋给 $max$,同时把 $i$ 保存到 $w$ 中。程序如下:

```
print("请输入 10 个数据:")
max = eval(input())                    #输入第一个数据作为最大数
w = 1                                   #表示最大数是第一个
for i in range(2,11):
   x = eval(input())
   if x > max:
      max = x
      w = i
print("输入的数据中最大数是||,它是第||个数!".format(max,w))
```

程序运行结果为:

```
请输入 10 个数据:
2
6
8
12
5
0
```

```
    -3
    4
    10
    -8
```

输入的数据中最大数是 12,它是第 4 个数!

**【例 3-22】**　从键盘输入一个整数 $x$,判断 $x$ 是几位数,并求 $x$ 各位上的数字之和。

**分析:** 对 $x$ 进行求余运算,第一次求出的是 $x$ 的个位数,累加,然后做 $x = x//10$,再对 $x$ 进行求余运算,此时求出的余数是原来 $x$ 的十位数,累加,再做 $x = x//10$,一直到 $x$ 的值等于 0,循环结束。程序如下:

```
x = int( input("请输入一个整数:"))
n = 0                              #n 表示 x 的位数
m = x                             #把 x 的值保留下来
s = 0                             #s 用来存放各位上数字之和
if x == 0:
    n = 1
else:
    if ( x < 0):
        x = -x
    while x > 0:
        a = x% 10                  #求 x 的个位数
        n = n + 1                  #位数 +1
        s = s + a                  #当前数据的个位数累加
        x = int( x/10)             #将 x 缩小为原来的十分之一
print("数据{}是{}位数,各位上数字之和为{}". format( m,n,s))
```

程序运行结果为:

```
请输入一个整数:2356790
数据 2356790 是 7 位数,各位上数字之和为 32
```

第二次运行结果为:

```
请输入一个整数: -123456
数据 -123456 是 6 位数,各位上数字之和为 21
```

**【例 3-23】**　键盘输入两个正整数 $m$、$n$,编程求 $m$、$n$ 的最大公约数。

**分析:** 由数学知识可知,最大公约数就是这个数既是 $m$ 的因子又是 $n$ 的因子,而且大于这个数的所有数都不满足上述条件,这个数就称为最大公约数。因此最大公约数一定小于等于 $m$、$n$ 中的小数,假设 $m$ 是小数,那么遍历 range( m,0, -1) 中所有数据就一定能找到最大公约数。那么怎么判断一个数是不是另一个数的因子呢?用算术运算符% ,若 $x\% y == 0$,则说明 $y$ 是 $x$ 的因子。程序如下:

```
m = int( input( "请输入第一个正整数:" ) )
n = int( input( "请输入第二个正整数:" ) )
a,b = m,n
if m > n:
    m,n = n,m    #交换 m、n 的值,使 m 的值是较小数
for i in range( m,0, - 1 ) :
    if m% i == 0 and n% i ==0:
        break
print( "整数{}和{}的最大公约数为{}". format( a,b,i ) )
```

程序运行结果为:

```
请输入第一个正整数:12
请输入第二个正整数:46
整数 12 和 46 的最大公约数为 2
```

第二次运行结果为:

```
请输入第一个正整数:32
请输入第二个正整数:5
整数 32 和 5 的最大公约数为 1
```

求最大公约数,还可以用欧几里得的方法求解,该算法是先求 $m$、$n$ 的余数 $r$,当 $r$ 非 0 时就将 $n \to m$($n$ 的值赋给 $m$),$r \to n$($r$ 的值赋给 $n$),然后再求 $m$、$n$ 的余数,这个循环用 while 语句做,循环条件就是 r! =0,程序如下:

```
m = int( input( "请输入第一个正整数:" ) )
n = int( input( "请输入第二个正整数:" ) )
a,b = m,n
r = m% n
while r! =0:
    m = n
    n = r
    r = m% n
print( "整数{}和{}的最大公约数为{}". format( a,b,n ) )
```

这个程序请读者自行运行。

# 3.5  程序调试基本方法

异常和错误是程序调试过程中两个不同的概念。异常和错误都可能引起程序执行 错误而退出,属于程序没有设计完整的例外情况(exception)。但是,大多数的因素是可 以预见的,如期望获得数字输入却得到了其他字符输入、打开一个并不存在的文件、计

算表达式时分母为零等。这些可以预见的例外情况,称为"异常"。这类程序经过妥善处理可以继续执行。由于程序设计上的逻辑错误而产生的不可预见的例外情况,称为"错误",错误程序是可以执行的,但结果不对,如表达式优先级不正确、运算符号使用错误等。这类错误 Python 解释器无能为力,往往难以查找,需要根据结果进行判断。

## 3.5.1　程序错误的类型

查找和修正程序错误的过程称为调试(debug)。调试一般分为以下三种类型。

(1)语法错误调试。对于语法错误,Python 解释器直接抛出异常,可以根据抛出的异常分析判断产生异常的原因。

(2)运行错误调试。对于运行错误,Python 解释器也会抛出异常,程序中可通过 try…except 语句捕获并处理,如果没有用 try…except 语句处理,则 Python 解释器直接输出异常信息,程序运行终止。

(3)逻辑错误调试。逻辑错误是编程过程中,由于程序不正确而产生的错误。逻辑错误比较难以查找,一般可通过 print 语句输出运行过程中的变量值(跟踪信息)来观察和调试程序;也可以在集成开发环境(IDLE)中通过设置断点、查看变量等方法,对程序进行分析和调试。

## 3.5.2　程序调试的 IDLE 方法

下面介绍使用 Python IDLE 调试程序的一般方法。

### 1. 进入调试模式

点击 IDLE,进入 Python Shell 界面,如图 3-15 所示,点击 Debug 出现下拉式菜单,单击 Debugger 选项,此时会弹出一个调试窗口,如图 3-16 所示,进入调试模式。

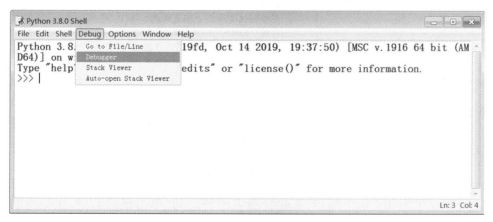

图 3-15　调试程序界面

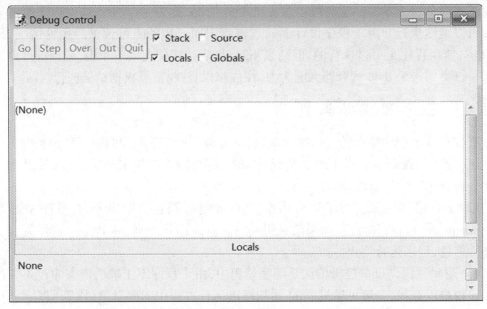

图 3-16　调试窗口

## 2. 运行所要调试的代码文件

打开要调试的文件(注意用 File → Open 打开),如图 3-17 所示。

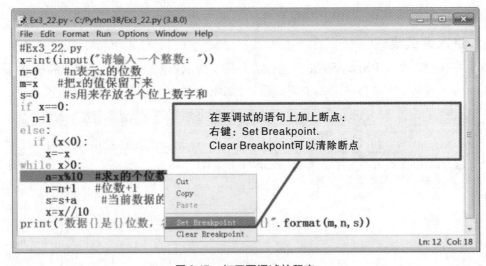

图 3-17　打开要调试的程序

在要调试的语句上加上断点:先选择要调试的语句,单击鼠标右键,在弹出的下拉式菜单里选择"Set Breakpoint",这样就把所选中的语句设为断点了(选择"Clear Breakpoint"可以取消断点),然后单击 Run 菜单中的 Run Module 选项,弹出调试窗口,上面显示一些相应的信息(如果没有信息,则关闭重新打开,先打开 IDLE,然后打开代码文件,再打开调试模式,然后运行代码),根据需要单击相应的按钮,对程序进行调试。

调试窗口按钮含义及所显示的信息如图 3-18 所示。调试窗口中 4 个复选框的含义如表 3-2 所示。

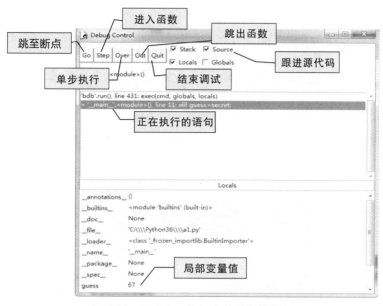

**图 3-18**　调试窗口按钮含义及相关信息

**表 3-2**　调试窗口中复选框的名称和含义

| 名称 | 含　　义 |
|---|---|
| Stack | 堆栈调用层次 |
| Locals | 局部变量查看 |
| Source | 跟进源代码 |
| Globals | 全局变量查看 |

 **知识拓展**

**算法的时间与空间复杂度**

　　对于同一个问题,使用不同的算法,也许最终得到的结果是一样的,但在过程中消耗的资源和时间会有很大的区别。评价一个算法的效率主要是看它的"时间复杂度"和"空间复杂度"。如果时间和空间不可兼得,就需要取一个平衡点。

　　**时间复杂度**是指执行当前算法所消耗的时间。想要知道一个算法的"时间复杂度",只要把这个算法相应的程序运行一遍,就知道它所消耗的时间了。这种方式虽然简单,但弊端很多,首先这种方式容易受运行环境的影响,在性能高的机器上跑出来的结果与在性能低的机器上跑出来的结果会相差很大。而且与测试时使用的数据规模也有很大关系。再者,在写算法的时候,还没有办法去运行呢。因此,时间复杂度一般采用通用的"大 $O$ 符号表示法",即 $T(n)=O(f(n))$。

　　其中,$f(n)$ 表示每行代码执行次数之和,而 $O$ 表示正比例关系,这个公式的全称是:算法的渐进时间复杂度。

　　大 $O$ 符号表示法并不是用来真实代表算法的执行时间的,它是用来表示代码执行时间的增长变化趋势的。

常见的时间复杂度量级有:常数阶 $O(1)$、对数阶 $O(\log N)$、线性阶 $O(n)$、线性对数阶 $O(n\log N)$、平方阶 $O(n^2)$、立方阶 $O(n^3)$、$k$ 次方阶 $O(n^k)$、指数阶 $(2^n)$。从前往后其时间复杂度越来越大,执行的效率越来越低。

除此之外,还有平均时间复杂度、均摊时间复杂度、最坏时间复杂度、最好时间复杂度等分析方法。

**空间复杂度**是对一个算法在运行过程中临时占用存储空间大小的量度,同样反映的是一个趋势。空间复杂度比较常用的有:$O(1)$、$O(n)$、$O(n^2)$ 等。感兴趣的同学可以百度相关知识,这里不再详述。

# 习 题 3

**一、单选题**

1. 关于算法的描述,以下选项中正确的是 _____。

A. 算法的执行效率与数据的存储结构无关

B. 算法的空间复杂度是指算法程序中指令(或语句)的条数

C. 算法的有穷性是指算法必须能在执行有限个步骤之后终止

D. 以上三种描述都不对

2. 关于计算机算法的描述,以下选项中正确的是 _____。

A. 查询方法　　　　　　　　　　B. 加工方法

C. 解题方案的准确而完整的描述　　D. 排序方法

3. 关于算法的控制结构,以下选项中描述正确的是 _____。

A. 循环、分支、递归　　　　　　　B. 顺序、循环、嵌套

C. 循环、递归、选择　　　　　　　D. 顺序、选择、循环

4. 表达式 0 < 10 > 3 的值为 _____。

A. 0　　　　　　B. 1　　　　　　C. True　　　　　　D. False

5. 语句 x = 3 > 2 and 10 > 5 执行结束后,变量 $x$ 的值为 _____。

A. -1　　　　　　B. -2　　　　　　C. False　　　　　　D. True

6. 设 $x, y$ 均已赋值,下列 Python 语句正确的是 _____。

A. a = x if x >= y else y　　　　　　B. a = x : if x >= y else y

C. a = x if x >= y : else y　　　　　　D. a = x if x >= y else : y

7. 以下关于分支结构的描述中,错误的是 _____。

A. 双分支结构有一种紧凑形式,使用保留字 if 和 elif 实现

B. if 语句中语句块的执行与否依赖于条件判断

C. 多分支结构用于设置多条件问题

D. if 语句的嵌套也可以解决多条件问题

8. 下列程序的运行结果是 _____。

```
x, y = 3, 5
```

```
if x < y:
    x,y = y,x
print("x = { } ,y = { }".format(x,y))
```
　A. $x = 3$, $y = 5$　　B. $x = 5$, $y = 3$　　C. $x = 3$, $y = 3$　　D. $x = 5$, $y = 5$

9. 下列循环体执行_____次。

```
n = 5
while n < 5:
    print(n)
    n = n + 1
```
　A. 0　　　　　　B. 1　　　　　　C. 5　　　　　　D. 6

10. 下列关于循环结构的描述中,错误的是_____。

　A. 终止循环执行的保留字是 break

　B. for 循环可以用 while 循环改写

　C. while 循环只能实现无限循环

　D. while 语句和 for 语句可以相互嵌套

11. 下列程序的运行结果是_____。

```
for c in "testatest":
    if c == 't' or c == 'e':
        continue
    print(c,end = "")
```
　A. testatest　　B. sas　　　　　C. tstast　　　　D. esaes

12. 下列程序的运行结果是_____。

```
while True:
    a = eval(input())
    if a == 0x10//2:
        break
print(a)
```
　A. 10　　　　　B. 0x10　　　　C. break　　　　D. 8

13. 下列程序的运行结果是_____。

```
s = 0
for x in range(1,4,2):
    for y in range(1,x+1):
        s = s + y
print(s)
```
　A. 1　　　　　　B. 4　　　　　　C. 7　　　　　　D. 13

14. 下列程序的运行结果是_____。

```
x,y = 10,20
if x < y:
    if x > 10:
```

```
        x = x + 1
        y = y + 1
    elif x > 0:
        x = x + 2
        y = y + 2
    else:
        x = x + 3
        y = y + 3
else:
    x = x - 1
    y = y - 1
print(x,y)
```

   A. 11  21         B. 12  22         C. 13  23         D. 9  19

15. 下列关于 break 语句和 continue 语句的描述正确的是_____。

   A. break 语句可以跳出当前所在的循环结构

   B. continue 语句可以跳出当前所在的循环结构

   C. break 语句和 continue 语句功能相同

   D. break 语句只能跳出 while 语句构成的循环

16. 下列程序的运行结果是_____。

```
s = 0
for i in range(1,10):
    s = s + i
    if s >= 10:
        break
else:
    print("循环正常结束,s = {},i = {}".format(s,i))
print("循环非正常结束,s = {},i = {}".format(s,i))
```

   A. 循环正常结束,s = 10,i = 4        B. 循环非正常结束,s = 10,i = 4

   C. 循环正常结束,s = 45,i = 9        D. 循环非正常结束,s = 45,i = 9

17. 下列程序输出的数据有_____个。

```
for n in range(100,200,3):
    print(n)
```

   A. 100         B. 50         C. 34         D. 33

18. 下列程序的输出结果是_____。

```
for s in "Python3.x":
    if s == "3":
        break
    print(s,end = "")
```

   A. Python         B. Python3         C. Python3. x         D. 没有输出

19. 下列关于 Python 语言 try 语句的描述中,不正确的是_____。

    A. 一个 try 语句块可以对应多个处理异常的 except 语句块

    B. 当执行 try 语句块触发异常时,会执行 except 后面的语句块

    C. 异常处理结束后,程序会返回到发生异常处继续执行

    D. 执行 try 语句块没有发生异常时,不会执行 except 后面的语句块

20. 在 Python 语言中,使用 for. . . in. . . 方式形成的循环不能遍历的类型是_____。

    A. 浮点数　　　　　B. 字符串　　　　　C. 集合　　　　　D. 列表

**二、判断题**

1. 任何复杂的程序都是由顺序结构、选择结构和循环结构组成的。

2. 在 Python 语言中,a <= b <= c 是合法的。

3. break 语句可以直接跳出双重循环。

4. 利用异常处理机制,可以判断用户输入数据的合法性。

5. 当作为条件表达式时,空值、空字符串、空列表、空元组、空字典、空集合、空迭代对象以及任意形式的数字 0 都等价于 False。

6. 在 try. . . except. . . else 结构中,如果 try 块的语句引发了异常,则执行 else 块中的代码。

7. 如果仅仅是用于控制循环次数,那么使用 for i in range(10) 和 for i in range(1, 20, 2) 的作用是等价的。

8. 在 Python 语言中,表达式 1 < 5 > 2 的值是 False。

9. 在条件表达式中不允许使用赋值号(等号“ = ”)。

10. 对于带有 else 子句的循环语句,如果是因为循环条件表达式不成立而退出循环,则执行 else 子句中的代码。

**三、填空题**

1. 在 Python 语言中,表达式 1 < 2 < 3 的值为_____。

2. 在 Python 语言中,表达式 -1 and 3 的值为_____。

3. 在 Python 语言中,表达式 [] or 2 - 2 的值为_____。

4. 在 Python 语言中,表达式 [] and 2 - 2 的值为_____。

5. 表达式 10 if 5 > 0 else -10 的值为_____。

6. 表达式 -1 if 5 > 6 else (0 if 5 > 7 else 1) 的值为_____。

7. 在循环语句中,_____语句的作用是提前退出当前循环结构。

8. 在循环语句中,_____语句的作用是提前进入下一次循环。

9. 程序:for n in range(3):print(n, end = ',') 的运行结果为_____。

10. 程序:for i in range(1, 10, 2):print(i, end = ';') 的运行结果为_____。

**四、操作题**

1. 编程计算下列分段函数值:

$$y = \begin{cases} 2.1x^3 - 5.3x^2 & x < 0 \\ e^6 & x = 0 \\ 3.6\sqrt{3x} & x > 0 \end{cases}$$

2. 给出一个百分制成绩,要求输出成绩等级 A、B、C、D、E。90 分以上为 A,80 ~ 89 分为 B,70 ~ 79 分为 C,60 ~ 69 分为 D,60 分以下为 E。

**要求**:用键盘输入百分制成绩,并判断输入数据的合理性,对于不合理的数据给出错误信息。

3. 给出一个小于 1000 的正整数,编程求该数是几位数,并按逆序打印出各位上的数字。例如,若原数为 321,则输出 123。

4. 已知坐标点$(x,y)$,判断其所在的象限。如输入的 $x,y$ 分别为 2,4,则坐标$(2,4)$在第一象限。

5. 输入一行字符,编程统计并输出其中的大写英文字母和数字的个数。

6. 编程统计 200 ~ 700 之间所有素数的个数,并将它们的和打印出来。

7. 猴子吃桃。猴子吃一堆桃子,第一天吃了一半多 1 个,第二天吃了剩余桃子的一半多 1 个,以后每天都吃前一天剩余桃子的一半多 1 个,到第 12 天,只剩下 1 个桃子。问第一天共有多少个桃子。

8. 计算并输出 $1! + 2! + 3! + \cdots + 10!$ 的值。

9. 利用公式:

$$\sin x = x - \frac{x^3}{3!} + \frac{x^5}{5!} - \frac{x^7}{7!} + \cdots$$

计算 $\sin x$ 的近似值,要求精确到 $10^{-6}$。

10. 从键盘输入两个正整数,计算并输出这两个数的最大公约数和最小公倍数。

提示:最大公约数可以用辗转相除法求出,两数相乘除以最大公约数就能求出最小公倍数。

11. 编程,求满足:$1 + 2^1 + 2^2 + \cdots + 2^n > 2023$ 的最小 $n$ 并输出。(要求:用循环实现)

12. 请用异常处理改造操作题第 2 题,使其能够接收并处理用户的任何输入。

习题 3 参考答案

# 第4章 Python 组合数据类型

## 课 程 目 标

➢ 掌握元组对象的创建与删除,初步掌握元组对象的使用方法。

➢ 掌握列表对象的创建与删除,初步掌握列表对象的使用方法。

➢ 掌握集合对象的基本操作及其使用方法。

➢ 掌握字典对象的创建与删除,初步掌握字典对象的使用方法。

➢ 掌握利用组合数据类型编写程序的一般方法。

## 课 程 思 政

➢ 在课堂教学设计中,通过组合数据类型,谈团队精神与合作意识,强调集体的力量,通过可变与不可变集合引入队列与栈的策略及文明交通意识。

第4章例题代码

# 4.1 组合数据类型概述

前面介绍了数值类型,包括整数类型、浮点数类型和复数类型,这些类型只能表示单一数据。这种表示单一数据的类型称为基本数据类型。但是,现实生活中却存在大量需要同时处理多个数据的情况,如:

给定一组单词:｛python,program,function,an,loop,good｝,计算并输出每个单词的长度。

给定一个班级学生某门课程考试成绩,统计及格人数与不及格人数的比例。

对一次实验产生的多组数据进行统计与分析。

这些都需要将多个数据有效组织起来并统一表示,这种能够表示多个数据的类型称为组合数据类型。

组合数据类型能将多个类型相同或不同的数据组织起来,用一个统一的名称表示,使数据操作更加方便、有序。根据数据之间的关系,组合数据类型可以分为三类:序列类型、集合类型和映射类型。在 Python 语言中,每一类组合数据类型都对应一个或多个具体的数据类型,分类构成如图 4-1 所示。

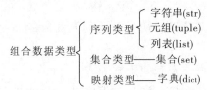

**图 4-1 组合数据类型的分类**

序列类型是一个一维元素向量,元素之间存在先后关系,通过序号(下标)访问,元素之间不排他(可以有相同的元素)。当需要访问序列中某特定值时,只需要通过序号标出即可。由于元素之间存在次序关系,因此序列中可以存在数值相同但位置不同的元素。序列类型支持成员关系操作符(in)、长度计算函数(len( ))、分片([ ])操作等。序列类型中元素本身也可以是序列类型。

Python 语言中有很多数据类型都是序列类型,其中比较重要的是 str(字符串)、tuple(元组)和 list(列表)。

字符串可以看成单一字符的有序组合,属于序列类型。由于字符串类型经常使用,且单一字符串只表示一个含义,因此也被看成基本数据类型。

元组是包含 0 个或多个数据项不可变的序列类型。元组生成后是固定的,其中任何数据项不能替换或删除。

列表在逻辑上把相关的数据组织到一起,是一个可修改数据项的序列类型,是最通用和最常用的数据类型。

不管是哪种具体数据类型,只要是序列类型,就可以使用相同的索引体系,即正向递增序号和反向递减序号,如图 4-2 所示。

**图 4-2   序列类型的索引体系**

序列类型有 12 个通用的操作符和函数,如表 4-1 所示。

**表 4-1   序列类型的通用操作符和函数**

| 操作符 | 含　义 |
|---|---|
| x in s | 如果 x 是 s 的元素,则返回 True;否则返回 False |
| x not in s | 如果 x 不是 s 的元素,则返回 True;否则返回 False |
| s + t | 连接 s 和 t |
| s * n 或 n * s | 将序列 s 复制 n 次 |
| s[i] | 返回序列的第 i 个元素 |
| s[i:j] | 返回包含序列 s 第 i 到 j − 1 个元素的子序列 |
| s[i:j:k] | 返回包含序列 s 第 i 到 j − 1 个元素以 k 为步长的子序列 |
| len(s) | 序列 s 的元素个数(长度) |
| min(s) | 序列 s 中的最小元素 |
| max(s) | 序列 s 中的最大元素 |
| s.index(x[,i[,j]]) | 序列 s 中从 i 开始到 j 位置中第一次出现元素 x 的位置 |
| s.count(x) | 序列 s 中出现 x 的总次数 |

分析下面的程序及运行结果。

```
>>> s = "1234567"
>>> x = '7'
>>> x in s
True
>>> s = "1234567"
>>> x = '8'
>>> x not in s
True
>>> s = "abcd"
>>> s * 2
'abcdabcd'
>>> s = "123"
>>> t = "abcd"
>>> s + t
'123abcd'
>>> s = "abcdef"
```

```
>>> s[3]
'd'
>>> s = "abcdef"
>>> s[2:4]
'cd'
>>> s = "abcdef"
>>> s[1:5:2]
'bd'
>>> s = "abcd1234"
>>> len(s)
8
>>> s = "3145"
>>> max(s)
'5'
>>> s = "baef"
>>> min(s)
'a'
>>> s = "abcdabcd"
>>> s.index('b')
1
>>> s = "abcdabcd"
>>> s.index('b',2,7)
5
>>> s = "abcabca"
>>> s.count('a')
3
```

集合类型是一个元素集合,元素之间无序,但具有排他性,即集合中不存在相同的元素。

映射(字典)类型是"键-值"数据项的组合,每个元素是一个键值对,即元素是(key, value),元素之间是无序的。键值对(key, value)是一种二元关系。

# 4.2 元 组 类 型

元组(tuple)是序列类型中比较特殊的类型,它一旦创建就不能被修改。元组类型在表示固定数据项、函数多返回值、多变量同步赋值、循环遍历等情况下非常有用。Python 语言中元组采用逗号和圆括号(可选)来表示。分析下面的程序及运行结果。

```
>>> a1 = 10,20,30
>>> a2 = ( )
>>> a3 = 1,
>>> a4 = (1)
>>> a5 = 'a','b','c'
>>> print(a1,a2,a3,a4,a5)
(10, 20, 30) ( ) (1,) 1 ('a', 'b', 'c')
>>> x = "abc","1234","ABCD"
>>> x
('abc', '1234', 'ABCD')
```

**注意:**如果元组只有一个项目,则后面的逗号不能省略,如上面程序的 a3,否则会被解释为整数 1,如 a4。

一个元组可以作为另一个元组的元素,采用多级索引获取信息。分析下面的程序及运行结果。

```
>>> x = ("abc","1234","ABCDE")
>>> y = ("cat",0x123,"dog",x)
>>> y
('cat', 291, 'dog', ('abc', '1234', 'ABCDE'))
>>> y[2]
'dog'
>>> y[-1][2]
'ABCDE'
```

上面程序中,$y$ 包含了元组 $x$,可以用 $y[-1][2]$ 获取 $x$ 中对应元素的值。元组还常用于函数多返回值、多变量同步赋值、循环遍历三种情况。函数多返回值情况将在后面介绍,分析下面程序及运行结果。

```
>>> x,y = "abc","ABCD"          #多变量同步赋值
>>> x,y = (y,x)                 #多变量同步赋值,括号可以省略
>>> print(x,y)
ABCD abc
>>> import math
>>> for a,b in ((1,0),(2,5),(2,7)):    #循环遍历
        print(math.hypot(a,b))         #求多个坐标值到原点的距离
```

# 4.3　列表类型

列表(list)是包含 0 个或多个元素的有序序列,没有长度限制,可自由增加或删除元素,使用灵活。

### 4.3.1 列表的概念

列表(list)是包含0个或多个元素的有序序列,属于序列类型。与元组不同,列表的长度和内容都是可以改变的,可自由对列表中的数据项进行增加、删除或替换。列表没有长度限制,元素类型可以不同,使用很灵活。

列表用一对方括号[]表示,并用逗号分隔其中的元素。列表可以没有元素,表示一个长度为0的空列表。如下面程序:

```
>>> x = ["hello","how","are","you"]
>>> print(x)
['hello', 'how', 'are', 'you']
```

由于列表属于序列类型,因此列表也支持成员关系操作符(in)、长度计算函数(len())、分片([])。列表可以同时使用正向递增序号和反向递减序号,可以采用标准的比较操作符( <、<= 、== 、! = 、>= 、> )进行比较,列表的比较实际上是单个数据项的逐个比较。

也可以通过list()函数将元组或字符串转化成列表。直接使用list()函数会返回一个空列表。例如:

```
>>> list()
[]
>>> list((2,"ab",3.14))
[2, 'ab', 3.14]
>>> list((10,"ABC",[1,"CS"],12.345))
[10, 'ABC', [1, 'CS'], 12.345]
>>> a = [1,2,"abcd",[100,"Python"]]
>>> a
[1, 2, 'abcd', [100, 'Python']]
>>> a[3][-1][0]
'P'
```

**注意**:列表要处理一组数据,因此,列表必须通过显式的数据赋值才能生成,简单将一个列表赋值给另一个列表不会生成新的列表对象。如下面程序:

```
>>> a = [2,3.14,"Python"]        #用显式数据赋值产生列表 a
>>> b = a                        #b 是 a 所对应数据的引用,b 并不包含真实数据
>>> a[0] = 100
>>> b
[100, 3.14, 'Python']
```

从上面程序可以看出,a 由显式数据赋值产生,为列表对象。将 a 赋给列表 b,仅仅是对 a 的一个新引用,当 a 的值改变了,b 也就跟着变了,因为真正的数据只存储一份,a

和 b 都是引用。上述关系如图 4-3 所示。

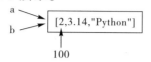

**图 4-3  a,b 引用关系图**

## 4.3.2  列表的操作

列表是序列类型,表 4-1 序列类型的操作符和函数都可以用于列表类型。列表类型还有其他常用函数或方法,如表 4-2 所示。

**表 4-2  列表类型其他(特有)的函数或方法**

| 函数或方法 | 描　　述 |
| --- | --- |
| ls[i] = x | 替换列表 *ls* 第 *i* 数据项为 *x* |
| ls[i:j] = lt | 用列表 *lt* 替换列表 *ls* 中第 *i* 到 *j* 项数据(不含第 *j* 项,下同) |
| ls[i:j:k] = lt | 用列表 *lt* 替换列表 *ls* 中第 *i* 到 *j* 项以 *k* 为步长的数据 |
| del ls[i:j] | 删除列表 *ls* 第 *i* 到 *j* 项数据,等价于 *ls*[*i*:*j*] = [ ] |
| del ls[i:j:k] | 删除列表 *ls* 第 *i* 到 *j* 项以 *k* 为步长的数据 |
| ls += lt 或 ls.extend(lt) | 将列表 *lt* 元素增加到列表 *ls* 中 |
| ls *= n | 更新列表 *ls*,其元素重复 *n* 次 |
| ls.append(x) | 在列表 *ls* 最后增加一个元素 *x* |
| ls.clear( ) | 删除 *ls* 中所有元素 |
| ls.copy( ) | 生成一个新列表,复制 *ls* 中所有元素 |
| ls.insert(i,x) | 在列表 *ls* 第 *i* 位置增加元素 *x* |
| ls.pop(i) | 将列表 *ls* 中第 *i* 项(默认最后一个)元素取出并删除该元素 |
| ls.remove(x) | 将列表中出现的第一个元素 *x* 删除 |
| ls.reverse(x) | 列表 *ls* 中元素反转 |
| ls.sort( ) | 对列表 *ls* 进行排序 |
| ls.count(x) | 统计列表 *ls* 中元素 *x* 出现的次数 |

观察下面程序及运行结果。

```
>>> a = [1,2,3]
>>> b = ["ab","bc",10]
>>> a[1:2] = b
>>> a
[1, 'ab', 'bc', 10, 3]
>>> len(a[2:])              #计算从第 3 个位置开始到最后的子串长度
3
>>> 10 in a                 #判断 10 是否在列表 a 中
```

```
True
>>> a[3] = "program"          #修改序号为 3 的元素值和类型
>>> a
[1, 'ab', 'Python', 'program', 3]
>>> a[1:3] = ["hello","computer"]
>>> a
[1, 'hello', 'computer', 'program', 3]
```

上面程序中,a[3]从整数 10 变成了字符串 program,子序列 a[1:3]被另一个列表赋值修改。

**注意:** 当用一个列表修改另一个列表值时,Python 不要求两个列表长度相同,但遵循"多增少减"的原则。观察下面的程序及运行结果。

```
>>> a[1:3] = [100,200,300,3.14]          #变长
>>> a
[1, 100, 200, 300, 3.14, 'program', 3]
>>> a[1:3] = ["cat"]                      #变短
>>> a
[1, 'cat', 300, 3.14, 'program', 3]
```

上面程序中,a[1:3]子序列包含了两个元素,改值时却给了 4 个元素,a 结果中包含了修改列表中多余的元素。同样,当改值时只给一个元素,原列表 a 中的元素会相应减少。可以通过赋给更多或更少元素,实现对列表元素的插入或删除,当然也可以通过表 4-2 中的方法实现插入或删除。分析下面程序及运行结果。

```
>>> x = ["123","abc","Python"]
>>> x.append("ABCD")          #在列表末尾添加元素
>>> x
['123', 'abc', 'Python', 'ABCD']
>>> x.insert(1,"good")        #在指定的位置插入元素
>>> x
['123', 'good', 'abc', 'Python', 'ABCD']
>>> del x[2]                  #删除指定位置的一个元素
>>> x
['123', 'good', 'Python', 'ABCD']
>>> del x[1:3]                #删除指定的子序列
>>> x
['123', 'ABCD']
```

与元组一样,列表可以通过 for…in 语句对其元素进行遍历,其基本语法形式为:

```
for   <循环变量名>   in   <列表名>:
      语句块
```

如：

```
x = ["abc","123","Python",123,3.14]
for i in x:
    print(i,end=" ")
```

程序运行结果：

```
abc 123 Python 123 3.14
```

列表是一个使用非常方便、灵活的数据结构,具有处理任意长度、混合类型数据的能力,并有丰富的基础操作符和方法,因此当程序需要使用组合数据类型处理批量数据时,尽量考虑使用列表类型。

## 4.3.3　列表解析表达式

列表解析表达式使用非常简洁的方式来快速生成满足特定需求的列表,代码具有非常强的可读性。

列表解析表达式语法形式：

```
[expression for expr1 in sequence1 if condition1
            for expr2 in sequence2 if condition2
            for expr3 in sequence3 if condition3
            ...
            for exprN in sequenceN if conditionN]
```

其中:expression 表示任意表达式,expr1, expr2,…, exprN 分别表示 $N$ 个循环变量,sequence1, sequence2,…, sequenceN 分别表示 $N$ 个序列,condition1, condition2,…, conditionN 分别表示 $N$ 个条件。如：

```
x = [i**2 for i in range(5)]              #[0, 1, 4, 9, 16]
y = [i for i in range(5) if i%2 ==1]      #[1, 3]
```

这里列表 $x$ 相当于程序：

```
>>> x = []
>>> for i in range(5):
        x.append(i**2)
```

列表 $y$ 相当于程序：

```
>>> y = []
>>> for i in range(5):
        if i%2 ==1:
            y.append(i)
```

【例4-1】 输入一组数据,计算并输出这组数据的平均值。

**分析**:用列表存放这组数据,由于不知道有多少数据,因此循环终止的条件就设置为空,即什么也没有输入。用 $x$ 存放列表,用 $s$ 存放列表中元素的和,用 $n$ 表示这组数中有多少个数据,程序如下:

```
x = [ ]
s = 0
n = 0
a = input("请输入数字(直接回车退出):")
while a! = "":
    x. append(eval(a))
    s = s + x[n]
    n = n + 1
    a = input("请输入数字(直接回车退出):")
print("这组数据共有{}个数据,平均值为{:.3}". format(n,s/n))
```

程序运行结果为:

```
请输入数字(直接回车退出):34
请输入数字(直接回车退出):89
请输入数字(直接回车退出):10
请输入数字(直接回车退出):32
请输入数字(直接回车退出):89
请输入数字(直接回车退出):
这组数据共有5个数据,平均值为50.8
```

列表的优点有很多。

(1)列表是一个长度可以变的数据结构,因此可以根据需求增加或减少它的元素。

(2)列表提供了一系列方法或操作符,使简单的元素运算很容易实现。

(3)列表提供了对每个元素的简单访问方式及所有元素的遍历方式。

因此,利用列表可以解决很多问题。

【例4-2】 输入一组整型数据,找出其中的最大数、最小数及各自所在的位置。

**分析**:此题在循环里讲过,这里用列表的方式来解决,程序如下:

```
x = [ ]
n = 0                          #列表中元素的序号,也是列表中元素的个数
a = input("请输入数字(直接回车退出):")
while a! = "":
    x. append(int(a))
    n = n + 1
    a = input("请输入数字(直接回车退出):")
max = x[0]                     #假设第一个数是最大数
```

```
w1 = 0                              #最大数的位置
min = x[0]                          #假设第一个数是最小数
w2 = 0                              #最小数的位置
for i in range(n):                  #遍历列表 x
    if x[i] > max:
        max = x[i]
        w1 = i
    if x[i] < min:
        min = x[i]
        w2 = i
print("第{0}个数是最大数,最大数的值是{1}。". format(w1 + 1, max))
print("第{0}个数是最小数,最小数的值是{1}。". format(w2 + 1, min))
```

程序运行结果为:

```
请输入数字(直接回车退出):34
请输入数字(直接回车退出):12
请输入数字(直接回车退出):0
请输入数字(直接回车退出):5
请输入数字(直接回车退出):10
请输入数字(直接回车退出):45
请输入数字(直接回车退出):23
请输入数字(直接回车退出):32
请输入数字(直接回车退出):
第 6 个数是最大数,最大数的值是 45。
第 3 个数是最小数,最小数的值是 0。
```

此题还有其他程序算法,读者可以自己考虑。

【例 4-3】　键盘输入一组互不相等的整数,编程判断整数 $m$ 是否在其中,若在,给出其所在的位置,否则给出一个信息。

分析:这个题目可以用上面介绍的 index 做,也可以不用函数,用程序的方法来实现。这个算法就是查找,即从列表中第 1 个元素开始,依次判断每个整数是不是跟 $m$ 相等,若相等,就找到了,位置就是序号 +1,如果所有的元素都判断过了,还没有找到元素与 $m$ 相等,就说明 $m$ 不在这个列表中。程序如下:

```
x = []
n = 0
flag = 0    #标记变量,如果找到就改值为 1
a = input("请输入数字(直接回车退出):")
while a! = "":
    x. append(int(a))
```

```
    n = n + 1
    a = input("请输入数字(直接回车退出):")
m = int(input("请输入要查找的数据 m:"))
for i in range(n):
  if x[i] == m:
        flag = 1
        break
if flag == 1:
    print("整数||在输入的一组数中,是第||个数。".format(m,i + 1))
else:
    print("整数||不在输入的一组数中。".format(m))
```

程序第一次运行结果如下:

请输入数字(直接回车退出):3
请输入数字(直接回车退出):0
请输入数字(直接回车退出):2
请输入数字(直接回车退出):7
请输入数字(直接回车退出):12
请输入数字(直接回车退出):
请输入要查找的数据 m:7
整数 7 在输入的一组数中,是第 4 个数。

程序第二次运行结果如下:

请输入数字(直接回车退出):5
请输入数字(直接回车退出):9
请输入数字(直接回车退出):-2
请输入数字(直接回车退出):3
请输入数字(直接回车退出):
请输入要查找的数据 m:7
整数 7 不在输入的一组数中。

如果输入的数据是有序的,则可以用折半查找的算法。

【例 4-4】 输入 10 个有序数据(假设是从小到大),编程判断数据 $m$ 在不在其中,若在,给出其所在的位置,否则给出一个信息。

分析:假设用列表 $L$ 存储这 10 个元素,用 $low$ 表示列表下标最小值,用 $high$ 表示列表下标最大值,则 $low = 0, high = 9$,由于数据是从小到大排列的,因此先取中间位置 $k(k = (low + high) // 2)$ 的元素 $L[k]$ 跟 $m$ 比较,如果 $L[k]$ 等于 $m$,则找到,位置就是 $k + 1$,循环结束;如果 $L[k]$ 大于 $m$,则说明 $m$ 在列表的前半部分,修改 $high = k - 1$;如果 $L[k]$ 小于 $m$,则说明 $m$ 在列表的后半部分,修改 $low = k + 1$;重复这个过程,直到 $low > high$ 循环结束。程序如下:

```
L = [ ]
for i in range(10):
    print("请输入第{}个数:".format(i + 1), end = " ")
    x = eval(input())
    L.append(x)
low = 0; high = 9
m = eval(input("请输入要查找的数:"))
while(low < = high):
    k = (low + high)//2
    if L[k] == m:
        break
    elif L[k] > m:
        high = k - 1
    else:
        low = k + 1
if low < = high:
    print("数据{}在这 10 个数中,是第{}个数。".format(m, k + 1))
else:
    print("数据{}不在这 10 个数中。".format(m))
```

程序第一次运行结果为:

请输入第 1 个数: 3
请输入第 2 个数: 5
请输入第 3 个数: 8
请输入第 4 个数: 10
请输入第 5 个数: 14
请输入第 6 个数: 18
请输入第 7 个数: 20
请输入第 8 个数: 22
请输入第 9 个数: 25
请输入第 10 个数: 29
请输入要查找的数:10
数据 10 在这 10 个数中,是第 4 个数。

程序第二次运行结果为:

请输入第 1 个数: 2
请输入第 2 个数: 4
请输入第 3 个数: 7
请输入第 4 个数: 9
请输入第 5 个数: 12

请输入第 6 个数: 15
请输入第 7 个数: 17
请输入第 8 个数: 20
请输入第 9 个数: 24
请输入第 10 个数: 28
请输入要查找的数:18
数据 18 不在这 10 个数中。

元组和列表都可以将多种不同的数据类型存放在一起进行处理,二者之间既有共同之处,也有区别。

(1)相同点。

列表和元组都属于有序序列,都支持使用双向索引访问其中的元素,以及使用 count( )方法统计指定元素的出现次数,使用 index( )方法获取指定元素的索引,len( )、map( )、filter( )等大量内置函数和 + 、+ = 、in 等运算符也都可以作用于列表和元组。

(2)不同点。

①元组属于不可变序列,不可以直接修改元组中元素的值,也无法为元组增加或删除元素。

②元组没有提供 append( )、extend( )和 insert( )等方法,无法向元组中添加元素;同样,元组也没有 remove( )和 pop( )方法,也不支持对元组元素进行 del 操作,不能从元组中删除元素,而只能使用 del 命令删除整个元组。

③元组也可以进行切片[ ]操作,但是只能通过切片来访问元组中的元素,而不允许使用切片来修改元组中元素的值,也不允许使用切片操作来为元组增加或删除元素。

④Python 语言的内部对元组做了大量优化,访问速度比列表更快。如果定义了一系列常量值,主要用途仅是对它们进行遍历或其他类似用途,而不需要对其元素进行任何修改,那么一般建议使用元组而不用列表。

⑤元组在内部实现上不允许修改其元素值,从而使得代码更加安全,例如调用函数时使用元组传递参数,可以防止在函数中修改元组,而使用列表则很难保证这一点。

# 4.4　集 合 类 型

集合类型(set)与数学中集合的概念一致,即包含 0 个或多个数据项的无序可变序列。集合中元素不可重复,元素类型只能是固定数据类型,例如:整数、浮点数、字符串、元组等,列表、字典和集合类型本身都是可变数据类型,不能作为集合的元素出现。

由于集合是无序组合,它没有索引和位置的概念,不能分片,在集合中元素可以动态增加或删除。集合用大括号{}表示,可以用赋值语句生成一个集合。分析下面的程序及运行结果。

```
>>> S = {123,"abc",(20,"Python"),456}
>>> S
{456, 'abc', 123, (20, 'Python')}
>>> T = {3,9,0,3,1}
>>> T
{0, 9, 3, 1}
```

从上面的程序可以看出,由于集合元素是无序的,集合输出的数据项次序可以与定义次序不同。由于集合中的元素是唯一的,因此使用集合可以过滤掉重复元素。set(x)函数可以用于生成集合,输入的数据可以是任何类型,结果是一个无重复且任意排序的集合。分析下面的程序及运行结果。

```
>>> A = set((10, -3.24,"abc"))
>>> A
{'abc', 10, -3.24}
>>> B = set("abcde")
>>> B
{'a', 'b', 'e', 'd', 'c'}
```

集合类型有 4 种基本操作符,分别是并集(|)、交集(&)、差集(-)、补集(^),操作逻辑与数学定义相同,如图 4-4 所示。

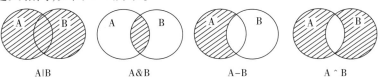

**图 4-4　集合类型的 4 种基本操作符**

集合类型有 10 个操作符,如表 4-3 所示。

**表 4-3　集合类型的 10 个操作符**

| 操作符 | 描　述 |
| --- | --- |
| S - T 或 S. difference(T) | 返回一个新集合,由在 S 中但不在 T 中的元素构成 |
| S -= T 或 S. difference_update(T) | 更新(修改)集合 S,由在 S 中但不在 T 中的元素构成 |
| S & T 或 S. intersection(T) | 返回一个新集合,由既在 S 中又在 T 中的元素构成 |
| S & = T 或 S. intersection_update(T) | 更新(修改)集合 S,由既在 S 中又在 T 中的元素构成 |
| S^T 或 s. symmetric_difference(T) | 返回一个新集合,包括集合 S 和 T 中元素,但不包括同时在其中的元素 |
| S = ^T 或 S. symmetric_difference_update(T) | 更新(修改)集合 S,包括集合 S 和 T 中元素,但不包括同时在其中的元素 |
| S|T 或 S. union(T) | 返回一个新集合,由集合 S 和 T 中所有元素构成 |
| S| = T 或 S. update(T) | 更新(修改)集合 S,由集合 S 和 T 中所有元素构成 |

续表

| 操作符 | 描　　述 |
|---|---|
| S <= T 或 S. issubset(T) | 如果 S 与 T 相同或 S 是 T 的子集,则返回 True;否则返回 False,可以用 S < T 判断 S 是否是 T 的真子集 |
| S >= T 或 S. issuperset(T) | 如果 S 与 T 相同或 S 是 T 的超集,则返回 True;否则返回 False,可以用 S > T 判断 S 是否是 T 的真超集 |

分析下面的程序及运行结果。

```
>>> A = {1,2,3,4,5}
>>> B = {1,3,5,7,9}
>>> A - B
{2, 4}
>>> A = A - B
>>> A
{2, 4}
>>> A = A|B
>>> A
{1, 2, 3, 4, 5, 7, 9}
>>> C = {1,2,3,4,5,6,7,8,9}
>>> A <= C
True
>>> A >= C
False
```

集合类型主要用于成员关系测试、元素去重和删除数据项,它有 10 个操作函数或方法,如表 4-4 所示。

表 4-4　集合类型的 10 个操作函数或方法

| 函数或方法 | 描　　述 |
|---|---|
| S. add(x) | 如果数据项 x 不在集合 S 中,则将 x 增加到 S |
| S. clear() | 移除 S 中所有数据项 |
| S. copy() | 返回集合 S 的一个拷贝 |
| S. pop() | 随机返回集合 S 中的一个元素,如果 S 为空,则产生 KeyError 异常 |
| S. discard(x) | 如果 x 在集合 S 中,则移除该元素;如果 x 不在,则不报错 |
| S. remove(x) | 如果 x 在集合 S 中,则移除该元素;不再产生 KeyError 异常 |
| S. isdisjoint(T) | 如果集合 S 与 T 没有相同元素,则返回 True |
| len(S) | 返回集合 S 的元素个数 |
| x in S | 如果 x 是 S 的元素,则返回 True;否则返回 False |
| x not in S | 如果 x 不是 S 的元素,则返回 True;否则返回 False |

分析下面程序及运行结果。

```
>>> x = {2,10,3.14,"Python"}
>>> 3.14 in x                #成员关系测试
True
>>> y = (10,"abc",20,"abc",10)
>>> set(y)                   #元素去重
{'abc', 10, 20}
>>> A = {1,2,3,4,5}
>>> B = {1,3,5,7}
>>> C = A - B                #删除数据项
>>> C
{2, 4}
```

由上面的程序可知,集合类型与其他类型最大的不同,在于它不包含重复元素,因此,当需要对一维数据进行去重或进行数据重复处理时,一般通过集合来完成。

# 4.5  字典类型

字典(dict)是包含 0 个或多个键值对的集合,没有长度的限制,可以依据键索引值的内容。所谓的键值对,即元素(key:value),是一种二元关系,元素之间没有次序。

## 4.5.1  字典类型概念

字典可存储任意类型的对象,是无序集合。字典的索引称为“键”,键及其关联的值称为“键-值”对,用冒号(:)分割,每个键值对之间用逗号分隔,键和值可以是任意数据类型,整个字典用花括号({})括起来,格式如下:

```
{<键 1> : <值 1> , <键 2> : <值 2> , … , <键 n> : <值 n>}
```

通过任意键信息查找一组数据中值信息的过程称为映射,Python 语言中通过字典实现映射。

分析下面的程序及运行结果。

```
>>> x = {"A20191001":"张敏","A20191003":"李伟","A20191007":"周丽"}
>>> print(x)
{'A20191001': '张敏', 'A20191003': '李伟', 'A20191007': '周丽'}
```

上面的程序建立了一个字典,存储的是学号和姓名的键值对。由于大括号{}也可以表示集合,因此字典类型也具有和集合类似的性质,即键值对之间没有次序,没有重复,输出的次序可以跟输入的次序不一致。

## 4.5.2  字典操作

字典最主要的用法是查找与特定键相对应的值,这通过索引符号来实现。如:

```
>>> a = {"x":3,"y":2,"z":1}
>>> a
{'x': 3, 'y': 2, 'z': 1}
>>> a["x"]
3
>>> a["z"]
1
```

通常对字典中键值对的访问采用中括号格式,其使用的一般形式为:

<字典变量>[<键>]

如上面的程序中,就是利用a["x"]来获取键"x"所对应的值3。字典中对某个键值的修改可以通过中括号的访问和赋值实现。分析下面的程序及运行结果。

```
>>> a = {"x":3,"y":2,"z":1}
>>> a
{'x': 3, 'y': 2, 'z': 1}
>>> a["x"] = "good"
>>> a
{'x': 'good', 'y': 2, 'z': 1}
```

上面程序修改了键"x"所对应的值及类型。通过中括号[ ]还可以增加键值对,如在上面程序字典变量a中增加一个键值对"xyz":123,程序如下:

```
>>> a["xyz"] = 123
>>> a
{'x': 'good', 'y': 2, 'z': 1, 'xyz': 123}
```

从以上程序可知,Python字典操作也非常灵活。用大括号{}创建字典,并赋初始值,通过中括号[ ]可以方便地添加新的元素。

也可以直接使用大括号({}),创建一个空的字典,然后通过中括号([ ])向这个空字典添加元素。如:

```
>>> zd = {}              #空字典
>>> zd["A"] = 10         #增加新元素
>>> zd["B"] = -10
>>> zd["C"] = "abc"
>>> zd                   #输出字典中的键值对
{'A': 10, 'B': -10, 'C': 'abc'}
```

**注意**:尽管集合和字典都用大括号表示,但在字典类型中直接用大括号({})生成一个空字典,而生成空集合则需要使用函数set()。

字典在 Python 语言内部已经采用面向对象方式实现,因此有些对应的方法采用<a>.
<b>()的格式,另外还有一些函数能够用于对字典的操作,这些函数和方法如表4-5所示。

表 4-5　字典类型的函数和方法

| 函数和方法 | 描　　述 |
|---|---|
| <d>. keys( ) | 返回所有的键信息 |
| <d>. values( ) | 返回所有的值信息 |
| <d>. items( ) | 返回所有的键值对 |
| <d>. get( <key>, <default> ) | 若键存在则返回相应值;否则返回默认值 |
| <d>. pop( <key>, <default> ) | 若键存在则返回相应值,同时删除键值对;否则返回默认值 |
| <d>. popitem( ) | 随机从字典中取出一个键值对,以元组(key, value)形式返回 |
| <d>. clear( ) | 删除所有的键值对 |
| <d>. update( <d1> ) | 把字典 d1 的键/值更新到字典 d 中 |
| del <d>[ <key> ] | 删除字典中某一个键值对 |
| <key> [ not] in <d> | 如果键在字典中则返回 True;否则返回 False |

　　分析下面的程序及运行结果。

```
>>> zd = {"123":"A","234":"B","0":"exit"}
>>> zd. keys( )
dict_keys(['123', '234', '0'])
>>> zd. values( )
dict_values(['A', 'B', 'exit'])
>>> zd. items( )
dict_items([('123', 'A'), ('234', 'B'), ('0', 'exit')])
>>> zd. popitem( )
('0', 'exit')
>>> "123" in zd
True
>>> "456" in zd
False
```

　　如果希望 keys( )、values( )和 items( )方法返回列表类型,则可以采用 list( )将返回
值转换成列表。如:

```
>>> zd = {"中国":"北京","美国":"华盛顿","法国":"巴黎"}    #建立一个字典
>>> list(zd. keys( ))                                 #将键信息输出成列表形式
['中国', '美国', '法国']
>>> list(zd. values( ))                               #将值信息输出成列表形式
['北京', '华盛顿', '巴黎']
>>> zd. get("法国","德国")                            #"法国"在字典中存在
'巴黎'
>>> zd. get("西班牙","德国")                          #"西班牙"在字典中不存在
'德国'
```

与其他组合类型类似,字典也可以通过 for…in…语句对所有元素进行遍历,基本语法形式为:

```
for <变量名> in <字典名>:
    语句块
```

如程序:

```
zd = {"中国":"北京","法国":"巴黎","日本":"东京"}
for key in zd:
    print("{}的首都是{}。".format(key,zd[key]))
```

程序运行结果为:

```
中国的首都是北京。
法国的首都是巴黎。
日本的首都是东京。
```

从上面程序可以看出,键值对中的键相当于索引,所以 for 循环变量获取的是字典中的键,通过中括号([ ])获取该键所对应的值,当然,也可以通过 get( )方法获取该键所对应的值。

字典是实现键值对映射的数据结构,采用固定数据类型的键数据作为索引,使用起来十分灵活。但在使用过程中,要注意以下几点。

(1)字典是一个键值对的集合,该集合以键为索引,一个键信息只对应一个值信息。

(2)字典中元素以键信息为索引访问。

(3)字典长度是可变的,可以通过对键信息赋值实现增加、删除或修改键值对。

# 4.6  常用算法及其应用实例

前面介绍了组合数据类型:列表、元组、集合和字典。列表存储有序、可以重复的数据;元组存储有序、可以重复但不可改变的数据;集合存储无序、不可重复的数据;字典存储多个 key:value 键值对数据。读者要搞清楚这些组合数据类型的特点,才能灵活应用。

【例 4-5】  计算并输出斐波那契数列的前 20 项,要求一行输出 5 个数值。斐波那契数列的递推公式如下:

$$f=\begin{cases}1 & n=1\\1 & n=2\\f(n-1)+f(n-2) & n\geq3\end{cases}$$

分析:根据上面的公式可知数列的前两项值为 1,利用递推公式,求出第三项的值为 1+1=2,继而根据第二和第三项可以求出第四项的值为 2+1=3,以此类推,把求出的数据添加到列表 L 里,L 的初始值有两项,都是 1,最后输出 L。程序如下:

```
L = [1,1]
for n in range(2,20):
    x = L[n-1] + L[n-2]
    L. append(x)
print("输出斐波那契数列前 20 项的值:")
for n in range(1,21):
    print("{}". format(L[n-1]),end="  ")
    if n% 5 ==0:
        print("\n",end="")
```

程序运行结果如下:

```
输出斐波那契数列前20 项的值:
1   1   2   3   5
8   13   21   34   55
89   144   233   377   610
987   1597   2584   4181   6765
```

【例4-6】　输入若干个成绩,求总分和平均分。每输入一个成绩后询问是否继续输入下一个成绩,如果回答"yes"就继续输入下一个成绩,如果回答"no"就停止输入成绩。

**分析:**此题用列表做。输入的数据放到列表中,然后分别用 sum( )和 len( )求列表中元素的和和元素的个数。当然,也可以不用函数,通过循环对列表中的元素进行累加。

**方法1:**用函数来求解,程序如下:

```
score = []                              #使用列表存放成绩
while True:
    x = input('请输入一个成绩:')
    try:                                #异常处理结构
        score. append(float(x))
    except:
        print('输入数据不合法!')
    while True:
        t = input('继续输入成绩吗?(yes/no)')
        if t. lower() not in ('yes', 'no'):    #限定用户输入必须为 yes 或 no
            print('只能输入 yes 或 no')
        else:
            break
    if t. lower() == 'no':
        break
print('总分为{:.2f},平均分为{:.2f}'. format(sum(score),sum(score)/len(score)))
```

程序运行结果为:

请输入一个成绩:89

继续输入成绩吗?（yes/no)yes

请输入一个成绩:A

输入数据不合法!

继续输入成绩吗?（yes/no)yes

请输入一个成绩:80

继续输入成绩吗?（yes/no)B

只能输入 yes 或 no

继续输入成绩吗?（yes/no)yes

请输入一个成绩:90

继续输入成绩吗?（yes/no)no

总分为 259.00,平均分为 86.33

**方法 2**:不用函数做,程序如下:

```
score = []                                    #使用列表存放成绩
n = 0                                         #计数器,表示人数
while True:
    n = n + 1
    x = input('请输入一个成绩:')
    try:                                      #异常处理结构
        score. append(float(x))
    except:
        print('输入数据不合法!')
        n = n - 1
    while True:
        t = input('继续输入成绩吗?（yes/no)')
        if t. lower() not in ('yes', 'no'):   #限定用户输入必须为 yes 或 no
            print('只能输入 yes 或 no')
        else:
            break
    if t. lower() == 'no':
        break
s = 0                                         #存放总分
for i in range(0,n):
    s = s + score[i]
print('总分为{:.2f},平均分为{:.2f}'. format(s,s/n))
```

程序运行结果略。

【例 4-7】 编写程序,模拟 $n(n>2)$ 位评委进行唱歌比赛打分。打分规则:最高分 10 分,最低分 0 分,输出歌手的最终成绩(去掉一个最高分、一个最低分,其余评委打分成绩的平均分就是歌手的最后得分)。

**分析**: 首先,输入评委人数 $n$,要求 $n > 2$,如果不满足这个条件,则重新输入人数;其次,用一个列表存放评委的打分;最后对这个列表操作:删除一个最高分,一个最低分,再求平均值。程序如下:

```
while True:
    try:
        flag = 1                #标记变量
        n = int(input('请输入评委人数:'))
    except:
        print('输入不正确,只能输入数字!')
        flag = 0
    if flag == 1:
        if n <= 2:
            print('评委人数太少,必须多于 2 个人。')
        else:
            break
scores = []                     #用列表存放评委打的分数
for i in range(n):
    while True:                 #保证用户必须输入 0 到 10 之间的数字
        try:
            cj = input('请输入第{0}个评委的分数:'.format(i+1))
            cj = float(cj)      #把字符串转换为实数
            assert 0 <= cj <= 10
            scores.append(cj)
            break               #数据合法跳出,继续输入下一个评委的分数
        except:
            print('分数错误,请输入 0~10 之间的数')
highest = max(scores)           #求出最高分
lowest = min(scores)            #求出最低分
scores.remove(highest)         #从列表中删除最高分
scores.remove(lowest)          #从列表中删除最低分
finalScore = round(sum(scores)/len(scores),2)
formatter = '去掉一个最高分{0} \n 去掉一个最低分{1}\n 最后得分{2}'
print(formatter.format(highest, lowest, finalScore))
```

程序运行结果为:

```
请输入评委人数:A
输入不正确,只能输入数字!
请输入评委人数:2
评委人数太少,必须多于 2 个人。
请输入评委人数:10
```

请输入第 1 个评委的分数:8

请输入第 2 个评委的分数:12

分数错误,请输入 0 ~ 10 之间的数

请输入第 2 个评委的分数:9

请输入第 3 个评委的分数:7.5

请输入第 4 个评委的分数:8.5

请输入第 5 个评委的分数:9

请输入第 6 个评委的分数:6

请输入第 7 个评委的分数:7.7

请输入第 8 个评委的分数:8.9

请输入第 9 个评委的分数:9.5

请输入第 10 个评委的分数:10

去掉一个最高分 10.0

去掉一个最低分 6.0

最后得分 8.51

**【例 4-8】** 直接排序法(又称顺序排序法)。键盘输入 $n$ 个整数,编程将这 $n$ 个整数按照从大到小的次序排序并输出。

**分析:** 将输入的 $n$ 个整数存入列表 a 中,将 a 中第一个数据($a[0]$)跟后面所有元素($a[j]$, $j=1,2,\cdots,n-1$)进行比较,如果有数据($a[j]$)比第一个数据($a[0]$)大,则交换($a[0]$与 $a[j]$交换),当第一个元素($a[0]$)跟后面所有元素比较结束后,第一个元素($a[0]$)一定是最大数。同理,将 a 中第二个元素($a[1]$)跟后面所有元素($a[j]$, $j=2,3,\cdots,n-1$)比较,如果有数据($a[j]$)比第二个元素($a[1]$)大,则交换($a[1]$与 $a[j]$交换),当第二个元素($a[1]$)跟后面所有元素比较结束后,第二个元素($a[1]$)一定是第二大的数。以此类推,经过 $n-1$ 次这样比较,就可以将 a 中的数据从大到小排序了。这种排序方法称为顺序排序。程序如下:

```
n = int( input('请输入 n 的数值:'))
a = []
print('请输入||个整数'.format(n))
```

```
请输入 n 的数值:7
请输入 7 个整数
-6
10
4
2
8
1
6
10  8  6  4  2  1  -6
```

**【例 4-9】** 选择排序法。键盘输入 $n$ 个整数,编程将这 $n$ 个整数按照从大到小的次序排序并输出。

**分析:**假设将 $n$ 个数放到列表 a。第一轮 $k=0$,用 a[k] 与它后面所有数 a[j]($j=1$, $2,\cdots,n-1$)进行比较,如果 a[k] < a[j],则将大数所在的下标 $j$ 赋给 $k$,即 $k=j$,第一轮比较结束,最大数所在的下标在 $k$ 里面,交换 a[0] 与 a[k] 的值,此时 a[0] 一定是 $n$ 个数中的最大数。第二轮 $k=1$,同样用 a[k] 与它后面的所有数 a[j]($j=2,3,\cdots,n-1$)进行比较,如果有 a[k] < a[j],则将大数所在的下标 $j$ 赋给 $k$,即 $k=j$,第二轮比较结束,第二大数所在的下标在 $k$ 里面,交换 a[1] 与 a[k] 的值,此时 a[1] 一定是 $n$ 个数中的第二大数。以此类推,经过 $n-1$ 轮就可以将 $n$ 个数据从大到小排序。算法如下:

```
n = int(input('请输入 n 的数值:'))
a = []
print('请输入{}个整数'.format(n))
for i in range(n):
    x = int(input())
    a.append(x)
for i in range(n-1):
    k = i
    for j in range(i+1,n):
        if a[k] < a[j]:
            k = j
    if k! = i:
        a[i],a[k] = a[k],a[i]
for k in a:
    print(k,end = ' ')
```

程序运行结果为:

```
请输入 n 的数值:5
请输入 5 个整数
8
```

```
2
1
9
4
9 8 4 2 1
```

其实选择排序是直接排序的改进方法,它不是每次都交换,而是求出最大数的下标 *k*,然后将 a[i]与 a[k]交换。

关于排序的方法,其实还有插入排序法、归并排序法与快速排序法等,感兴趣的同学可以参看数据结构中相应章节。

【例 4-10】 统计出下段文字中出现频率较高的前 5 个单词及其出现的次数。

Welcome! Are you completely new to programming? If not then we presume you will be looking for information about why and how to get started with Python. Fortunately an experienced programmer in any programming language (whatever it may be) can pick up Python very quickly. It's also easy for beginners to use and learn, so jump in!

**分析**:首先将文本中的所有单词转为小写;然后用 split 将单词拆分成列表,再用"单词:次数"的格式将每个单词及其出现的次数存储到字典中,然后进行排序即可。算法如下:

```
s = "Welcome! Are you completely new to programming? If not then we presume you will be looking for
information about why and how to get started with Python. Fortunately an experienced programmer in any
programming language (whatever it may be) can pick up Python very quickly. It's also easy for beginners to use
and learn, so jump in!"
s = s.lower()              #字符变小写
s = s.replace('.','')          #将标点符号删除
s = s.replace('?','')
s = s.replace('(','')
s = s.replace(')','')
words = s.split(' ')          #拆分成列表(上述操作也可用 re 模块实现)
print('该段文字有{}个单词!'.format(len(words)))    #统计单词总数
d = {}
for word in words:
    d[word] = d.get(word,0) + 1          #统计每个单词出现的次数
print("每个单词出现的次数为:",d)
lb = [(v,k)for k,v in d.items()]        #将字典转变为元组
px = sorted(lb,reverse = True)          #对元组降序排列
print('出现频率最高的5个单词及其出现的次数为:',end = '')
for i in range(5):                #输出词频较高的5个单词
    if i < 4:
        print('{} -> {}、'.format(px[i][1],px[i][0]),end = '')
    else:
        print('{} -> {}'.format(px[i][1],px[i][0]))
```

程序运行结果为:

该段文字有 57 个单词!

每个单词出现的次数为: {′welcome!′: 1, ′are′: 1, ′you′: 2, ′completely′: 1, ′new′: 1, ′to′: 3, ′programming′: 2, ′if′: 1, ′not′: 1, ′then′: 1, ′we′: 1, ′presume′: 1, ′will′: 1, ′be′: 2, ′looking′: 1, ′for′: 2, ′information′: 1, ′about′: 1, ′why′: 1, ′and′: 2, ′how′: 1, ′get′: 1, ′started′: 1, ′with′: 1, ′python′: 2, ′fortunately′: 1, ′an′: 1, ′experienced′: 1, ′programmer′: 1, ′in′: 1, ′any′: 1, ′language′: 1, ′whatever′: 1, ′it′: 1, ′may′: 1, ′can′: 1, ′pick′: 1, ′up′: 1, ′very′: 1, ′quickly′: 1, ″it′s″: 1, ′also′: 1, ′easy′: 1, ′beginners′: 1, ′use′: 1, ′learn,′: 1, ′so′: 1, ′jump′: 1, ′in!′: 1}

出现频率最高的 5 个单词及其出现的次数为: to ‐ > 3、you ‐ > 2、python ‐ > 2、programming ‐ > 2、for ‐ > 2

 **知识拓展**

**1. 列表与数组。** 几乎每种编程语言都提供一个或多个表示一组元素的方法,例如 C 语言采用数组,Python 语言采用列表。数组和列表类似,但不完全一样。它们的共同点是元素内容可以改变,主要不同点是:

(1)列表的长度不固定,可动态增减元素,数组在定义的时候必须固定长度,增减元素不改变数组的长度。

(2)列表里面的数据项可以是不同类型数据,也可以是列表类型,数组中所有元素的类型必须一致。

(3)两个列表可"链接"(通过加法)构成一个更大的列表,两个数组通常不可直接"链接"构成新的更大数组。

**2. zip( )函数。** zip( )函数用于将可迭代的对象作为参数,将对象中对应的元素打包成一个个元组,然后返回由这些元组组成的对象。如同拉链一样,如图 4-5 所示。

**图 4-5 zip 函数压缩示例**

语法格式:

```
zip([iterable,…])
```

其中:iterable 表示迭代器。

如:

```
>>> a = ['a','b','c']
>>> b = [1,2,3]
>>> [x for x in zip(a,b)]
[('a', 1), ('b', 2), ('c', 3)]
>>> c = [4,5,6,7]
>>> [x for x in zip(a,c)]
[('a', 4), ('b', 5), ('c', 6)]
```

从上面的程序可以看出,zip()函数把两个列表压缩成一个由元组构成的对象。当两个迭代器长度不一样时,返回列表长度与最短的对象相同。zip()函数还可以压缩更多的列表,如:

```
>>> a = ['a','b','c']
>>> b = [1.1,2.2,3.3,4.4]
>>> c = [10,20,30,40]
>>> [x for x in zip(a,b,c)]
[('a', 1.1, 10), ('b', 2.2, 20), ('c', 3.3, 30)]
>>> [x for x in zip(b,a,c)]
[(1.1, 'a', 10), (2.2, 'b', 20), (3.3, 'c', 30)]
```

用 dict()可以将两个迭代器构成字典,如:

```
>>> keys = ['a','b','c']
>>> values = [1,2,3]
>>> zd = dict(zip(keys,values))
>>> zd
{'a': 1, 'b': 2, 'c': 3}
```

**注意**:zip()函数在 Python 2.x 和 Python 3.x 中使用并不完全一样,读者如果需要了解更多应用,请查阅相关资料。

**3. map()函数**。如果需要遍历可迭代对象,并使用指定函数处理对应的元素,则可以使用 Python 内置函数 map()。其一般形式为:

```
map(function,iterable,…) #构造函数
```

其功能是将 function 作用于 iterable 中的每一个元素,并将所有的调用对象作为可迭代对象返回。如果 function 为 None,则该函数的作用等同于 zip()函数。

如:

```
>>> list(map(abs,(-2,7,-5))) #计算绝对值
[2, 7, 5]
>>> list(map(pow,range(4),range(4))) #计算幂次方
[1, 1, 4, 27]
>>> import math
>>> list(map(math.sqrt,(1,4,9,16))) #计算平方根
[1.0, 2.0, 3.0, 4.0]
```

**注意:**如果函数的参数为元组,则需要使用 itertools. starmap 迭代器,其一般形式为:

```
itertools. starmap(function,iterable) #构造函数
```

如:

```
>>> import itertools
>>> list(itertools. starmap(pow,((2,4),(3,2),(-1,3))))
[16,9,-1]
```

**4. enumerate( )函数**。Python 语言的 for 循环直接迭代对象集合中的元素,如果需要在循环中使用索引下标访问集合元素,可以使用内置的 enumerate( )函数。

enumerate( )函数用于将一个可遍历的数据对象(如列表、元组、字符串)组合成为一个索引序列,并返回一个可迭代对象,因此在 for 循环中可直接迭代下标和元素。

分析下面的程序:

```
mon = ['Jan', 'Feb', 'Mar', 'Apr', 'May', 'Jun', 'Jul', 'Aug', 'Sep', 'Oct', 'Nov', 'Dec']
for i, m in enumerate(mon,start = 1):    #start 默认从 0 开始
    print('{}月的缩写是{}'. format(i,m))
```

程序运行结果如下:

```
1 月的缩写是 Jan
2 月的缩写是 Feb
3 月的缩写是 Mar
4 月的缩写是 Apr
5 月的缩写是 May
6 月的缩写是 Jun
7 月的缩写是 Jul
8 月的缩写是 Aug
9 月的缩写是 Sep
10 月的缩写是 Oct
11 月的缩写是 Nov
12 月的缩写是 Dec
```

习 题 4

**一、单选题**

1.对于序列 $s$,能够返回序列 $s$ 中第 $i$ 到 $j$ 项以 $k$ 为步长的子序列的表达方式是＿＿＿＿。

　　A. s[j,j,k] 　　　　　　B. s[j;j;k] 　　　　　　C. s[i:j:k] 　　　　　　D. s(i,j,k)

2.在 Python 语言中,使用 for…in…方式形成的循环不能遍历的类型是＿＿＿＿。

　　A. 列表 　　　　　　B. 字典 　　　　　　C. 浮点数 　　　　　　D. 字符串

3. 表达式[1, 2, 3] * 3 的执行结果为_____。

　A. [3,6,9]　　　　　　　　　　　　　B. [[1,2,3],[1,2,3],[1,2,3]]

　C. [[1,2,3] * 3]　　　　　　　　　　 D. [1,2,3,1,2,3,1,2,3]

4. 已知:zd = {'abc':12,'bca':12,'cab':2},则 len(zd)的结果是_____。

　A. 3　　　　　　B. 4　　　　　　C. 5　　　　　　D. 6

5. 设列表 a 的值为[1,2,3,4,5,6,7,8,9],那么切片 a[2:7:2]得到的值是_____。

　A. [2,4,6,8]　　B. [2,4,6]　　　C. [3,5,7,9]　　D. [3,5,7]

6. 表达式 list(range( ,10,3))的值为_____。

　A. [0,3,6,9]　　B. [1,4,7,10]　　C. [1,4,7]　　　D. [3,6,9]

7. 执行语句 x = (5,)后,x 的类型为_____。

　A. 列表　　　　B. 元组　　　　C. 集合　　　　D. 字典

8. 已知:x = [[1,2,3],[4,5,6],[7,8,9]],则下列选项中能获得 5 的是_____。

　A. x[2][2]　　　B. x[1][1]　　　C. x[1][2]　　　D. x[-1][1]

9. 已知 a = [2,4,2,4],那么表达式 [a.index(i) for i in a if i==4] 的值为_____。

　A. [2,4]　　　　B. [1,3]　　　　C. [1,1]　　　　D. [1,2]

10. 已知 x = {'a':1},执行语句 x['b'] = 2 之后,x 的值为_____。

　A. {'a':1,'b':2}　B. {'b':2}　　　C. {'a':'b',1:2}　D. {'a':1,'b',2}

11. 表达式 set([1,2, 1, 3,2,1])的值为_____。

　A. [1,2,3]　　　B. (1,2,3)　　　C. {1:2:3}　　　D. {1,2,3}

12. 表达式 {1, 2, 3, 4} - {2, 4, 6, 8}的值为_____。

　A. {1,2,3,4}　　　　　　　　　　　B. {1,3}

　C. {-1, -2, -3, -4}　　　　　　　　D. {1,3,6,8}

13. 下列程序的运行结果为_____。

```
a = {}
for i in range(10):
    a[chr(i + ord('0'))] = chr((i + 5) % 10 + ord('0'))
for b in '01234':
    print(a.get(b,b),end='')
```

　A. 01234　　　　B. 12345　　　　C. 54321　　　　D. 56789

14. 下列程序的运行结果是_____。

```
a = list("126321")
a.sort()
for i in a:
    print(i,end='')
```

　A. 126321　　　B. 1236　　　　C. 112236　　　D. "126321"

15. 下列 Python 运算符中,用来计算集合并集的是_____。

　A. +　　　　　　B. *　　　　　　C. |　　　　　　D. &

16. 下列选项中可以测试集合 A 是否为集合 B 的真子集的表达式是_____。

　A. A∈B　　　　B. A < B　　　　C. A <= B　　　　D. A == B

17. 以下代码的输出结果是_____。

d = {'food': {'cake':1, 'egg':5}}

print(d.get('cake', 'no this food'))

    A. egg                 B. no this food           C. 1                 D. food

18. 以下关于 Python 列表的描述中,错误的是_____。

    A. 列表的长度和内容都可以改变,但元素类型必须相同

    B. 可以对列表进行成员关系操作、长度计算和分片

    C. 列表可以同时使用正向递增序号和反向递减序号进行索引

    D. 可以使用比较操作符(如 > 或 < 等)对列表进行比较

19. 下列关于字典的描述中,错误的是_____。

    A. 字典的一个键可以对应多个值

    B. 字典的长度是可变的

    C. 字典元素以键为索引进行访问

    D. 字典中的键值对之间不能重复

20. 下列选项中,描述不正确的是_____。

    A. Python 组合数据类型能够将多个数据组织起来

    B. 序列类型是二维元素向量,元素之间存在先后关系

    C. Python 的字符串、元组、列表都属于序列类型

    D. 组合数据类型分为序列类型、集合类型、映射类型

## 二、判断题

1. Python 支持使用字典的"键"作为下标来访问字典中的值。

2. 字典的"键"必须是不可变的。

3. Python 集合可以包含相同的元素。

4. Python 字典中的"键"不允许重复。

5. Python 字典中的"值"不允许重复。

6. Python 集合中的元素可以是元组。

7. Python 集合中的元素可以是列表。

8. Python 列表中所有元素必须为相同类型的数据。

9. Python 语言中列表、元组、字符串都属于序列类型。

10. 已知 $A, B$ 是两个集合,若 A < B 的值为 False,则 A > B 的值一定为 True。

11. 用列表方法 insert() 给列表插入元素,会改变列表中插入位置之后元素的索引。

12. 假设 x 为列表对象,那么 x.pop() 和 x.pop(-1) 的作用是一样的。

13. 元组是不可变的,因此不能用 inset()、remove() 等方法,也不能用 del 命令删除其中的元素,但可以使用 del 命令删除整个元组对象。

14. 无法删除集合中指定位置的元素,只能删除特定值的元素。

15. 只能通过切片访问元组中的元素,不能使用切片修改元组中的元素。

16. 表达式 {2, 3} * 2 的值为 {2, 3, 2, 3}。

17. 已知 x = list(range(1, 10, 2)),则 x 为 {1, 3, 5, 7, 9}。

18. 在 Python 中元组的值是不可变的,因此已知 x = ([1], [2]),则语句 x[0].append(3) 是

无法正常执行的。

19. 已知 x = {1:1, 2:2},则语句 x[3] = 2 是错误的。

20. 设列表 x 中元素超过 5 个,则 x = x[3:] + x[:3]实现将 x 中的所有元素循环左移 3 位。

## 三、填空题

1. 任意长度的 Python 列表、元组和字符串中最后一个元素的下标为_____。

2. Python 语句''.join(list('how are you!'))的执行结果是_____。

3. 表达式 list(range(8)) 的值为_____。

4. 在 Python 语言中,_____命令既可以删除列表中的一个元素,也可以删除整个列表。

5. 切片操作 list(range(10))[::3]执行结果为_____。

6. 已知 x = {'a':'b', 'c':'d'},那么表达式 'a' in x 的值为_____。

7. 表达式[3] in [1, 2, 3, 4]的值为_____。

8. 假设有列表 a = ['a', 'b', 'c']和 b = [1,2,3],请使用一个语句将这两个列表的内容转换为字典 zd,并且以列表 a 中的元素为"键",以列表 b 中的元素为"值",这个语句可以写为_____。

9. 表达式[x for x in [1,2,3,4,5,6,7] if x < 5] 的值为_____。

10. 表达式[index for index, value in enumerate([3,5,7,3,7]) if value == max([3,5,7,3,7])] 的值为_____。

11. 已知列表 x = [1, 2],表达式 list(enumerate(x)) 的值为_____。

12. 已知 a = list(range(20)),则表达式 a[-4:] 的值为_____。

13. 语句 a = (5,)执行后 a 的值为_____,语句 a = (5)执行后 a 的值为_____。

14. 已知列表 lb = [1, 2, 3],那么执行语句 lb.insert(2, 10) 后,lb 的值为_____。

15. 表达式 str([10, 20, 30]) 的值为_____。

16. list(map(str,[1, 2, 3]))的执行结果为_____。

17. Python 语句序列"s = [1,2,3,4]; s.append([5,6]); print(len(s));"的执行结果是_____。

18. Python 语句序列"print(tuple(range(2)),list(range(2)));"的执行结果是_____。

19. Python 语句"print(len({}));"的运行结果是_____。

20. Python 语句"fruits = {'apple':4,'banana':2,'pear':5}; fruits['apple'] = 6; print(sum(fruits.values()));"的运行结果是_____。

## 四、操作题

1. 已知集合 A = {1,2,3,4,5,6,7},集合 B = {1,3,6,7,9,10},计算 A|B、A&B、A − B 与 A^B。

2. 键盘输入 10 个整数,请将这 10 个数按从小到大的次序排序并输出。

3. 已知字典 D = {'A0001':'王伟', 'A0003':'李浩', 'A0010':'胡晓辉'},写出下列操作的代码。

   (1)向字典 D 中添加键值对:'A0005':'田晓云'。

   (2)修改键'A0010'对应的值为'胡小辉'。

   (3)删除'A0001'对应的键值对。

4. 使用字典来创建程序,提示用户输入电话号码,并用英文单词形式显示数字。例如:输入 138 显示为"one three eight"。

5. 键盘输入一个字符串,编程顺序查找字符串中的数字字符,并将所有查找到的数字字符逆序连接成一个字符串。

6. 已知列表 m = [3,1,2,0,7,0,9],编程按照列表 m 中元素的值生成对应字符的列表:元素值大于 0,生成对应个数的字符 ∗,若是 0 则生成 2 个字符@。

7. 键盘输入由数字字符组成的字符串,编程将该字符串中重复的数字字符删除。如字符串″221312″,输出结果是字符串″213″。

8. 莫尔斯电码采用了短脉冲和长脉冲(分别为点和点画线)来编码字母和数字。例如,字母"A"是点画线,"B"是点点。各字母对应编码如下所示。

A.- B... C -.-. D-.. E. F...-. G --. H.... I.. J.---

K -.- L-.. M-- N-. O--- P.--. Q --.- R.-. S... T- U..

-V...- W.-- X-..- Y-.-- Z--..

(1)创建字典,将字符映射到莫尔斯电码。

(2)输入一串英文,将其翻译成莫尔斯电文。

习题4 参考答案

# 第 5 章  函  数

## 课程目标

➤ 掌握函数的定义、使用和函数的返回值。
➤ 理解函数的参数传递、变量的作用域。
➤ 掌握 lambda 表达式(匿名函数)及其使用。
➤ 了解函数的递归及其使用方法。
➤ 理解模块、包及程序的模块化。

## 课程思政

➤ 在课堂教学设计中,通过函数复用谈垃圾分类、资源与环保意识、光盘行动的现实意义。

第 5 章例题代码

# 5.1 函数概述

在一个项目中,经常会在不同的代码位置多次执行相似甚至完全相同的代码块,而仅仅处理的数据不同。为了减少冗余、增加代码重用,实现在程序中分离不同的任务,提出了函数的概念。

函数是一段具有特定功能的、可重用的语句组,用函数名来表示并通过函数名完成功能调用。函数为代码重用提供了一种实现机制,定义和使用函数是 Python 程序设计的重要内容之一。

函数允许程序在调用代码和函数代码之间切换,也允许自己调用自己,即递归调用。

## 5.1.1 函数的优点

函数是实现模块化程序设计的基本构成单位,具有如下优点。

(1)有利于把程序分割成不同的功能模块,实现自顶向下的结构化设计方法。

(2)有利于多人分工协作,培养团队精神,加快工程开发进度。

(3)有利于简化程序的结构,减少程序的复杂度,提高程序的可读性。

(4)有利于提高代码的复用率,减少代码冗余。

(5)有利于代码的调试、修改和维护,实现一些特殊而复杂的算法。

## 5.1.2 函数的分类

在 Python 语言中,函数可以分为以下四类。

(1)内置函数。这类函数在程序中可以直接使用,如前面介绍的 pow( )、abs( )、len( )等。

(2)标准库函数。这类函数需要用户通过 import 语句导入才能使用,例如前面介绍的 math 库、后面即将介绍的 turtle 库和 random 库等。

(3)第三方库函数。这类函数需要用户通过 pip 下载安装,然后通过 import 语句导入,才能使用其中的函数,如 jieba 库、PyInstaller 库等。

(4)自定义函数。自定义函数指用户根据需要自行编制的实现特定功能的函数。本章将详细介绍函数的定义和调用方法等。

# 5.2 函数的定义与调用

## 5.2.1 函数的定义

Python 使用 def 关键字定义函数,其语法格式如下:

```
def <函数名>([形参表]):
    ['''注释''']
    <执行语句>
    [return [返回值列表]]
```

**说明:**

(1)函数由函数头与函数体两部分组成。函数使用关键字 def 声明,函数名为有效标识符(一般为小写字母,可以使用下划线增加可阅读性,例如 my_func),圆括号中的形参表可能为空,多个形参用逗号隔开,圆括号后":"表示定义语句结束,函数内容(封装的功能)开始并缩进,不可省略。

(2)函数体由一行或多行语句组成,用于实现函数封装的功能。

(3)注释可选,用于说明参数的含义、程序的功能及开发者信息,可以为用户调用提供友好的提示。如图 5-1 所示。

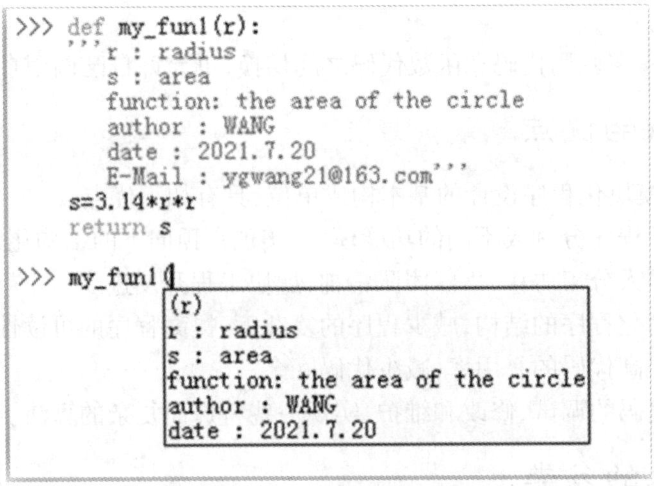

```
>>> def my_fun1(r):
    '''r : radius
    s : area
    function: the area of the circle
    author : WANG
    date : 2021.7.20
    E-Mail : ygwang21@163.com'''
    s=3.14*r*r
    return s

>>> my_fun1(
          (r)
          r : radius
          s : area
          function: the area of the circle
          author : WANG
          date : 2021.7.20
```

图 5-1　注释使用效果

(4)执行语句由一行或多行语句组成,用于实现函数功能的实现与封装。

(5)return 语句用于返回函数值并使流程转到调用位置,可以省略,省略时函数返回空(None)。

**【例 5-1】** 编写函数,求半径为 *r* 的圆的面积。

```
def my_fun1(r):
    '''
    r : radius
    s : area
    function: the area of the circle
    author : WANG
    date : 2022.7.20
    E-Mail : ygwang21@163.com
    '''
    s = 3.14 * r * r
    return s
```

**【例 5-2】** 编写一个输出 *n* 个"＊"号的无返回值的函数。

```
def my_fun2(n):
    print("*" * n)
```

## 5.2.2　函数的调用

函数调用时,可以根据需要指定实际传入的参数值。函数的调用格式如下:

[变量 =]函数名([实参表])

**说明:**

(1)函数的定义必须出现在函数调用之前,否则会出错。

(2)函数调用时的实参表与函数定义的形参表之间的传递问题将在后面详细介绍。

(3)如果函数有返回值,就可以像标准函数一样在表达式中直接使用;如果没有返回值,就单独作为语句使用。

(4)函数定义时要使用冒号,但调用时不可以使用冒号。

【例5-3】　编写函数,求 $n$ 阶调和级数之和并调用。即求 $1 + \frac{1}{2} + \frac{1}{3} + \frac{1}{4} + \cdots + \frac{1}{n}$ 的和。

```
def my_fun3(n):
    s = 0
    for i in range(1, n + 1):
        s = s + 1/i
    return s
print(my_fun3(5))
```

程序运行结果为:

2.283333333333333

程序调用一个函数的执行过程,如图5-2所示。

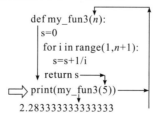

图5-2　函数的执行过程

(1)调用程序在调用处暂停执行。

(2)在调用时将实参传递给函数的形参。

(3)执行函数体语句。

(4)函数调用结束给出返回值,程序回到调用前的暂停处继续执行。

## 5.2.3 函数的返回值与 return 语句

通常情况下,函数的最后都有一个 return 语句,表示函数的结束并将执行结果返回给该函数,以便调用该函数的程序进行相应的处理。

在函数体中使用 return 语句,可以实现从函数中返回一个值并返回到函数调用处。

(1)如果一个函数没有 return 语句(其实有一个隐含的 return 语句)或没有返回值,则默认返回值是 None。例如:

```
def my_test1( ):
    print('Python')
print( my_test1( ))
```

或

```
def my_ test1( ):
    print('Python')
    return
print( my_test1( ))
```

程序运行结果为:

```
Python
None
```

(2)如果 return 语句中有一个值,则这个值的类型就是函数的类型。例如:

```
def my_test2(a,b):
    return a + b
print( my_test2(3,2))
```

程序运行结果为:

```
5
```

(3)如果 return 语句中有多个返回值,则默认返回元组类型。例如:

```
def my_test3(a,b):
    return a,b
print( my_test3(2,4))
```

和

```
def my_test4(a,b):
    return [a,b]
print( my_test4(3,1))
```

程序运行结果分别为:

```
 (2,4)
```

和

```
 [3,1]
```

Python 对函数返回值的数据类型没有限制,列表和字典等复杂的数据结构均可作为 Python 函数的返回值类型。

(4)如果一个函数存在多条 return 语句,当程序执行到函数中的 return 语句时,就会将指定的值返回并结束函数运行,后面的语句不会被执行。如果没有一条 return 语句被执行,同样会隐式调用 return None 作为返回值。

```
def my_test5(a):
    if a < 5:
        return True
    else:
        return False
print(my_test5(3))
```

程序运行结果为:

```
True
```

# 5.3　函数的参数及其传递

## 5.3.1　函数的参数

函数之间的数据传递是通过函数调用实现的。在有参函数的调用过程中,主调函数和被调函数之间有数据的传递关系。

在定义函数时,函数名后面括号中的变量称为"形式参数"(简称"形参")。形参只能是变量,它等同于函数体中的变量,在函数体中的任何位置都可以使用。

在调用一个函数时,函数名后面括号中的参数称为"实际参数"(简称"实参")。实参可以是常量、变量或表达式。

例如:

```
def my_add(x,y):          #这里 x,y 是形参
    return x + y
print(my_add(3,5))        #这里 3 和 5 是实参
```

## 5.3.2　函数的参数传递

在 Python 中,函数参数定义和传递的方式相对灵活许多。Python 中的函数参数主要有 4 种形式。

(1)位置参数。调用函数时根据函数参数定义的位置来传递参数。调用时的数量必须和定义时的一样。当参数较多时,可读性较差。例如:

```
def my_add(x,y):
    return 3 * x + 2 * y
print(my_add(2,5))
```

(2)默认参数,又称可选参数。定义函数时为参数提供了默认值,调用函数时,默认参数的值如果没有传入,就使用定义时的默认值替代。

【例 5-4】 定义一个计算利息的函数,其中默认的天数为1,年化利率的默认值为0.05。

```
def my_rate( money,day = 1,rate = 0.05):
    return money * rate * day/365
print( my_rate(5000))                    #单日利息
print( my_rate(5000,365,0.07))           #一年,年利率 0.07
```

**注意**:使用默认值时,所有位置参数必须放在默认参数之前,包括函数定义和调用。

(3)关键字参数,又称命名参数。调用函数时无须限定参数的顺序,避免了用户需要牢记位置参数顺序的麻烦,函数调用通过"键-值"形式加以指定,让函数更加清晰,容易使用。例如:

```
def my_add(x,y):
    return 3 * x + 2 * y
print( my_add( y = 2,x = 5))
```

(4)可变参数,又称不定长参数。定义函数时,有时会不确定函数调用时会传递多少个参数,即调用函数时的形参个数要比函数声明时的参数个数要多。

不定长参数有如下两种形式。

* args:将接收的多个参数放在一个元组中。

** args:将显式赋值的多个参数放入字典中。

要求带 * 或 * * 的参数必须位于形参表的最后。例如:

```
def fun1( * args):
    print(type(args))
    print(args)

fun1(1, 2, 3, 4, 5)
输出结果:
< class 'tuple' >
(1, 2, 3, 4, 5)
```
和
```
def fun2( * * args):
    print(type(args))
    print(args)

fun2( a = 1, b = 2, c = 3, d = 4, e = 5)
输出结果:
< class 'dict' >
{'a': 1, 'b': 2, 'c': 3, 'd': 4, 'e': 5}
fun1(1, 2, 3, 4, 5)
```

【例 5-5】 计算若干个数字的和。

```
def my_sum1( a, *b):
    s = a
    for n in b:
        s = s + n
    return s
print( my_sum1(1,2))
print( my_sum1(1,2,3,4))
```

程序运行结果为:

```
3
10
```

又如：

```
def my_sum2(a, *b, **c):
    s = a
    for n in b:
        s = s + n
    for key in c:
        s = s + c[key]
    return s
print(my_sum2(1,2))
print(my_sum2(1,s1 = 8,s2 = 9))
print(my_sum2(1,2,3,4,s1 = 8,s2 = 9))
```

程序运行结果为：

```
3
18
27
```

# 5.4　变量的作用域

变量的作用域是指变量可被访问的范围。变量按其作用域可分为全局变量和局部变量。定义在函数内部的变量拥有一个局部作用域,定义在函数外部的变量拥有全局作用域。

## 5.4.1　局部变量

在函数体内定义的变量(包括函数参数)为局部变量,它只在该函数范围内有效。在函数执行时,系统给函数内的局部变量分配存储空间,一旦函数执行结束,系统将释放该存储空间。

【例5-6】　局部变量应用。

```
def fun_test1():
    a = 20                  #局部变量
    print("test1:a = % d"% a)
def fun_test2():
    a = 10                  #局部变量
    print("test2:a = % d"% a)
fun_test1()
```

```
fun_test2( )
print( a )
```

程序运行结果为:

```
test1：a = 20
test2：a = 10
Traceback（most recent call last）:
   File "C:/ex62_6.py", line 9, in <module>
     print( a )
NameError: name 'a' is not defined
```

**注意:**

(1)局部变量只能在该函数内部使用,其他函数不能使用。局部变量可以使代码更加抽象,封装性更好。

(2)函数形参也是局部变量,属于被调用函数。

(3)允许在不同的函数中使用相同的变量名,但它们代表不同的对象,互不干扰,也不会发生混淆。

## 5.4.2　全局变量

定义在函数体或类之外的变量称为全局变量,全局变量不属于任何一个函数,其作用域是从全局变量定义的位置开始,到本文件结束。全局变量可以被作用域内的所有函数直接引用。

【例 5-7】　全局变量应用。

```
s = 10                    #全局变量
def fun_test2( ):
    sum = s + 20          #s 全局变量,sum 局部变量
    return sum
print( fun_test2( ) )
```

程序运行结果为:

```
30
```

(1)全局变量不能在函数体内被直接赋值。例如:

```
s = 10                    #全局变量
def fun_test3( ):
    s = s + 20            #修改全局变量值
    return s
print( fun_test3( ) )
```

此时程序报错:

UnboundLocalError：local variable 's' referenced before assignment

（2）global 和 nonlocal 关键字。如果希望在函数体内对全局变量赋值，则需要在使用该变量前用 global 关键字对全局变量进行显式声明。格式为：

global ＜变量表＞

【例5-8】 全局变量 global 的应用。

```
s = 10
def fun_test4( ):
    global s                    #对全局变量进行显式声明
    s = s + 20                  #修改全局变量值
    return s
print( fun_test4( ) )
```

程序运行结果为：

30

如果要修改嵌套作用域（外层非全局作用域）中的变量，则需要 nonlocal 关键字。

【例5-9】 nonlocal 关键字的应用。

```
def my_outer( ):
    num  =  10
    def my_inner( ):
        nonlocal num                # nonlocal 关键字声明
        num  =  100
        print( num )
    my_inner( )
    print( num )
my_outer( )
```

程序运行结果为：

100
100

虽然使用 global 关键字后可以在函数体内对全局变量赋值，但尽量少用，因为对全局变量进行任意的修改，会使程序的可读性变差。

（3）局部变量与全局变量同名。当函数体内的局部变量与函数体外的全局变量出现同名时，全局变量失效，局部变量有效，即局部变量覆盖全局变量，函数运行结束，恢复全局变量。

```
a = 10                    #全局变量
def my_test5( ) :
    a = 200               #局部变量与全局变量同名
    print("test5:a = % d"% a)
my_test5( )
print("a = % d"% a)
```

程序运行结果为:

```
test5:a = 200
a = 10
```

**注意**:使用内置函数 globals( )和 locals( )可以分别查看并输出全局和局部变量列表。

(4)可变对象与不可变对象。Python 采用的是基于值的自动内存管理模式,变量并不直接存储值,而是存储值的引用。在 Python 中,字符串、元组和数值是不可更改的对象,而列表、字典等则是可以修改的对象。

不可变对象:变量赋值 a = 5 后再赋值 a = 10,这里实际是新生成一个 int 值对象 10,再让 a 指向它,而 5 被丢弃,不是改变 a 的值,相当于新生成了 a。如图 5-3(a)所示。

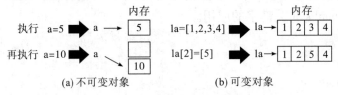

(a)不可变对象                (b)可变对象

**图 5-3   可变对象与不可变对象**

可变对象:变量赋值 la = [1,2,3,4]后再赋值 la[2] = 5 则是将列表 la 的第三个元素值更改,la 本身没有动,只是其内部的一部分值被修改了。如图 5-3(b)所示。

调用函数时,如果传递的是不可变对象的引用,如:int、float、bool、str 和 tuple 等类型,即使在函数体内修改对象的值(实际上是创建一个新的对象),返回主程序时也不会改变对象的值。例如:

```
def my_exchange1( a,i) :
    temp = a
    a = i
    i = temp
a = 3     #int 类型,不可变对象
my_exchange1( a,0)
print( a)
```

程序运行结果为:

3

但如果调用函数时,传递的是可变对象的引用,如:list、dict 等类型,则在函数体内修改对象的值,返回主程序时就会改变对象的值。例如:

```
def my_exchange2(a,i,j):
    temp = a[i]
    a[i] = a[j]
    a[j] = temp
a = [3,5,7,9]        #list 类型,可变对象
my_exchange2(a,0,3)
print(a)
```

程序运行结果为:

```
[9, 5, 7, 3]
```

在 Python 中一切都是对象,严格意义上我们不能说是值传递还是引用传递,我们应该说是传递不可变对象或可变对象。

# 5.5　匿 名 函 数

Python 有个保留字是 lambda,该保留字用于定义一种特殊的函数——匿名函数(又称 lambda 函数)。

匿名函数并非没有名字,而是将函数名作为函数结果返回,格式如下:

```
<函数名> = lambda <参数表>: <表达式>
```

lambda 语句中,冒号前是函数参数,若有多个函数参数,则必须使用逗号分隔;冒号后是返回值。

lambda 函数与正常函数一样,等价于下面形式:

```
def <函数名>(<参数表>):
    return <表达式>
```

lambda 函数主要用于定义简单的、能够在一行内表示的函数,返回一个函数类型。例如用 lambda 函数计算两数之和。

```
>>>f = lambda x, y : x + y
>>>type(f)
<class 'function'>
>>>f(10, 12)
22
```

将 lambda 函数作为参数传递给其他函数,如结合 map、filter、sorted 等一些 Python 内置函数使用。如:

```
>>> filter( lambda x:x% 3 ==0,[1,2,3,4,5,6])    #返回的是一个迭代对象
< filter object at 0x02CA0E50 >
>>> list( filter( lambda x:x% 3 ==0,[1,2,3,4,5,6]))
[3,6]
>>> map( lambda x:x * *2,range(5))    #返回的是一个迭代对象
< map object at 0x01DA0C10 >
>>>list( map( lambda x:x * *2,range(5)))
[0, 1, 4, 9, 16]
```

**【例 5-10】** 将给定字典按键值顺序排列。

本题基本思想是先用 list 函数与字典的 items 方法将字典转变为键值对元组构成的列表,再利用列表的 sort 方法实现将字典按键值顺序排列,其中利用 lambda 函数指定按字典键值排序。程序如下:

```
zd = { 'b':98,'c':99,'a':97}
items = list( zd. items( ))    #将字典转变为(键,值)元组构成的列表
items. sort( key = lambda x:x[1], reverse = False)    #借用列表的 sort 方法排序
zd = dict( items)    #生成排序后的字典
```

# 5.6 递 归 函 数

递归是程序设计中一种重要的方法,当一个问题可以转化为规模较小的同类子问题时,就可以使用递归。递归方法结构清晰、可读性强、符合人的思维方式。例如,日常生活中,两面镜中的物体产生一连串的"像中像"就是递归的现象。

图 5-4 科赫曲线、谢尔宾斯三角形与二叉树都与递归运算有关,其实递归是程序设计中一种重要的方法,当一个问题可以转化为规模较小的同类子问题时,就可以使用递归。递归提供了建立数学模型的一种直接方法,与数学上的数学归纳法相对应。

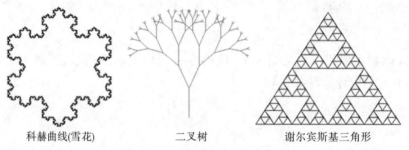

科赫曲线(雪花)　　　　二叉树　　　　谢尔宾斯基三角形

**图 5-4　几种常见的递归问题**

## 5.6.1　递归函数的概念

在一个函数中直接或间接地调用自身的函数,称为递归函数。根据调用方式不同,

递归又分为直接递归和间接递归,如图5-5所示。

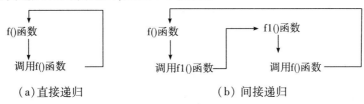

（a）直接递归　　　　　　　　（b）间接递归

**图5-5　递归方式**

【**例5-11**】　求 $S = 1 + 2 + 3 + \cdots + 100$ 的和（ $S = \sum\limits_{n=1}^{100} n$ ）。

显然,该问题用循环语句很容易计算。

```
#方法1
def sum1(n):
    s = 0
    for i in range(1,n+1):
        s += i
    return s
print(sum1(100))
```

我们知道 $S = 1 + 2 + 3 + \cdots + 100$ 与下式等价。

$$S_n = \begin{cases} 1 & (n = 1) \\ n + S_{n-1} & (n > 1) \end{cases}$$

因此,本题也可用下述程序实现。

```
#方法2
def sum2(n):
    if n == 1:
        return 1
    else:
        return n + sum2(n-1)        #调用sum2本身
print(sum2(100))
```

这类问题很多,如求 $n!$ （阶乘）。

$$n! = \begin{cases} 1 & (n = 1) \\ n \times (n-1)! & (n > 1) \end{cases}$$

```
#方法1
def product1(n):
    product = 1
    for i in range(1,n+1):
        product = product * i
```

```
        return product
print(product1(4))
#方法 2
def product2(n):
    if n == 1:
        return 1
    else:
        return n * product2(n - 1)          #调用 product2 本身
print(product2(4))
```

递归函数每调用一次自身,相当于复制一份该函数,只不过参数有变化,参数的变化,就是重要的结束条件。每个递归函数必须包括如下两个重要部分。

(1)**终止条件**。表示递归的结束,用于返回函数值,不再递归调用(如上面两个例子中的 $n = 1$)。否则将会导致无限的递归调用,最终是系统耗尽内存,抛出 RecursionError。

【例 5-12】 对于用户输入的字符串 s,输出反转后的字符串。

```
def reverse(s):
    return reverse(s[1:]) + s[0]          #s[0]是首字符,s[1:]是剩余字符串
print(reverse("ABC"))
```

执行这个程序,结果如下。

```
Traceback (most recent call last):
  File "C:\Python36\a1.py", line 3, in <module>
    print(reverse("ABC"))
  File "C:\Python36\a1.py", line 2, in reverse
    return reverse(s[1:]) + s[0]    #s[0]是首字符,s[1:]是剩余字符串
  File "C:\Python36\a1.py", line 2, in reverse
    return reverse(s[1:]) + s[0]    #s[0]是首字符,s[1:]是剩余字符串
  File "C:\Python36\a1.py", line 2, in reverse
    return reverse(s[1:]) + s[0]    #s[0]是首字符,s[1:]是剩余字符串
  [Previous line repeated 990 more times]
RecursionError: maximum recursion depth exceeded
```

错误表明该函数没有终止条件,递归层数超过了系统允许的最大深度。该函数体的完整代码如下。

```
def reverse(s):
    if s == "":
        return s
    else:
        return reverse(s[1:]) + s[0]    #s[0]是首字符,s[1:]是剩余字符串
print(reverse("ABC"))
```

在 Python 里递归的层数默认限制在 1000 层,虽然可以将递归的层数修改得大一些,但是建议在程序中不要使用太深的递归层数。如:

```
import sys
sys. setrecursionlimit(2000)          #可以修改
COUNT = 0
def func():                           #recursion 递归
    global COUNT
    COUNT += 1
    print(COUNT)
    func()                            #调用 func 本身
func()
```

(2)**递推公式**。把第 $n$ 步的参数值的函数与第 $n-1$ 步的参数值的函数相关联(如例 5-11 中的 $n+sum2(n-1)$ 与 $n*product2(n-1)$)。

递归调用的执行过程分为递推过程和回归过程两部分。这两个过程由递归终止条件控制,即逐层递推,直至递归条件终止,然后逐层回归。递归调用同普通的函数调用一样利用了先进后出的栈结构来实现。每次调用时,在栈中分配内存单元保存返回地址、参数和局部变量;而与普通的函数调用不同,由于递推的过程是一个逐层调用的过程,因此,存在一个逐层连续的参数入栈过程,调用过程每调用一次自身,把当前参数压栈,每次调用时都首先判断递归终止条件,直到达到递归终止条件为止;接着回归过程不断从栈中弹出当前参数,直到栈空返回初始调用处。

图 5-6 显示了 4!的递归调用过程:

**图 5-6  递归调用 4!的执行过程**

## 5.6.2  递归函数的应用

递归函数通常用来把一个大型的复杂问题层层转化为一个与原来问题本质相同但规模很小,很容易解决或描述的问题,只需要很少的代码就可以描述解决问题过程中需要的大量重复计算。

虽然递归问题也可用非递归函数实现,但多数情况下如果不用递归方法,程序算法将十分复杂,很难编写。

**【例 5-13】**  Hanoi 塔问题又称"世界末日"问题:该问题描述的是一张桌面上有三个

柱子 A、B 和 C。柱 A 上套有 64 个大小不等的圆盘,大的在下,小的在上,如图 5-7 所示。

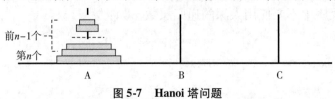

前$n-1$个

第$n$个

A          B          C

**图 5-7   Hanoi 塔问题**

要求把这 64 个圆盘从柱 A 移动到柱 C 上,每次只能移动一个圆盘,移动可以借助柱 B 进行。但在任何时候,任何柱上的圆盘都必须保持大盘在下,小盘在上的特点,编程输出移动步骤。

设柱 A 上有 $n$ 个盘子,算法分析如下:

(1)如果 $n=1$,则将圆盘从柱 A 直接移动到柱 C。

(2)如果 $n=2$,则

①将柱 A 上小盘移到柱 B 上;

②再将柱 A 上的大盘移到柱 C 上;

③最后将柱 B 上的小盘移到柱 C 上。

(3)如果 $n>2$,则可以将前 $n-1$ 个盘子视为一个整体,这样整个问题可以看作:

①将前 $n-1$ 个盘子从柱 A 移到中转柱 B 上(子问题1);

②再将最底层第 $n$ 个盘子(最大的圆盘)从柱 A 移到目标柱 C 上;

③然后将前 $n-1$ 个盘子从中转柱 B 移到目标柱 C 上(子问题2)。如图 5-8 所示。

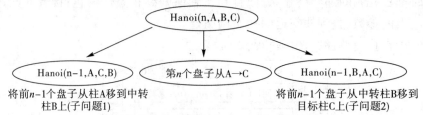

Hanoi(n,A,B,C)

Hanoi(n-1,A,C,B)          第$n$个盘子从A→C          Hanoi(n-1,B,A,C)

将前$n-1$个盘子从柱A移到中转                    将前$n-1$个盘子从中转柱B移到
柱B上(子问题1)                              目标柱C上(子问题2)

**图 5-8   将 $n$ 个盘子从柱 A 移到目标柱 C**

这样就将 $n$ 个盘子的移动问题分解为前 $n-1$ 个盘子移动的子问题与第 $n$ 个盘子的直接移动问题,而子问题与原问题本质一样。由此可以定义一个递归函数实现,代码如下:

```
def hanoi(n,x,y,z):
    if n==1:
        print(x,"→",z)          #将圆盘从柱 A 直接移动到柱 C
    else:
        hanoi(n-1,x,z,y)          #先将 n-1 个盘子从柱 A 移到中转柱 B 上
        hanoi(1,x,y,z)            #将最大的圆盘从柱 A 移到柱 C 上,等价 print(x,"→",z)
        hanoi(n-1,y,x,z)          #再将 n-1 个盘子从中转柱 B 移到柱 C 上
#主程序
n = int(input("请输入汉诺塔的盘子数:"))
hanoi(n,"A","B","C")
```

程序运行结果为：

```
请输入汉诺塔的盘子数:1
A → C
请输入汉诺塔的盘子数:2
A → B
A → C
B → C
请输入汉诺塔的盘子数:3
A → C
A → B
C → B
A → C
B → A
B → C
A → C
```

### 5.6.3 递归函数的优缺点

对于初学者,递归看起来难以琢磨。只有首先理解递归的过程,然后根据相关知识总结出递归公式,通过较多的示例来理解,才能体会到递归的魅力。

**1. 递归函数的优点**

递归使代码看起来更加整洁、优雅。

可以用递归将复杂任务分解成更简单的子问题。

使用递归比使用一些嵌套迭代更容易。

**2. 递归函数的缺点**

递归的逻辑很难调试、跟进。

递归算法解题的运行效率较低。在递归调用的过程中,系统为每一层的返回点、局部量等开辟了栈来存储。递归次数过多容易造成栈溢出等问题。

# 5.7　模 块 与 包

当编写的程序中类和函数较多时,就需要对它们进行有效的组织。在 Python 中,模块和包都是组织的方式。复杂度较低时可以使用模块进行管理,复杂度较高时还要使用包进行管理。

## 5.7.1　模　块

模块就是一个包含 Python 定义和语句的脚本文件(.py),通过这个文件把一组相关的函数、类或代码组织到一个文件中,实现代码复用。文件名就是模块名加上.py 扩展

名,使用模块具有以下优点:

(1)提高代码的可维护性。在应用系统开发过程中,合理划分程序模块,可以很好地完成程序功能的定义,有利于代码维护。

(2)增加代码的重用性。模块通常是按功能划分的程序,编写好的 Python 程序以模块的形式保存,方便组织代码与被其他程序调用。

(3)有利于避免函数名和变量名冲突。相同名称的函数和变量可以分别存在于不同模块中,用户在编写模块时,不需要考虑模块间的变量名冲突问题。

程序中使用的模块可以是用户自定义模块、Python 内置模块或来自第三方的模块。本节主要介绍自定义模块。

### 1. 模块定义

```
#myModule.py
def   add(a,∗b):
    s = a
    for i in b:
       s = s + i
    return s
def   mul(a,∗b):
    s = a
    for i in b:
       s = s ∗ i
    return s
```

在模块 myModule.py 文件中,定义了两个函数:一个加法函数和一个乘法函数,它们处理的问题是同类的,可以作为一个模块定义。

### 2. 模块导入

使用模块中的函数时,要先导入模块才能使用。导入方法与标准库模块一样。即:

import 模块名 [as 模块新名称] [,模块名 2]…

或

from 模块名 import 函数名 [as 函数新名] [,函数名 2]…

模块和变量一样也有作用域的区别,如果在模块的顶层导入,则作用域是全局的;如果在函数中导入,则作用域是局部的。一个模块无论它被导入多少次,都只能被加载一次,这样可以阻止多重导入时,代码被多次执行。在实际编码时,推荐直接在顶层导入。

Python 实际上导入的模块有:标准库模块、第三方模块和应用程序自定义的模块。如果是第一次导入,模块将被加载并执行。加载执行时在搜索路径中找到指定的模块,之后再调用时就不需要再次加载了。

### 3. 模块路径

使用 import 语句导入模块时,需要查找模块程序的位置,即模块的文件路径,这是调用或执行模块的关键。导入模块时,不能在 import 或 from 语句中指定模块文件的路径,只能使用 Python 设置的搜索路径。标准模块 sys 的 path 属性可以用来查看当前搜索路径设置。请看下面查看 Python 搜索路径和当前目录的代码。

```
>>> import sys
>>> sys. path
['', 'C:\\Python38\\Lib\\idlelib', 'C:\\Python38\\python38. zip', 'C:\\Python38\\DLLs', 'C:\\Python38\\lib', 'C:\\Python38', 'C:\\Python38\\lib\\site-packages']
>>> import os
>>> os. getcwd( )
'C:\\Python38'
>>>
```

导入模块时,Python 将按照先后顺序依次在搜索路径列表中搜索需要导入的模块。如果要导入的模块不在这些目录中,则导入操作失败。

在搜索路径中找到模块并成功导入后,Python 还会完成下面的功能。

### 1. 编译模块

找到模块文件后,Python 会检查文件的时间戳,如果字节码文件比源代码文件旧,则说明源代码文件做了修改,Python 就会执行编译操作,生成最新的字节码文件。如果字节码文件是最新的,则跳过编译环节。如果在搜索路径中只发现了字节码文件而没有源代码文件,则直接加载字节码文件。如果只有源代码文件,Python 会直接执行编译操作,生成字节码文件。

### 2. 执行模块

执行模块的字节码文件,文件中所有的可执行语句都会被执行,所有变量在第一次赋值时被创建。函数对象也在执行 def 语句时被创建。如果有输出也会直接显示。

那么,如何修改或设置模块路径呢?

下面给出几种设置方法,请根据具体情况选用。

(1)最简单的方法是将自定义模块所在目录放在 Python 安装的目录下,但这种方法用于学习尚可,用于实际开发并不可取。

(2)使用 sys. path. append 函数手动添加模块路径,方法如下。

```
import sys
sys. path. append("c:\\example")
```

(3)在 Python 目录中创建文件名任意,但后缀名为. pth 路径配置文件,一行一目录,这样在启动 Python 时,就会自动添加这些目录到搜索路径中,如图5-9 所示。

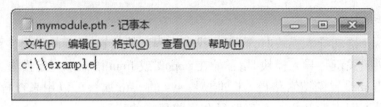

图 5-9　路径配置文件示例

(4)修改环境变量,与在 Windows 操作系统中配置环境变量的方法相同,见第 1 章。如要查看导入的模块,可以使用 help('modules')函数,如图 5-10 所示。

| _decimal | collections | mainmenu | stackviewer |
| _dummy_thread | colorizer | marshal | stat |
| _elementtree | colorsys | math | statistics |
| _functools | compileall | mimetypes | statusbar |
| _hashlib | concurrent | mmap | string |
| _heapq | config | modulefinder | stringprep |
| _imp | config_key | msilib | struct |
| _io | configdialog | msvcrt | subprocess |
| _json | configparser | multicall | sunau |
| _locale | contextlib | multiprocessing | symbol |
| _lsprof | copy | myModule | symtable |
| _lzma | copyreg | netrc | sys |

图 5-10　查看导入的模块

### 3. 模块属性

每个模块都有个名为\_\_name\_\_的内置属性,Python 会自动设置该属性。如果文件以顶层程序文件执行,则在启动时,\_\_name\_\_的值为"\_\_main\_\_"。如果是被导入,则\_\_name\_\_的值为模块名。

语句 if \_\_name\_\_ == 'main'的作用就是控制这两种不同情况执行代码的过程。当\_\_name\_\_值为\_\_ main\_\_时,if 后的代码被执行,而使用 import 或 from 语句导入其他程序中时,if 后的代码是不会被执行的。

图 5-11 是在 myModule. py 文件最后加上语句:

```
if __name__ == 'main':
    print('Please use me as a module.')
```

后,以上两种运行效果的对比。

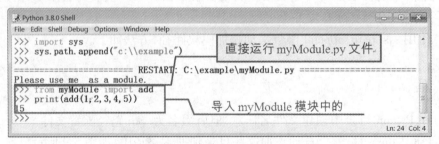

图 5-11　两种运行效果对比

可以看到,模块文件 myModule. py 独立运行时,其\_\_name\_\_值为"\_\_main\_\_",运行结果显示"Please use me as a module. ";当使用 from 语句导入模块中的函数 add 后,调用 add 函数则没有显示"Please use me as a module. "。

## 5.7.2 包

为了对同一类型的模块进行有效的管理,Python 引入了包(Package)来组织模块。包实际上就是一个目录,但必须包含一个\_\_init\_\_. py 文件。否则,Python 就将该目录作为普通目录,而不是一个包。\_\_init\_\_. py 可以是空文件,也可以包含 Python 代码。包可以嵌套使用,包中还可以包含其他子包,从而组成多级层次的包。如图 5-12 所示。

图 5-12 包的组成

### 1. 包的使用

包的外层目录必须属于 Python 的搜索路径,导入包中的模块只需要在模块名前加上包的名称,如按以下方式组织的目录。

```
project/                         #目录
    project. py
    subproject/                  #子目录
        __init__. py
        submodel. py
```

在 project. py 中调用包 subproject 中的 submodel. py 模块,加入包名即可。

【例5-14】 包的应用。

```
#project. py
import subproject. myModule
print( subproject. myModule. add(1,3))
```

### 2. \_\_init\_\_. py

上例\_\_init\_\_. py 是空文件,也可以在里面添加代码,它的作用实际上是初始化包中的公共变量。首次使用 import 导入 subproject 包中的任何部分后,__init__. py 文件中的代码就会执行。在上例的__init__. py 中加入如下代码:

```
name = '__init__. py'
print('subproject- >',name)
```

运行程序 project. py,结果如下。

```
subproject- > __init__. py
4
```

可见,__init__. py 被优先执行。

# 5.8 综 合 案 例

【例 5-15】 编写函数,接收一个整数 n 为参数,打印杨辉三角前 n 行。

**分析**:杨辉三角是二项式系数在三角形中的一种几何排列。杨辉三角以正整数构成,数字左右对称,每行由 1 开始并以 1 结束。第 n 行的数字个数为 n。除每行最左侧与最右侧的数字以外,每个数字等于它的左上方与上方两个数字之和(也就是说,第 n 行第 k 个数字等于第 n-1 行的第 k-1 个数字与第 k 个数字的和)。程序如下:

```
def yanghui(n):
    print([1])
    line = [1, 1]
    print(line)
    for i in range(2,n):
        r = []
        for j in range(0, len(line) -1):
            r. append(line[j] +line[j+1])
        line = [1] +r +[1]
        print(line)
yanghui(5)
```

程序运行结果为:

```
[1]
[1, 1]
[1, 2, 1]
[1, 3, 3, 1]
[1, 4, 6, 4, 1]
```

【例 5-16】 编写函数,计算形式如 a + aa + aaa + aaaa + … + aaa…aaa 的表达式的值,其中 a 为小于 10 的自然数。

```
def demo(a, n):
    #检查参数,不符合就终止程序
    assert isinstance(a, int) and 0 < a < 10, 'a 必须是 1 到 9 的整数'
    assert isinstance(n, int) and n > 0, 'n 必须是大于 0 的整数'
    result, t = 0, 0
    for i in range(n):
        t = t * 10 + a
        result += t
    return result
print(demo(2,6))
```

程序运行结果为:

```
246912
```

【例 5-17】　编写函数,求序列元素的最大值、最小值和平均值,并返回。

```
def myPrg(iterable):
    tMax = tMin = tAvg = iterable[0]
    n = 1
    for item in iterable[1:]:
        tAvg += item
        n += 1
        if item > tMax:
            tMax = item
        elif item < tMin:
            tMin = item
    return (tMax, tMin,tAvg /n)   #返回序列的最大值、最小值和平均值
print(myPrg((2,7,1,5,8)))
```

程序运行结果为:

```
(8, 1, 4.6)
```

【例 5-18】　利用递归将一个正整数 $d$ 转换为 $r$ 进制(二进制、八进制或十六进制)字符串。

　　**分析**:若 $d < r$,则 $d$ 的结果就是自身;否则对 $d$ 进行分解,即 $d$ 整除 $r$ 得商,使得 $d$ 的规模缩小,将余数 $d\% r$ 转换为对应字符串后连接。

　　递归公式为:

$$\text{myTrans}(d,r) = \begin{cases} d & (d < r) \\ \text{myTrans}(d/\!/r,r) + \text{convertString}[d\% r] & (d \geqslant r) \end{cases}$$

程序如下:

```
defmyTrans(d,r):
    convertString = "0123456789ABCDEF"    #最大转换为16进制
    if d < r:
        return convertString[d]
    else:
        return myTrans(d//r,r) + convertString[d% r]


print(myTrans(14,2))
```

程序运行结果为:

```
1110
```

 ## 知识拓展

**1. Python 函数注释。**

Python 3.x 引入了函数注释,旨在提供一种单一的、标准的方法,将元数据与函数参数和返回值相关联。函数注释包括:

参数注释:以冒号(:)标记;

返回值注释:以-> 标记。

语法结构:

```
def foo(a: expression, b: expression = 5) -> expression:
        …
```

参数注释总在其默认值之前。当函数定义被执行时,所有的注释表达式都被求值,就像默认值一样。

参数列表后面可以跟一个-> 和一个 Python 表达式。与参数的注释一样,在执行函数定义时,将对该表达式求值。

(1)单个注释。函数注释是完全可选的,可以包含类型、帮助字符串,以及其他更多信息。

【例5-19】 函数 sum()接受三个参数 $a$、$b$、$c$,并返回它们的和。

```
>>> def sum(a, b: int, c: 'The default value is 5' = 5) -> float:
        return a + b + c
```

其中,第一个参数 $a$ 没有注释,第二个参数 $b$ 带有类型为 int 的注释,第三个参数 $c$ 带有一个帮助字符串注释并且拥有默认值,返回值用类型 float 来注释。

调用 sum() 两次,一次使用 int,另一次使用字符串。

```
>>> sum(1, 2)
8
>>> sum('Hello', ', ', 'Python!')
'Hello, Python!'
```

显然,注释对函数的执行没有任何影响。在这两种情况下,sum( )都做了正确的事情,只不过注释被忽略了而已。

(2)访问函数注释。函数对象有一个名为__annotations__的属性,它是一个映射(dict),用于将每个参数名(key)映射到其相关的注释(value)。

**注意:**映射中有一个特殊的 key,称为"return",仅当为函数的返回值提供注释时,才会显示该 key。

```
>>> type(sum.__annotations__)
< class 'dict' >
>>> sum.__annotations__
{'b': < class 'int' >, 'c': 'The default value is 5', 'return': < class 'float' >}
```

(3)多个注释。函数注释中要同时包含类型和帮助字符串,可以使用具有两 key(如 type 和 help)的 dict。例如:

```
>>> def div(a: dict(type = float, help = 'the dividend'),
            b: dict(type = float, help = 'the divisor (must be different than 0)')
            ) -> dict(type = float, help = 'the result of dividing a by b'):
    """Divide a by b"""
    return a / b
```

调用 div( ):

```
>>> div.__annotations__
{'a': {'type': < class 'float' >, 'help': 'the dividend'}, 'b': {'type': < class 'float' >, 'help': 'the divisor
(must be different than 0)'}, 'return': {'type': < class 'float' >, 'help': 'the result of dividing a by b'}}
>>> div(5, 2)
2.5
```

**注意:**如果要包含更多的注释(示例中是2个),则可以在 dict 中包含更多的 key:value 对。

**2. 迭代器与生成器。**

(1)迭代器。迭代是 Python 最强大的功能之一,是访问集合元素的一种方式。迭代器具有以下功能。

①可以记住遍历对象的位置。

②从集合的第一个元素开始访问,直到所有元素被访问完时结束。

③只能往前,不会后退。

④迭代器有两个基本的方法:iter( )和 next( ),其中 iter( )方法用于创建迭代器对象,next( )方法用来访问迭代器对象中的元素。当迭代器对象中没有可访问的元素后,next( )方法将会抛出一个 StopIteration 异常终止迭代器。

⑤字符串、列表或元组都可用于创建迭代器对象。

⑥迭代器对象可以使用常规 for 语句进行遍历。

**【例5-20】** 使用 iter( )方法。

```
s = [1,2,3]
it = iter(s)                  #创建迭代器对象
for x in it:
    print(x, end = " ")
```

程序运行结果为：

```
1   2   3
```

【例 5-21】 使用 next( )方法。

```
import sys                #引入 sys 模块
s = [1,2,3,4]
it = iter(s)             #创建迭代器对象
while True：
    try：
        x = next(it)
        print(x, end =″  ″)
    except StopIteration：
        sys. exit()
```

程序运行结果为：

```
1   2   3   4
```

(2)生成器。在 Python 中,使用了 yield 语句的函数被称为生成器(generator),跟普通函数不同的是,生成器是一个返回迭代器的函数,只能用于迭代操作,或者说生成器是一种迭代器。

在调用生成器运行的过程中,每当遇到 yield 时,函数会暂停并保存当前所有的运行信息,返回 yield 的值。而在下一次执行 next( )方法时从当前位置继续运行。

【例 5-22】 斐波那契数列(第 1,2 个数为 1,从第 3 个数开始为其前两个数之和)函数。

```
import sys
fei = [ ]
def fibonacci(n)：            #斐波那契数列函数
    for i in range(n)：
        if i >1：
            fei. append(fei[i-1] + fei[i-2])
        else：
            fei. append(1)
        yield fei [i]        #生成迭代器对象
f = fibonacci(10)            #f 是一个迭代器,由生成器返回生成
while True：
    try：
        print(next(f),end =″,″)
    except StopIteration：
        sys. exit()
```

程序运行结果为：

```
0,1,1,2,3,5,8,13,21,34,55,
```

## 习 题 5

**一、单选题**

1. 以下不是函数作用的选项是＿＿＿＿＿＿＿。
   A. 增强代码可读性 　　　　　　B. 提高代码执行速度
   C. 降低编程复杂度 　　　　　　D. 复用相同功能代码

2. 以下关于 Python 语言函数的描述中,错误的是＿＿＿＿＿＿＿。
   A. 定义函数需要使用保留字 def
   B. 函数定义中参数列表里的参数称为形式参数,简称形参
   C. 函数中最多只有一个 return 语句
   D. 使用函数最主要的作用之一是复用代码

3. 下面关于函数的说法,错误的是＿＿＿＿＿＿＿。
   A. 函数可以减少代码的重复,使程序更加模块化
   B. 在不同的函数中可以使用相同名字的变量
   C. 调用函数时,传入参数的顺序和函数定义时的顺序可以不同
   D. 函数体中即使没有 return 语句,也会返回一个 None 值

4. 使用＿＿＿＿＿＿＿关键字创建自定义函数。
   A. function 　　　　B. func 　　　　C. def 　　　　D. procedure

5. 下列有关函数的说法中,正确的是＿＿＿＿＿＿＿。
   A. 函数的定义必须在程序的开头
   B. 函数定义后,其中的程序就可以自动执行
   C. 函数定义后需要调用才会执行
   D. 函数体与关键字 def 必须左对齐

6. 以下关于 Python 语言 return 语句的描述中,正确的是＿＿＿＿＿＿＿。
   A. 函数可以没有 return 语句 　　　　B. return 语句只能有一个返回值
   C. 函数中最多只有一个 return 语句 　　D. 函数必须有 return 语句

7. 关于函数的参数,以下选项中描述错误的是＿＿＿＿＿＿＿。
   A. 可选参数可以定义在非可选参数的前面
   B. 一个元组可以传递给带有星号的可变参数
   C. 在定义函数时,可以通过在参数前增加星号(＊)实现可变数量参数
   D. 在定义函数时,可以直接为参数指定默认值

8. 下列函数调用使用的参数传递方式是＿＿＿＿＿＿＿。
   result = sum( num1 , num2 , num3 )
   A. 位置参数 　　　B. 关键字参数 　　　C. 不定长参数 　　　D. 默认参数

9. 以下代码的输出结果是＿＿＿＿＿＿＿。
   def func(a,b):
   　a ＊＝ b

```
        return a
    s = func(5,2)
    print(s)
```
    A. 25                B. 10                C. 5                D. 20

10. 以下选项中,对于函数的定义错误的是_____。

    A. def vfunc(* a,b):                      B. def vfunc(a,b):

    C. def vfunc(a, * b):                    D. def vfunc(a,b = 2):

11. 对以下自定义函数 def add(a,b = 10,c = 0.5)的调用,错误的是_____。

    A. add(100)                          B. add(30,100)

    C. add(b = 20,100,0.5)               D. add(30,c = 0.1,b = 100)

12. 可变参数 * args 传入函数时的存储方式为_____。

    A. 元组              B. 列表              C. 字典              D. 数据框

13. 使用_____关键字声明匿名函数。

    A. function         B. func              C. def              D. lambda

14. 关于 lambda 表达式的描述,错误的是_____。

    A. lambda 表达式不允许多行

    B. lambda 表达式创建函数不需要命名

    C. lambda 表达式解释性良好

    D. lambda 表达式可视为对象

15. 关于 lambda 函数,以下选项中描述错误的是_____。

    A. lambda 不是 Python 的保留字

    B. lambda 函数也称为匿名函数

    C. lambda 函数将函数名作为函数结果返回

    D. 定义了一种特殊的函数

16. 关于 Python 的 lambda 函数,以下选项中描述错误的是_____。

    A. lambda 函数将函数名作为函数结果返回

    B. f = lambda x,y:x + y 执行后,f 的类型为数字类型

    C. lambda 用于定义简单的、能够在一行内表示的函数

    D. 可以使用 lambda 函数定义列表的排序原则

17. 假设函数中不包括 global 保留字,对于改变参数值的方法,以下选项中错误的是_____。

    A. 参数是列表类型时,改变原参数的值

    B. 参数的值是否改变与函数中对变量的操作有关,与参数类型无关

    C. 参数是整数类型时,不改变原参数的值

    D. 参数是组合类型(可变对象)时,改变原参数的值

18. 在 Python 中,关于全局变量和局部变量,以下选项中描述不正确的是_____。

    A. 一个程序中的变量包含全局变量和局部变量两类

    B. 全局变量不能和局部变量重名

    C. 全局变量一般没有缩进

D. 全局变量在程序执行的全过程有效

19. 以下选项中,对于递归程序的描述错误的是_____。

A. 书写简单 　　　　　　　　　　　B. 递归程序都可以有非递归编写方法

C. 执行效率高 　　　　　　　　　　D. 一定要有终止条件

20. 以下代码的输出结果是_____。

```
def fact(n):
    if n==0:
        return 1
    else:
        return n * fact(n-1)
print(fact(4))
```

A. 1 　　　　　　　B. 4 　　　　　　　C. 12 　　　　　　　D. 24

## 二、判断题

1. 函数是代码复用的一种方式。

2. 定义函数时,即使该函数不需要接收任何参数,也必须保留一对空的圆括号来表示这是一个函数。

3. 一个函数如果带有默认值参数,那么必须所有参数都设置默认值。

4. 定义 Python 函数时必须指定函数返回值类型。

5. 定义 Python 函数时,如果函数中没有 return 语句,则默认返回空值 None。

6. 函数中必须包含 return 语句。

7. 函数内创建的且未作为返回值的组合数据类型变量不会被释放。

8. 在函数内部,既可以使用 global 来声明使用外部全局变量,也可以使用 global 直接定义全局变量。

9. 不同作用域中的同名变量之间互相不影响,也就是说,在不同的作用域内可以定义同名的变量。

10. 在调用函数时,可以通过关键参数的形式进行传值,从而避免必须记住函数形参顺序的麻烦。

## 三、填空题

1. Python 中定义函数的关键字是_____。

2. 在函数内部可以通过关键字_____来定义全局变量。

3. 如果函数中没有 return 语句或者 return 语句不带任何返回值,那么该函数的返回值为_____。

4. 函数返回值不止一个时,返回值是_____类型。

5. 函数返回时,传入的组合数据类型变量_____(会/不会)被释放。

6. 已知 f = lambda x: 5,那么表达式 f(3) 的值为_____。

7. 已知 g = lambda x, y=3, z=5: x*y*z,则语句 print(g(1)) 的输出结果为_____。

8. 已知函数定义 def func(*p):return sum(p),那么表达式 func(1,2,3) 的值为_____。

9. 已知函数定义 def func(**p):return sum(p.values()),那么表达式 func(x=1, y=2, z=3) 的值为_____。

10.已知函数定义 def demo(x, y, op): return eval(str(x) + op + str(y)),那么表达式 demo(3, 5, ′+′)的值为_____。

## 四、操作题

1.编写函数 digit(n,k),求整数 $n$ 的第 $k$ 位值。

2.编写函数,判断一个数字是否为素数,若是则返回字符串 YES,若否则返回字符串 NO。

3.编写函数,可以接收任意多个整数并输出其中的最大值和所有整数之和。

4.编写递归函数,输出斐波那契数列(第 1、2 个数是 1,以后每个数都是前两个数之和)第 $n$ 个数。

5.编写递归函数,求两个数 $p$ 和 $q$ 的最大公约数(如果 $p > q$,则当 $q = 0$ 时,最大公约数等于 $p$;当 $q > 1$ 时,$p$ 和 $q$ 的最大公约数等于 $q$ 和 $p\% q$ 的最大公约数)。

6.用递归算法求正整数的各位数字之和。

提示:$s(m) = \begin{cases} m & (m < 10) \\ m\% 10 + s(m//10) & (m \geqslant 10) \end{cases}$

习题 5 参考答案

# 第6章 文件操作

## 课程目标

➢ 了解文件编码的概念、文本文件和二进制文件。

➢ 掌握文件打开、读写和关闭的基本方法。

➢ 掌握文本文件与 CSV 文件格式的读取与写入方法。

➢ 掌握 os 模块与 shutil 模块中文件操作与目录操作的方法。

## 课程思政

➢ 在课堂教学设计中,通过文件保存与管理,谈信息编码与加解密技术,信息安全、黑客与法律意识,中科大量子通信技术的战略意义。

第6章例题代码

# 6.1 文件的使用

## 6.1.1 文件概述

文件是一个存储在计算机辅助存储器上的用文件名标识的数据序列或集合,可以包含任何数据内容,通过操作系统进行管理。与内存变量不同的是,文件中的信息理论上可以永久保存。用文件形式组织和表达数据更有效,也更为灵活。

**1. 文件的分类**

(1)从用户使用的角度看,文件可分为普通文件与设备文件两种类型。

普通文件指驻留在磁盘或其他外部介质上的一个有序数据集,可以是数据文件、源程序文件与可执行程序。

设备文件指与主机相连的各种外部设备,如显示器、打印机、键盘等。在操作系统中,将外部设备视为文件来进行管理。通常键盘被定义为标准的输入文件,显示器被定义为标准输出文件。

(2)从数据的存储形式与编码方式看,文件可分为文本文件和二进制文件两种类型。

①文本文件。文本文件又称 ASCII 文件,存放各种数据的 ASCII 代码,只包含基本字符,不包括诸如字体、字号、颜色等信息,可以用记事本等编辑工具打开,任何时候都是可读的。特点是直观但浪费存储空间。常用的文本文件的编码有:ANSI 与 UTF-8。由于文本文件存在编码,因此,它也可以被视为存储在辅助存储器上的长字符串。如各种语言的源程序文件、记事本文件等,Python 程序就采用 UTF-8 编码,内容易统一展示和阅读。如图 6-1 所示。

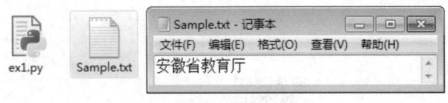

图 6-1 文本文件

**注意**:ASCII 是美国标准信息交换码,仅对 10 个数字符号、26 个大小写英文字母及一些其他字符进行了编码。ASCII 码采用 1 个字节来对字符进行编码,最多只能表示 256 个符号。ANSI 编码是对 ASCII 码的一种拓展。GB2312 是我国制定的中文编码,使用 1 个字节表示英文,2 个字节表示中文;GBK 是 GB2312 的扩充,而 CP936 是微软在 GBK 基础上开发的编码方式。GB2312、GBK 和 CP936 都是使用 2 个字节表示中文。

Unicode 是一种包含全世界所有国家需要用到的字符集,它为每一个字符分配一个唯一的 ID(码位)。UTF-8 是对 Unicode 字符集的一种编码规则,以 1 个字节表示英语字符(兼容 ASCII),以 3 个字节表示中文,还有些语言的符号使用 2 个字节(例如俄语和希腊语符号)或4个字节。

②二进制文件。二进制文件存放的各种数据的二进制代码,直接由比特0和比特1组成,存储形式与内存形式一致,没有统一字符编码,文件内部数据的组织格式与文件用途有关。特点是读取速度快,存储空间少,但不够直观。二进制文件是信息按照非字符但特定格式形成的文件,虽然可以用记事本打开,但看到的是一堆乱码,需要专用的处理程序打开才能识别。如 Word 文档、PDF 文件、图片文件、视频文件和可执行程序等。如图6-2所示。

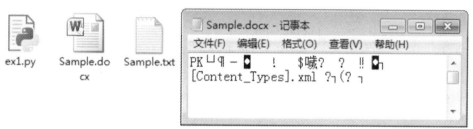

图6-2 二进制文件

二进制文件和文本文件最主要的区别在于是否有统一的字符编码。无论文本文件还是二进制文件,都可以以文本文件和二进制文件方式打开,只是打开后的操作不同。

【例6-1】 文本文件与二进制文件的区别。

首先,用记事本在 C 盘根目录建立一个内容为"计算机水平考试"的文本文件"6_1. txt",然后分别以文本文件和二进制文件方式读入并输出。

```
#ex6_1. py
txtFile = open("c:\\6_1. txt","rt")    #t 表示以文本文件方式打开文件
print(txtFile. read( ))    #读取文件内容
print(txtFile)    #输出文件对象信息(含文件名、读写模式与编码格式)
txtFile. close( )    #关闭文件
binFile = open("c:\\6_1. txt","rb")    #b 表示以二进制文件方式打开文件
print(binFile. read( ))    #读取文件内容
print(binFile)    #输出文件对象信息
binFile. close( )    #关闭文件
```

程序运行结果为:

```
计算机水平考试
< _io.TextIOWrapper name = 'c:\\6_1. txt' mode = 'rt' encoding = 'cp936' >
b'\xbc\xc6\xcb\xe3\xbb\xfa\xcb\xae\xc6\xbd\xbf\xbc\xca\xd4'
< _io. BufferedReader name = 'c:\\6_1. txt' >
```

不难看出,采用文本方式读入文件,文件经过编码形成字符串,输出有含义的字符;输出的文件对象显示文件名、读/写模式和编码格式;而采用二进制方式打开文件,文件被解析为字节流。由于文本文件存在编码,因此,字符串中的一个字符由两个字节表示。

例如,"计"由"\xbc"和"\xc6"两个十六进制数构成,分别代表字节 10111100 与 11000110。

## 6.1.2　文件访问流程

无论是文本文件还是二进制文件,操作流程基本是一致的,首先打开文件并创建文件对象,然后通过该文件对象对文件内容进行读取、写入、删除、修改等操作,最后关闭并保存文件内容。如图 6-3 所示。

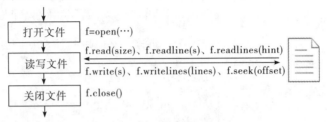

**图 6-3　文件访问流程**

### 1. 打开文件 open( )

Python 通过解释器内置的 open( )函数打开一个文件,并实现该文件与一个程序变量的关联,open( )函数格式如下:

> < fileobj >= open( < filename >[ , < mode > ][ ,encoding = < 编码值 >][ ,newline = None ])

其中,fileobj 是 open( )函数返回的文件对象;参数 filename 指定要打开或创建的文件名称。如果该文件不在当前目录中,可以使用相对路径或绝对路径。为了减少路径中分隔符的输入,可以使用原始字符串(由于"\"是字符串的转移字符,因此路径表示时可使用"\\""//"或"/"代替"\")。参数 mode 指定打开文件后的处理方式,如表 6-1 所示,省略时默认为′rt′,即"文本只读模式"。encoding 指定打开文件的编码格式(默认格式与平台有关),如 encoding = ′gbk′、encoding = ′cp936′(与′gbk′基本一致)、encoding = ′utf-8′等。在读取文件的时候,如果编码不对,就会报错。newline = None,当写文件时换行符′\n′被翻译为′\r\n′,读取文件时换行符′\r′和′\r\n′被翻译为′\n′。

**表 6-1　文件打开模式**

| 模式 | 说　　明 |
|---|---|
| ′r′ | 读模式(默认模式,可省略),如果文件不存在,则抛出异常 |
| ′w′ | 写模式,如果文件已存在,则先清空原有内容 |
| ′x′ | 写模式,创建新文件,如果文件已存在,则抛出异常 |
| ′a′ | 追加模式,把所有要写入文件的数据都追加到文件的末尾;如果文件不存在,则自动被创建 |
| ′b′ | 二进制模式(可与其他模式组合使用),使用二进制模式打开文件时不允许指定 encoding 参数 |
| ′t′ | 文本模式(默认模式,可省略) |
| ′+′ | 读/写模式(可与其他模式组合使用) |

文件的打开方式有:"只读""只写""读写""追加""二进制只读"和"二进制读写"

等。以不同方式打开文件时,文件指针的初始位置略有不同。以"只读"和"只写"模式打开时,文件指针的初始位置是文件头。以"追加"模式打开文件指针的初始位置为文件尾。以"只读"方式打开的文件无法进行任何写操作,反之亦然。常见的组合形式如表 6-2 所示。

表 6-2 常见的组合形式

| 打开模式 | 只读 | 只写 | | 读写兼备 | | |
| --- | --- | --- | --- | --- | --- | --- |
| 文本模式 | r ( rt ) 默认 | w ( wt ) | a ( at ) | r + ( rt + ) | w + ( wt + ) | a + ( at + ) |
| 二进制模式 | rb | wb | ab | rb + ( r + b ) | wb + ( w + b ) | ab + ( a + b ) |

如果执行正确,则 open( ) 函数返回一个文件对象,通过该对象可以对文件进行读写操作。如果存在指定文件不存在、访问权限不够、磁盘空间不够或其他原因导致创建文件对象失败,则抛出异常。一般使用 try…except…finally 语句,在 try 语句块中执行文件相关操作,使用 except 捕获可能发生的异常,在 finally 语句块中确保关闭打开的文件。如:

```
try:
    f = open( < filename > [ , < mode > ] )        #打开文件
    #操作打开的文件
except:                                          #捕获异常
    #发生异常时执行的操作
finally:
    f. close( )                                   #关闭打开的文件
```

为了简化操作,Python 语言提供了上下文管理语句 with 自动管理资源,不论什么原因(哪怕是代码引发了异常)跳出 with 块,总能保证文件被正确关闭,并且可以在代码块执行完毕后自动还原进入该代码块时的上下文,常用于文件操作、数据库连接、网络连接、多线程与多进程同步时的锁对象管理等场合。其格式如下:

```
with open( < filename > [ , < mode > ] ) as fp:
    #这里写通过文件对象 fp 读写文件内容的语句
```

该 with 语句还支持下面的用法。

```
with open( 'test. txt', 'r' ) as src, open( 'test_new. txt', 'w' ) as dst:
    dst. write( src. read( ) )
```

## 2. 关闭文件 close( )

文件操作完成以后,一定要关闭文件对象,才能保证所做的任何修改都被保存到文件中,如例 6-1 中的 txtFile. close( )。

## 3. 读/写文件

Python 为读写文件提供了非常便捷的接口,如表 6-3 所示。

表 6-3　文件内容读取方法及其含义

| 方　　法 | 含　　义 |
|---|---|
| < file >. seek( offset ) | 改变当前文件操作指针的位置, offset 的值:0—文件头(默认)、1—当前位置、2—文件尾 |
| < file >. tell( ) | 返回文件指针的当前位置 |
| < file >. read([ size ]) | 从文件中读入整个文件的内容;如果给出参数,则读入前 size 长度的字符串或字节流 |
| < file >. readline([ size ]) | 从文件中读入一行内容;如果给出参数,则读入该行前 size 长度的字符串或字节流 |
| < file >. readlines([ hint ]) | 从文件中读入所有行;以每行为元素形成一个列表;如果给出参数,则读入 hint 行 |
| < file >. write( < s > ) | 向文件写入一个字符串或字节流 |
| < file >. writelines( < lines > ) | 将一个元素为字符串的列表写入文件 |

**说明:**

①根据打开的方式不同,文件读写也会有所不同。如果以文本文件方式打开,则读入字符串;如果以二进制方式打开,则读入字节流。

②文件读写操作相关的函数都会自动改变文件指针的位置。例如,以读模式打开一个文本文件,读取 10 个字符,会自动把文件指针移动到第 11 个字符的位置,再次读取字符的时候总是从文件指针的当前位置开始,写入文件的操作函数也具有相同的特点。

假设用记事本在 C 盘根目录建立一个编码为 ANSI 的文本文件"6_2. txt",内容如下:

好好学习;

天天向上。

【例 6-2】　用 read( )方法读取文本文件"6_2. txt"。

```
#ex6_2. py
fh = open( 'c:/6_2. txt')
s = fh. read( )                    #s 为字符串
print( s)
fh. close( )
```

运行结果如下:

```
好好学习;
天天向上。
```

【例 6-3】　用 readline( )方法读取文本文件"6_2. txt"。

```
#ex6_3. py
fh = open( 'c:/6_2. txt')
while True:
```

```
    s = fh.readline()              #s 为字符串
    if s == '':break
    print(s.replace('\n',''))
fh.close()
```

运行结果如下：

```
好好学习；
天天向上。
```

【例6-4】 用 readlines() 方法读取文本文件"6_2.txt"。

```
#ex6_4.py
fh = open('c:/6_2.txt')
s = fh.readlines()                 #s 为字符串列表
print(s)                           #输出列表
for k in s:
    print(k.replace('\n',''))      #遍历列表输出
fh.close()
```

运行结果如下：

```
['好好学习；\n', '天天向上。\n']
好好学习；
天天向上。
```

【例6-5】 用遍历文件方式读取文本文件"6_2.txt"。

```
#ex6_5.py
fh = open('c:/6_2.txt')
for line in fh:                    #遍历文件方式
    print(line.replace('\n',''))
fh.close()
```

运行结果如下：

```
好好学习；
天天向上。
```

【例6-6】 将文本文件"6_2.txt"中第3、4两个字符"学习"改为"努力"。

```
with open('c:/6_2.txt', 'r+') as fp:
    fp.seek(4)                     #从0开始,一个汉字2个字节
    fp.write('努力')
```

**注意**：readline() 与 readlines() 函数读取内容后,已在每一行包含换行符,如果直接

使用 print()输出,则默认会增加一个换行符,这样就会使每行多一个空行。为了使输出更紧凑,最好用 replace('\n','')把字符串中的"\n"去掉或在 print()函数中增加"end = ''"。

上述打开方式均为文本方式,如果以二进制方式打开,读取并输出其中的内容,就需要先将读取出来的数据进行解码,然后使用;否则,对应的数据就是二进制格式,如例 6-1 所示。

【**例6-7**】 用二进制方式打开读取文本文件。

```
#ex6_7.py
fh = open('c:/6_2.txt','rb')
data = fh.read()
print(data.decode('gbk'))    #等价 encoding = 'gbk'
fh.close()
```

运行结果如下:

```
好好学习;
天天向上。
```

当然,上面程序也可以用 readline()或 readlines()方法读取,当用 readlines()方法读取时,需对列表每个元素用 decode()方法以 encoding 指定的编码格式解码字符串,而不是整个列表。语法格式:

```
str.decode([encoding = ]'编码')
```

【**例6-8**】 写文本文件。

```
fn = input('请输入文件名:')
fh = open(fn,'wt')
while True:
    s = input('请输入文件内容(空结束):')
    if s == '':break
    fh.write(s + '\n')
fh.close()
```

程序运行结果为:

```
请输入文件名:c:\ex6_3.txt
请输入文件内容(空结束):书山有路勤为径,
请输入文件内容(空结束):学海无涯苦作舟。
请输入文件内容(空结束):
```

将会在 C 盘根目录下生成一个文件 ex6_3.txt,内容如图 6-4 所示。

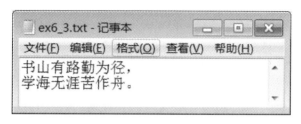

图6-4　c：\ex6_3.txt 文件内容

**注意：**

（1）用 write 方法写入的内容被添加在文件末尾，直至文件被关闭。

（2）write 方法不能自动在字符串末尾添加换行符，需要手动添加"\n"。

（3）如果使用二进制方式打开或建立文件，则在写入数据前，需要用 encode（）方法对数据进行编码操作（语法格式：str. encode（［encoding = ］'编码'）），否则执行时会出错。

# 6.2　数据组织及其处理

数据是程序加工、处理的对象，除了数值、字符等单一数据类型外，更多的数据需要根据数据之间的关系和逻辑按不同维度进行组织，以便有效地进行管理和程序处理。根据数据之间的关系不同，数据组织可以分为一维数据、二维数据和高维数据。

## 6.2.1　一维数据及其处理

一维数据由对等关系的有序或无序数据组成，采用线性方式组织，对应列表、集合等。

### 1. 一维数据表示

如果数据有序，则可以使用列表［］；如果数据无序，则可以使用集合｛｝。例如：
［'中国'，'美国'，'俄罗斯'，'英国'，'法国'］使用的是列表。

### 2. 一维数据存储

一维数据是最简单的数据组织类型，有多种存储格式，常用特殊字符分隔，分隔方式如下。

（1）空格分隔。使用一个或多个空格进行分隔，不换行；缺点是数据内部不能存在空格。例如：

中国 美国 俄罗斯 英国 法国

（2）逗号分隔。例如：

中国,美国,俄罗斯,英国,法国

（3）其他特殊符号分隔。例如：

中国＄美国＄俄罗斯＄英国＄法国

### 3. 一维数据的处理

（1）从空格分隔的文件中读入数据：中国 美国 俄罗斯 英国 法国。

```
fp = open('c:/un5.txt').read()
ls = fp.split()
fp.close()
print(ls)
```

(2)采用逗号分隔方式将数据写入文件。

```
ls = ['中国','美国','俄罗斯','英国','法国']
f = open('c:/un5p.txt', 'w')
f.write(','.join(ls))
f.close()
```

## 6.2.2 二维数据及其处理

二维数据也称表格数据,由多条一维数据构成,可以看成一维数据的组合形式,采用表格方式组织,对应数学中的矩阵,常见的表格都属于二维数据。例如 4 个学生的成绩信息,如表 6-4 所示。

表 6-4 学生成绩登记表

| 姓名 | 高数 | 英语 | 马哲 |
|---|---|---|---|
| 张丰毅 | 95 | 88 | 90 |
| 王立强 | 87 | 75 | 82 |
| 陈薇 | 92 | 95 | 91 |
| 王大力 | 79 | 75 | 89 |

除第一行(首行)为说明部分外,其他行都是具有相同特征的指标值。一般首行也算作二维数据的一部分。

### 1.二维数据表示

二维数据可以采用两层列表来表示,即列表的每一个元素对应二维数据的一行,这个元素本身又是列表类型。表 6-4 对应的二维列表方式如下:

```
ls = [
    ['姓名', '高数', '英语', '马哲'],
    ['张丰毅', '95', '88', '90'],
    ['王立强', '87', '75', '82'],
    ['陈薇', '92', '95', '91'],
    ['王大力', '79', '75', '89']
    ]
```

亦即:

```
ls = [['姓名', '高数', '英语', '马哲'], ['张丰毅', '95', '88', '90'], ['王立强', '87', '75', '82'],
['陈薇', '92', '95', '91'], ['王大力', '79', '75', '89']]
```

### 2. 二维数据存储

二维数据由一维数据组成,通常用 CSV(Comma-Separated Value)数据格式存储。这种格式来源于使用逗号分隔的一维数据表示方式,是一种通用的、相对简单的文件格式,在商业和科学领域被广泛应用,尤其被应用于程序之间转移表格数据。该格式的应用有如下一些基本规则。

(1)纯文本格式,通过单一编码表示字符。

(2)以行为单位,开头不留空行,行之间没有空行。

(3)每行表示一个一维数据,多行表示二维数据。

(4)以逗号(英文,半角)分隔每列数据,即使列数据为空也要保留逗号。

(5)对于表格数据,可以包含或不包含列名。在包含时,列名放置在文件第一行。

该格式一般使用. CSV 作扩展名,可以通过 Windows 的记事本或 MS Excel 软件打开,也可以通过 MS Excel 等将数据另存为或导出为 CSV 格式,用于不同工具间的数据交换。索引习惯为:ls[row][col],即先行后列。

例如表 6-4 中的二维数据采用 CSV 文件 XSCJ. CSV 存储后的内容如图 6-5 所示。

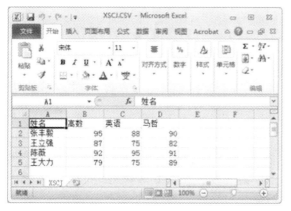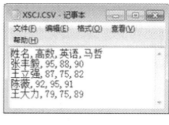

图 6-5　XSCJ. CSV 存储后的内容

### 3. 二维数据的处理

需要注意,从 CSV 文件中获得数据至列表时,每行的最后一个元素是一个换行符(\n),它对于数据的表达是多余的,可以采用字符串的 strip( )或 replace( )方法去掉,再使用 split( )方法以逗号分隔转化为列表,反之将列表数据写入 CSV 文件中时要加上换行符(\n)。

(1)从 CSV 格式的文件中读入数据。

```
fr = open('c:/xscj. csv','r')
ls = [ ]
for line in fr:
    ls. append(line. replace('\n','').split(','))       #等价于 ls. append(line. strip('\n'). split(','))
fr. close( )
print(ls)
```

程序运行结果为:

[[′姓名′, ′高数′, ′英语′, ′马哲′], [′张丰毅′, ′95′, ′88′, ′90′], [′王立强′, ′87′, ′75′, ′82′], [′陈薇′, ′92′, ′95′, ′91′], [′王大力′, ′79′, ′75′, ′89′]]

(2)将二维列表写入 CSV 格式的文件。二维数据处理等同于二维列表的操作,一般借助循环遍历实现,基本代码格式如下:

```
for row in ls:
    for col in row:
        <对第 row 行第 col 列元素进行处理>
```

【例6-9】 读入 XSCJ. CSV 文件,计算每个同学的总分并输出到 CSV 格式文件 ZCJ. CSV 中。

```
fr = open('c:/xscj. csv','r')
fo = open('c:/zcj. csv','w')
ls = []
for line in fr:
    ls. append(line. strip('\n'). split(','))    #将 CSV 文件数据读入列表
ls[0]. append('总分')                            #在首行增加"总分"成员
for i in range(1,len(ls)):                        #从第二行开始
    zf = 0
    for j in range(1,len(ls[i])):                 #从第二列开始
        zf += int(ls[i][j])                       #计算总分
    ls[i]. append(str(zf))                        #增加总分作为列表成员
for row in ls:
    print(row)                                    #输出列表
    fo. write(','. join(row) + '\n')              #将列表写入 CSV 文件
fr. close()
fo. close()
```

程序运行结果:

[′姓名′, ′高数′, ′英语′, ′马哲′, ′总分′]
[′张丰毅′, ′95′, ′88′, ′90′, ′273′]
[′王立强′, ′87′, ′75′, ′82′, ′244′]
[′陈薇′, ′92′, ′95′, ′91′, ′278′]
[′王大力′, ′79′, ′75′, ′89′, ′243′]

同时在 C 盘根目录生成 ZCJ. CSV 文件,打开后如图 6-6 所示。

图 6-6　ZCJ. CSV 文件内容

（3）csv 标准库。

由于 CSV 格式简单,对于一般程序来说,建议自己编写操作 CSV 格式文件的函数,这样更具针对性和灵活性。不过 Python 也提供了一个读写 CSV 格式文件的标准库（通过 import csv 导入）,csv 库包含了 CSV 格式文件操作的基本功能:csv. reader( ) 和 csv. writer( ),对于需要运行在复杂环境的程序,建议采用 csv 标准库。

【例 6-10】　csv 标准库应用示例。

```
import csv
with open('c:/xs1.csv','w',newline = '') as f:
    f_csv = csv.writer(f)               #创建 csv. writer 对象
    f_csv.writerow(['姓名','成绩'])      #用 csv. writer 对象的 writerow 方法写入一行数据
    f_csv.writerows([["张三",95],["李四",88],["王五",90]])   #用 writerows 方法写入多行数据
with open('c:/xs1.csv','r') as f:
    f_csv = csv.reader(f)               #创建 csv. reader 对象,该对象的 line_num 属性返回行数
    for row in f_csv:
        print(row)
```

## 6.2.3　高维数据及其处理

多维数据由一维或二维数据在新维度上拓展形成,如列表或者集合的多层嵌套,有几层括号就可以看成几维数据。

从字面看高维数据和多维数据意思相近,其实不然,高维数据仅利用最基本的二元关系展示数据间的复杂结构,用键值对表示。万维网（WWW）是高维数据最成功的典型应用。目前,高维数据主要采用 XML 或 JSON 数据格式。

### 1. XML 格式

XML( Extensible Markup Language,可扩展标记语言）是 W3C 推荐的一种开放标准,它通过 HTML( Hyper Text Markup Language,超文本标记语言）方式为 Internet 上传送及携带的数据信息提供标准格式,是对超文本标记语言的补充。HTML 旨在显示信息,而 XML 旨在传输信息。简单地说,XML 格式需要成对的标签表示键值对。例如:

```
<学生成绩>
    <姓名>张丰毅</姓名> <高数>95</高数> <英语>88</英语> <马哲>90</马哲>
    <姓名>王立强</姓名> <高数>87</高数> <英语>75</英语> <马哲>82</马哲>
    <姓名>陈薇</姓名>  <高数>92</高数> <英语>95</英语> <马哲>91</马哲>
    <姓名>王大力</姓名> <高数>79</高数> <英语>75</英语> <马哲>89</马哲>
</学生成绩>
```

XML 和 JSON 都可以表达高维数据,但 XML 对 key 值要存储两次,即 < key ></key > ,而 JSON 只需要存储一次,且在数据交换时产生更少的网络带宽和存储需求,因此 JSON 比 XML 更常用。

### 2. JSON 格式

JSON(JavaScript Object Notation)是一种轻量级的数据交换格式,易于阅读和理解,可以对高维数据进行表达和存储。用 JSON 格式表达键值对有如下一些约定。

(1)数据保存在键值对中,键值对中的字符串不能用单引号。

(2)键值对之间用逗号分隔。

(3)大括号用于保存键值对数据组成的对象(字典)。

(4)方括号用于保存键值对数据组成的数组(列表)。

以表 6-4 学生成绩登记表 JSON 数据为例。

```
"学生成绩":[
    {"姓名":"张丰毅","高数":95,"英语":88,"马哲":90},
    {"姓名":"王立强","高数":87,"英语":75,"马哲":82},
    {"姓名":"陈薇","高数":92,"英语":95,"马哲":91},
    {"姓名":"王大力","高数":79,"英语":75,"马哲":89}
        ]
```

首先它是一个键值对,由"学生成绩"和内容组成。由于内容存在 4 个学生,形成一个列表,因此使用方括号分隔,学生之间是对等关系采用逗号分隔;而每个学生是一个对象,包括姓名、高数、英语和马哲,每一项都是一个键值对,对应学生的一个属性,因此采用大括号组织。

格式化高维数据可以采用 Python 语言的 json 标准库。下面介绍 json 标准库常用方法。

(1)dumps()方法。

**格式**:dumps(obj,sort_keys = False,indent = None,ensure_ascii = True)

**功能**:将 Python 的数据类型转换成 JSON 格式编码。其中,obj 为 Python 的数据类型;sort_keys 对字典元素按照 key 进行排序;indent 指定数据缩进数目;当 ensure_ascii 为 True 时,所有非 ASCII 码字符显示为 \uXXXX 序列;当 ensure_ascii 为 False 时存入 json 的中文才可正常显示。例如:

```
import json
data ={'学生成绩':[
        {'姓名':'张丰毅','高数':95,'英语':88,'马哲':90},
        {'姓名':'王立强','高数':87,'英语':75,'马哲':82},
        {'姓名':'陈薇','高数':92,'英语':95,'马哲':91},
        {'姓名':'王大力','高数':79,'英语':75,'马哲':89}
    ]}                        #data 为字典类型
json_str = json.dumps(data,sort_keys = False,indent = 4,ensure_ascii = False)
print(json_str)
```

程序运行结果为:

```
{
    "学生成绩":[
        {
            "姓名": "张丰毅",
            "高数": 95,
            "英语": 88,
            "马哲": 90
        },
        {
            "姓名": "王立强",
            "高数": 87,
            "英语": 75,
            "马哲": 82
        },
        {
            "姓名": "陈薇",
            "高数": 92,
            "英语": 95,
            "马哲": 91
        },
        {
            "姓名": "王大力",
            "高数": 79,
            "英语": 75,
            "马哲": 89
        }
    ]
}
```

(2) dump( )方法。

**格式**:dump(obj,fp,sort_keys = False,indent = None,ensure_ascii = True)

**功能**:将 Python 的数据类型 obj 转换成 JSON 格式编码并写入 fp 文件中,其中 fp 为

文件对象,其他参数同 dumps( )方法。例如:

```
import json
data = {'学生成绩':[
        {'姓名':'张丰毅','高数':95,'英语':88,'马哲':90},
        {'姓名':'王立强','高数':87,'英语':75,'马哲':82},
        {'姓名':'陈薇','高数':92,'英语':95,'马哲':91},
        {'姓名':'王大力','高数':79,'英语':75,'马哲':89}
]}                          #data 为字典类型
with open('c:/test.json','w') as f:
    json.dump(data,f,sort_keys = False,indent = 4,ensure_ascii = False)
```

(3)loads( )方法。

**格式:** loads(str)

**功能:** 将一个 JSON 编码的字符串 str 转换成一个 Python 的字典类型。例如:

```
import json
json_str = '{"学生成绩": [{"姓名": "张丰毅", "高数": 95, "英语": 88, "马哲": 90}, {"姓名": "王立
强", "高数": 87, "英语":75, "马哲": 82}, {"姓名": "陈薇", "高数": 92, "英语": 95, "马哲": 91}, {"姓
名": "王大力", "高数": 79, "英语": 75, "马哲": 89}]}'        #JSON 格式字符串
data = json.loads(json_str)                              #data 为字典类型
print(data)                                              #注意输出后字符串定界符
```

程序运行结果为:

```
{'学生成绩': [{'姓名': '张丰毅', '高数': 95, '英语': 88, '马哲': 90}, {'姓名': '王立强', '高数':
87, '英语': 75, '马哲': 82}, {'姓名': '陈薇', '高数': 92, '英语': 95, '马哲': 91}, {'姓名': '王大力', '
高数': 79, '英语': 75, '马哲': 89}]}
```

(4)load( )方法。

**格式:** load(fp)

**功能:** 从 fp 文件中将一个 JSON 编码的字符串 str 转换成一个 Python 的字典类型。例如:

```
import json
with open('c:/test.json','r') as f:
    data = json.load(f)                #data 为字典类型
print(data)
```

# 6.3  文件管理

操作系统提供了很多用于目录和文件管理的命令。目录又称文件夹,是文件和子目录的集合。而文件有两个关键属性:路径和文件名,其中路径指明了文件在外存储器

上的位置;文件名包括文件主名和扩展名,二者之间用圆点(.)分隔,扩展名用于指明文件的类型。

Python 也提供了许多便利的方法来进行文件管理,如 os 模块和 shutil 模块就是 Python 自带的常用文件系统处理模块。

## 6.3.1 os 模块

os(操作系统的简称)模块是 Python 标准库提供的一个与操作系统相关的功能模块,如复制、创建、修改、删除文件及文件夹等。如表 6-5、表 6-6 所示。

表6-5 os 中常用的目录操作函数

| 方 法 | 功 能 |
| --- | --- |
| mkdir(path) | 建立文件夹(必须不存在) |
| rmdir(path) | 删除文件夹(必须为空) |
| chdir(path) | 把 path 设为当前工作目录 |
| walk(path) | 返回一个包括路径、目录、文件的元组 |
| getcwd() | 返回当前工作目录 |
| listdir(path) | 返回 path 目录下的文件和目录列表 |
| chmod(path. mode) | 用于更改文件或目录的权限(mode 取 0o777 全部权限) |

例如:

```
>>>import os
>>>os. listdir('c:\\example')
['ex1. py', 'Sample. docx', 'Sample. txt', 'Sample1. txt']
>>> os. getcwd()        #返回当前工作目录
'c:\\'
>>>os. mkdir(os. getcwd() + '\\test')        #创建目录不能存在
#>>>os. chdir(os. getcwd() + '\\test')       #改变当前工作目录
>>>os. rmdir('c:\\test')                      #删除的目录不能为当前目录
>>>os. walk('c:\\example')                    #返回包括路径、目录、文件的元组对象
<generator object walk at 0x02D79450>
>>>for root,dirs,files in os. walk('c:\\example'):print(root,dirs,files)
c:\example [] ['ex1. py', 'Sample. docx', 'Sample. txt', 'Sample1. txt']
```

表6-6 os 中常用的文件操作函数

| 函 数 | 功能说明 |
| --- | --- |
| remove(path) | 删除指定的文件,要求用户拥有删除文件的权限,并且文件没有只读或其他特殊属性 |
| rename(src,dst) | 重命名文件或目录,可以实现文件的移动(不能跨越磁盘),若目标文件已存在,则抛出异常 |

| 函　　数 | 功能说明 |
|---|---|
| replace(old,new) | 重命名文件或目录(不能跨越磁盘),若目标文件已存在,则直接覆盖 |
| startfile(filepath[,peration]) | 使用关联的应用程序打开指定文件或启动指定应用程序 |
| system(command) | 启动外部程序 |
| extsep | 当前操作系统所使用的文件扩展名分隔符 |
| sep | 路径分割符(Windows 为'\\',Linux 为 '/') |
| get_exec_path() | 返回可执行文件的搜索路径 |

例如:

```
>>>import os
>>>os.rename('C:\\data.txt', 'C:\\test.txt')     #源文件必须存在
>>>os.remove('C:\\data1.txt')      #删除的文件必须存在且有删除权限
Traceback (most recent call last):
  File "<pyshell#9>", line 1, in <module>
    os.remove('C:\\data1.txt')
PermissionError: [WinError 5]拒绝访问。'C:\\data1.txt'
>>>os.chmod('C:\\data1.txt',0o777)
>>>os.remove('C:\\data1.txt')
>>>os.startfile('notepad.exe')      #启动记事本程序
>>>os.startfile('C:\\example\Sample.docx')
>>>os.system("pip install jieba")     #调用 pip 命令安装第三方库 jieba
>>>os.sep
'\\'
```

【例 6-11】　遍历整个文件目录。

**分析:**根据文件目录获取该目录下的所有文件,然后对这些文件进行判断。如果是文件夹,则调用函数本身;如果是普通文件,则打印出文件名。

```
#ex6_11.py
import os
def getPath(path):
        for root, dirs, files in os.walk(path):
            for file in files:
                print("文件:" + file)
            for dir in dirs:
                print("文件夹:" + dir)
                getPath(dir)

getPath(r"c:\ex")
```

另外,os 模块里面的 os. path 模块中提供的相关函数主要用于文件属性的获取,编程中也经常用到,如表 6-7 所示。

表 6-7　os. path 中常用的函数

| 函　　数 | 功　　能 |
| --- | --- |
| isdir( name) | 判断 name 是不是目录,若是则返回 True |
| isfile( name) | 判断 name 这个文件是否存在,若是则返回 True |
| exists( name) | 判断给出的文件或文件夹是否存在,若存在则返回 True |
| getsize( name) | 获取文件大小,如果 name 是目录,则返回 0L |
| abspath( name) | 获得绝对路径 |
| isabs( ) | 判断是否为绝对路径,若是则返回 True |
| split( name) | 分隔文件名与目录,返回两个字符串,分别为目录名与文件名 |
| splitext( ) | 分离文件名和扩展名,返回两个字符串,分别为目录名与扩展名 |
| join( path, * name) | 连接两个或多个目录与文件名 |
| basename( path) | 返回文件名 |
| dirname( path) | 返回文件路径 |

例如:

```
>>>import os
>>>path = 'D:\\mypython_exp\\new_test. txt'
>>>os. path. dirname( path)          #返回路径的文件夹名
'D:\\mypython_exp'
>>>os. path. basename( path)         #返回路径的最后一个组成部分
'new_test. txt'
>>>os. path. split( path)            #切分文件路径和文件名
('D:\\mypython_exp', 'new_test. txt')
>>>os. path. isdir('c:\\ex6')
True
>>>os. path. isfile('c:\\6_1. txt')
True
>>>os. path. join('c:\\ex6','c:\\6_1. txt')
'c:\\6_1. txt'
```

用 os. path 模块中的方法改写例 6-10,遍历整个文件目录。

```
import os
def getPath( path):
    getDetailPath = os. listdir( path)
    for detailPath in getDetailPath:
        newPath = os. path. join( path, detailPath)
        if os. path. isdir( newPath):
```

```
                print("文件夹:% s"% (newPath))
                getPath(newPath)
            else:
                print("文件:% s"% (detailPath))
getPath(R"c:\ex")
```

## 6.3.2 shutil 模块

os 模块虽然提供了对目录或文件的新建、删除、查看文件属性和路径操作,但没有提供移动、复制、压缩与解压缩等高级操作。因此 shutil(shell utility 的缩写)模块可以看作对 os 模块中文件与文件夹操作的补充。下面主要介绍其中的几个特色函数。

### 1. 复制文件

复制文件有两种方法,分别是 copyfile()和 copy()。

(1) copyfile()。

**格式**:copyfile(src, dst)

**功能**:将 src 源文件内容复制至 dst 文件,若 dst 文件不存在,则会生成一个 dst 文件;若存在则会被覆盖。例如:

```
>>> import shutil
>>> shutil. copyfile('c:\\ex6_1. py', 'd:\\Ch6_1. py')
'd:\\Ch6_1. py'
```

(2) copy()。

**格式**:copy(src, dst)

**功能**:将源文件 src 复制至 dst。若 dst 是个目录,则会在该目录下创建与 src 同名的文件,若该目录下存在同名文件,则会报错,提示已经存在同名文件。例如:

```
>>> import shutil
>>> shutil. copy("c:/ex6_1. py","d:/")
'd:/ex6_1. py'
>>> shutil. copy("c:/ex6_1. py","d:/ex6_1. bak")
'd:/ex6_1. bak'
```

### 2. 复制文件夹

**格式**:copytree(src, dst)

**功能**:将 src 源文件夹里的所有内容拷贝至 dst 文件夹(该文件夹会自动创建,需保证此文件夹不存在,否则将报错)。例如:

```
>>> import shutil
>>> shutil. copytree('c:/ex6','d:/bak')
'd:/bak'
```

## 3. 移动文件(夹)

**格式:** move( src, dst)

**功能:** 将源文件夹或文件 src 移动至 dst 文件夹下。若 dst 文件夹不存在,则效果等同于将 src 改名为 dst。若 dst 文件夹存在,则会把 src 文件夹的所有内容移动至该文件夹下。如果 src 为文件夹,dst 为文件,则会报错。例如:

```
>>> import shutil
#将 src 文件夹移动至 dst 文件夹下面,如果 dst 文件夹不存在,则变成了重命名操作
>>> shutil. move('c:/ex6', 'c:/huang')
'c:/huang'
>>> shutil. move( 'c:/huang','c:/li')
'c:/li\\huang'
#将 src 文件移动至 dst 文件夹下面,如果 dst 文件夹不存在,则变成了重命名操作
>>> shutil. move('c:\\6_1. txt', 'c:/li')
'c:/li\\6_1. txt'
#将 src 文件重命名为 dst 文件(若 dst 文件存在,则会覆盖)
>>> shutil. move('c:/test. py', 'c:/ex6_a. py')
'c:/ex6_a. py'
```

## 4. 删除文件夹

**格式:** rmtree( path)

**功能:** 将文件夹(包含所有文件和子文件夹)永久删除必须谨慎。

```
>>> import shutil
>>> shutil. rmtree('c:/li')
```

**注意:** os. remove( )只能删除指定的文件,os. rmdir( )只能删除空文件夹。

## 5. 可执行文件的路径

**格式:** which( cmd)

**功能:** 获取给定的 cmd 命令的可执行文件的路径。例如:

```
>>> import shutil
>>> print( shutil. which("python. exe") )
. \python. exe
>>> print( shutil. which( 'notepad. exe') )
C:\Windows\system32\notepad. exe
```

### 6. 压缩与解压文件(夹)

(1)使用 make_archive( )生成压缩文件。

**格式**:make_archive(base_name, format, root_dir, …)

**功能**:生成压缩文件。其中 base_name 指定压缩文件的文件名(不允许有扩展名,因为会根据压缩格式生成相应的扩展名);format 指定压缩格式(如可以是 zip、tar、bztar、gztar 等,可以用 shutil. get_unpack_formats( )获取);root_dir 指定压缩文件夹(必须存在)。例如:

```
>>>import shutil
>>>shutil. make_archive("c:\\wyg", "zip", "c:\\ex_6")
'c:\\wyg. zip'
```

(2)使用 unpack_archive( )解压文件。

**格式**:unpack_archive(filename, extract_dir = None, format = None)

**功能**:此为解压操作。其中 filename 指定待解压的文件;extract_dir 指定解压至的文件夹(若不存在,则自动生成);format 指定解压格式(默认为 None,会根据扩展名自动选择解压格式)。例如:

```
>>>import shutil
>>>shutil. unpack_archive('c:\\wyg. zip', 'd:\\wang')
```

# 6.4  综 合 应 用

【例 6-12】  统计输入文本文件中最长行的长度和该行的内容。

```
fname = input('请输入文件名:')
with open(fname) as fp:
    result = [0, '']
    for line in fp:
        t = len(line)
        if t > result[0]:
            result = [t, line]
print(result)
```

程序运行结果为:

```
请输入文件名:c:/ex_6/xs1. csv
[6, '学号,姓名\n']
```

【例 6-13】  定义一个函数 fileCopy,将任意一个编码格式的文本文件中的内容复制到另一个使用 UTF-8 编码的文本文件中。

```
def fileCopy(src, dst, srcEncoding = 'ANSI', dstEncoding = 'utf-8'):
    with open(src, 'r', encoding = srcEncoding) as srcfp:
        with open(dst, 'w', encoding = dstEncoding) as dstfp:
            dstfp.write(srcfp.read())


fileCopy('c:/6_2.txt', 'c:/6_2B.txt')
```

【例6-14】 假设文件c:\data.txt中有若干个整数,所有整数之间用英文逗号分隔(如图6-7所示),编写程序读取所有整数,将其按升序排序后再写入文本文件data_sort.txt中。

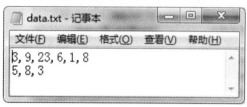

图6-7 data.txt中的若干个整数

```
with open('c:/data.txt', 'r') as fp:
    data = fp.readlines()                       #读取所有行
data = [line.strip() for line in data]          #删除每行两侧的空白字符
data = ','.join(data)                           #合并所有行
data = data.split(',')                          #分隔得到所有数字字符串
data = [int(item) for item in data]             #转换为数字
data.sort()                                     #升序排序
#data = ','.join(map(str,data))                 #将结果转换为字符串
data = str(data)[1:-1]      #将列表转变成字符串并去掉两边列表定界符
with open('c:/data_sort.txt', 'w') as fp:       #将结果写入文件
    fp.write(data)
```

【例6-15】 将指定文件夹中的所有文件改名为主名后加"-实验1",保持文件类型不变。

```
from os import listdir, rename
from os.path import splitext, join


def ReFilename(directory):
    for fn in listdir(directory):
        name, ext = splitext(fn)                #切分,得到文件名和扩展名
        if name.find('-实验1') == -1:           #判断是否存在
            newName = name + '-实验1'           #生成新文件名
            rename(join(directory, fn), join(directory, newName + ext))  #修改文件名
```

```
        print('修改完毕!')


ReFilename('C:\\test')
```

 **知识拓展**

### 1. 命令行参数

在运行程序时,可能需要根据不同的条件,输入不同的命令行选项来实现不同的功能。在 Python 中,通过 sys 模块中的 argv 方法可以访问到所有的命令行参数,它的返回值是包含所有命令行参数的列表(list)。

【例6-16】 命令行参数示例。

```
#test. py
import sys
def main( ):
    """

    通过 sys 模块来识别参数 demo
    """
    print('脚本名为:', sys. argv[0])
    print('参数个数为:', len(sys. argv), '个参数。')
    print('参数列表:', str(sys. argv))
    for i in range(1, len(sys. argv)):
        print('参数% s 为:% s' % (i, sys. argv[i]))
if __name__ == "__main__":
    main( )
```

程序运行结果如图6-8所示。

**图6-8 命令行参数示例**

sys. argv 是解析 Python 中命令行参数的最传统的方法,灵活性差,并且解析出来的参数都是 str 类型,但在编写简单脚本,参数较少且固定时比较方便。需要强调功能的程序,可以使用 Python 内置的参数解析模块 argparse。

## 2. 标准输入/输出与重定向

默认情况下,标准输入来自键盘,标准输出为显示器。然而控制台不适合大量数据输入且需要重复使用的情况。现代操作系统都提供了标准输入和输出的重定向功能,从而为标准输入或输出指定不同的源。

使用 sys 模块的 stdin 与 stdout 可以查看对应的标准输入与输出。

(1)重定向标准输出到一个文件。通过在执行程序的命令后面添加重定向指令,可以将标准输出重定向到一个指定文件,实现永久存储。

输出重定向的语法格式为:

```
程序 > 输出文件
```

假设有"c:\dx1. py"文件,内容如下:

```
#dx1. py
for i in range(1,6):
    print(i)
```

按图 6-9(a)运行后,将在 C 盘根目录生成文件 jg. txt,内容如图 6-9(b)所示。

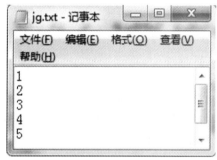

$$(a) \qquad\qquad\qquad (b)$$

**图 6-9　重定向标准输出到一个文件**

(2)重定向文件到标准输入。通过在执行程序的命令后面添加重定向指令,可以实现程序从文件中读取输入数据,以代替从控制台程序中读取输入数据。

输入重定向的语法格式为:

```
程序 < 输入文件
```

【例 6-17】　利用重定向文件到标准输入,实现求 c:\jg. txt 中数据的平均值。

```
#dx2. py
import sys
avg = 0
count = 0
for i in sys. stdin:
    count + = 1
```

$$avg = avg + float(\,i\,)$$

$$avg = avg/count$$

$$print(\text{″Average =″},avg)$$

运行结果如图 6-10 所示。

图 6-10 重定向文件到标准输入

## 习 题 6

一、单选题

1. 以下关于 Python 文件处理的描述中,错误的是_____。

A. 文件使用结束后用 close( )方法关闭,释放文件的使用权

B. 当文件以文本方式打开时,读写按照字节流方式

C. Python 能够以文本和二进制两种方式处理文件

D. Python 通过解释器内置的 open( )函数打开一个文件

2. 将一个文件与程序中的对象关联起来的过程,称为"_____"文件。

A. 读取　　　　　　　　B. 写入　　　　　　　　C. 打开　　　　　　　　D. 关闭

3. Python 路径分隔符中常见的 3 种方式不包含_____。

A. \\　　　　　　　　　B. \　　　　　　　　　C. /　　　　　　　　　D. //

4. 打开一个已有文件,然后在文件末尾添加信息,正确的打开方式为_____。

A. 'r'　　　　　　　　　B. 'w'　　　　　　　　　C. 'a'　　　　　　　　　D. 'w + '

5. 关于 Python 文件打开模式,表示错误的是_____。

A. rt　　　　　　　　　B. ab　　　　　　　　　C. wt　　　　　　　　　D. nb

6. 以下函数不能读取文件内容的是_____。

A. read　　　　　　　　B. seek　　　　　　　　C. readlines　　　　　　D. readline

7. 下列_____不是 Python 对文件的读操作方法。

A. read( )　　　　　　　　　　　　　　　B. readline( )

C. readall( )　　　　　　　　　　　　　　D. readlines( )

8. 如果需要重复读入文件内容,则可以使用_____方法重新定位。

    A. read( )　　　　　　　　　　　　 B. seek( )

    C. tell( )　　　　　　　　　　　　　 D. readlines( )

9. 以下关于文件操作的描述,错误的是_____。

    A. open( )打开一个文件,同时把文件内容载入内存

    B. write( $x$ )函数要求 $x$ 必须是字符串类型,不能是 int 类型

    C. 当文件以二进制方式打开的时候,是按字节流方式读写的

    D. open( )打开文件后,返回文件对象,用于后续的文件读写操作

10. 写入文本文件的数据类型必须是_____。

    A. 字符型　　　　　　　　　　　　 B. 数值型

    C. 浮点型　　　　　　　　　　　　 D. 逻辑型

11. 假设 file 是文本文件对象,则_____用于读取一行内容。

    A. file. read( )　　　　　　　　　　 B. file. read( 200 )

    C. file. readline( )　　　　　　　　 D. file. readlines( )

12. 关于文件,下列说法中错误的是_____。

    A. 对已经关闭的文件进行读写操作会导致 ValueError

    B. 对文件操作完成后即使不关闭程序也不会报错,所以可以不关闭文件

    C. 对于非空文本文件,read( )返回字符串,readlines( )返回列表

    D. file = open( filename,′rb′)表示以只读、二进制方式打开名为 filename 的文件

13. 在 Python 语言中,读入 CSV 文件保存的二维数据,按特定分隔符抽取信息,最可能用到的函数是_____。

    A. replace( )　　　 B. join( )　　　 C. format( )　　　 D. split( )

14. 以下关于 Python 二维数据的描述中,错误的是_____。

    A. 二维数据由多条一维数据构成,可以看作一维数据的组合形式

    B. 一种通用的二维数据存储形式是 CSV 格式

    C. CSV 格式每行表示一个一维数据,用英文半角逗号分隔

    D. 表格数据属于二维数据,由整数索引的数据构成

15. 关于 CSV 文件处理,下述说法中错误的是_____。

    A. 因为 CSV 文件以半角逗号分隔每列数据,所以即使列数据为空也要保留逗号

    B. 对于包含英文半角逗号的数据,以 CSV 文件保存时需进行转码处理

    C. 因为 CSV 文件可以由 Excel 打开,所以是二进制文件

    D. 通常 CSV 文件每行表示一个一维数据,多行表示二维数据

16. 以下关于数据维度的描述中,错误的是_____。

    A. JSON 格式可以表示比二维数据还复杂的高维数据

    B. CSV 文件既能保存一维数据,也能保存二维数据

    C. 列表的索引值是大于 0 小于列表长度的整数

    D. 二维数据可以看成多条一维数据的组合

17. 表格类型数据的组织维度最可能是_____数据。

    A. 二维　　　　　 B. 一维　　　　　 C. 多维　　　　　 D. 高维

18. 下列关于 os 模块的方法中,用于获取当前目录的是_____。

    A. listdir                                B. curdir

    C. walk                                    D. getcwd

19. 下列关于 os 模块的方法中,用于获取指定目录下的文件和目录名列表的是_____。

    A. listdir                                B. curdir

    C. startfile                            D. getcwd

20. 下列关于 shutil 模块的方法中,用来拷贝文件到另一个文件或目录的是_____。

    A. copyfile                             B. copy

    C. copytree                            D. move

## 二、判断题

1. 二进制文件也可以使用记事本或其他文本编辑器打开,但是一般来说无法正常查看其中的内容。

2. 以读模式打开文件时,文件指针指向文件开始处。

3. 使用内置函数 open() 且以"w"模式打开的文件,文件指针默认指向文件尾。

4. 使用内置函数 open() 打开文件时,只要文件路径正确就总是可以正确打开的。

5. 使用 print() 函数无法将信息写入文件。

6. 文件对象的 seek() 方法用来返回文件指针的当前位置。

7. Python 中的文件对象是可以迭代的。

8. 对文件进行读写操作之后必须显式关闭文件以确保所有内容都得到保存。

9. 假设 os 模块已导入,那么列表推导式 [filename for filename in os. listdir('C:\\Windows') if filename. endswith('. exe')] 的作用是列出 C:\Windows 文件夹中所有扩展名为. exe 的文件。

10. Python 标准库 os 中的方法 startfile() 可以启动任何已关联应用程序的文件,并自动调用关联的程序。

## 三、填空题

1. Python 内置函数_____用来打开或创建文件并返回文件对象。

2. 如果以写入的方式打开一个不存在的文件,则会_____。

3. 对文本文件执行 write() 方法时,write 的参数必须是_____类型。

4. 使用上下文管理关键字_____可以自动管理文件对象,不论何种原因结束该关键字中的语句块,都能保证文件被正确关闭。

5. Python 中读取整个文件的方法是_____。

6. 对一个多行文本文件执行 readlines() 方法后,得到的列表中的字符串的结尾_____(包含/不包含)换行符 '\n'。

7. 打开文件后,可以使用_____方法进行定位。

8. Python 标准库 os 中用来获取当前工作路径的方法是_____。

9. Python 标准库 os 中用来列出指定文件夹中的文件和子文件夹列表的方法是_____。

10. Python 标准库 os. path 中用来分割指定路径中文件扩展名的方法是_____。

## 四、操作题

1. 假设有一个英文文本文件,编写程序读取其中的内容,并将其中的大写字母变为小写字母,小写字母变为大写字母。

2. 当前目录下有一个文件名为 class_score.txt 的文本文件,存放着某班学生的学号(第 1 列)、数学成绩(第 2 列)和语文成绩(第 3 列)。class_score.txt 的内容如下(扫下方右侧二维码可下载):

| 学号 | 数学 | 语文 |
| --- | --- | --- |
| A184001 | 85 | 90 |
| A184002 | 96 | 98 |
| A184003 | 85 | 67 |
| A184012 | 45 | 75 |
| A184011 | 98 | 47 |
| A184014 | 61 | 40 |
| A184009 | 33 | 51 |

习题 6-4-2 素材

请编程完成下列要求:

(1)分别求这个班数学和语文的平均分(保留 1 位小数)并输出。

(2)找出两门课都不及格(<60)的学生,输出他们的学号和各科成绩。

(3)找出两门课的平均分在 90 分以上的学生,输出他们的学号和各科成绩。

3. 在 Excel 里录入如下学生信息,并另存为"学生信息表. CSV"(另存为时,保存类型选择 CSV),然后按以下步骤进行操作。

| A4 | | $f_x$ | |
| --- | --- | --- | --- |
| A | B | C | D |
| 学号 | 姓名 | 性别 | 院系 |
| V1701001 | 张子豪 | 男 | 文典 |

**图 6-11 学生信息表**

(1)从 CSV 文件中读取数据,去掉内容中的逗号,打印到屏幕。

```
>>>
===================================== RESTART: C:/getcsv.py ==
学号 姓名 性别 院系
V1701001 张子豪 男 文典
```

**图 6-12 打印到屏幕**

(2)将数据['V1701002','李梅','女','文典']追加到"学生信息表. CSV"文件。

| D3 | | $f_x$ | 文典 |
| --- | --- | --- | --- |
| A | B | C | D |
| 学号 | 姓名 | 性别 | 院系 |
| V1701001 | 张子豪 | 男 | 文典 |
| V1701002 | 李梅 | 女 | 文典 |

**图 6-13 追加数据**

(3)将"学生信息表.CSV"由 CSV 格式转换成 JSON 格式。

图 6-14　格式转换

4.编写程序,输入一个文件名,判断该文件是否存在,若存在,则用该文件主名后加_1 建立副本,并输出相关信息。

习题 6 参考答案

# 第 7 章　Python 计算生态

## 课 程 目 标

➢ 掌握 random 库、datetime 库、turtle 库三个标准库的使用。

➢ 掌握第三方库的获取与安装方法,PyInstaller 库、jieba 库等第三方库的使用。

➢ 了解网络爬虫、数据分析、文本处理、数据可视化、用户图形界面、机器学习、Web 开发、游戏开发等第三方库的名称。

## 课 程 思 政

➢ 在课堂教学设计中,通过身边环境污染的示例引入生态的概念,进而导入习近平主席提出的"绿水青山就是金山银山"重要理念,促进经济发展和环境保护双赢,从而指出计算生态是软件系统架构得以长久发展的基础。

第 7 章例题代码

# 7.1  Python 计 算 生 态 概 述

程序设计是将分析和解决问题的方法转化成计算机程序设计语言的过程。程序设计思想和方法包括数据和数据抽象,流程和流程控制、设计,组成程序的过程、方法和技术等。程序设计方法分为自顶向下和自底向上两种方法,下面分别介绍。

**1. 自顶向下的设计方法**

自顶向下的基本思想是把一个大模块分解成若干小模块,通过模块之间相互调用实现系统功能要求。自顶向下设计中最重要的是顶层设计。

**2. 自底向上的设计方法**

自底向上的基本思想是从结构图的最底层开始,然后逐步上升,从底层一个一个函数测试,测试完成后再测试上一层,直到顶层。

2006 年 3 月,美国卡内基梅隆大学计算机科学系主任在美国计算机权威期刊《Communications of the ACM》上给出了计算思维(Computational Thinking)的定义:计算思维是运用计算机科学的基础概念进行问题求解、系统设计,以及人类行为理解等涵盖计算机科学之广度的一系列思维活动。计算思维不仅是计算机编程,还是多个层次上的抽象思维,是一种基本的思维方式。每个人都应当学会运用计算思维的方法,去发现问题,寻找解决问题的途径,并最终解决问题。

自 1946 年第一台计算机问世以来,计算机的硬件和软件得到了飞速发展,也开创了开源信息共享的信息时代。随着信息技术的应用领域越来越广泛和专业分工越来越细,各类信息技术分支逐渐形成以开源共享为形态的开放资源,包括开源操作系统、数据库、软件资源,这些构成了"计算生态"。

Python 从诞生之初就致力于开源开放,在近 30 年的发展中,产生了大量的可重用资源,并形成了全球范围最大的编程社区,覆盖科学计算、数据分析、文本处理、机器学习、二维计算、三维计算、智能计算、虚拟现实、控制逻辑等计算领域。Python 还可以对其他编程语言的优秀成果进行封装,并加入到 Python 编程社区,让更多人使用。

Python 是一门开源的编程语言,提供大量的内置函数,编程时不需要导入,直接使用,如绝对值函数 abs( )。Python 标准库在 Python 安装时自动安装,编程时需要使用 import 方法导入才能使用,例如导入 time 模块,然后使用其中的time( )方法以时间戳返回当前系统时间。如果内置函数和标准库不能够实现程序功能,就需要用户编写程序或者使用 Python 第三方库。Python 提供了第三方库开发接口,可以使用其他编程语言实现第三方库的开发,并加入到 Python 第三方库索引,提供第三方库的在线安装或下载安装包安装,以及第三方库的使用说明。随着 Python 第三方库的不断发展,第三方库涉及程序设计的方方面面,如可用于文件读写、网络抓取和解析、数据计算和统计分析、图像和视频处理、音频处理、机器学习、数据可视化、Web 开发和游戏开发等。

# 7.2 Python 标准库

## 7.2.1 random 库

随机数在系统设计中十分常见,如产生随机密码、随机验证码等。Python 中内置随机数生成函数库——random 库。它采用梅森旋转算法(Mersenne Twister)生成伪随机数序列,可用于除对随机数要求较高的加密算法之外的大部分应用。

random 库提供了不同类型的随机数生成函数,其中最基本的随机数生成函数是 random.random( )。它生成一个 $[0.0,1.0)$ 之间的随机小数,所有其他随机函数都是基于这个函数扩展而来,表 7-1 是 random 库常用的随机数生成函数。

表 7-1 random 库的常用函数

| 序号 | 函 数 | 描 述 |
| --- | --- | --- |
| 1 | seed( $a=$ None) | 初始化随机数种子,默认值为当前系统时间 |
| 2 | random( ) | 生成一个 $[0.0,1.0)$ 之间的随机小数 |
| 3 | randint( $a,b$ ) | 生成一个 $[a,b]$ 之间的整数 |
| 4 | getrandbits( $k$ ) | 生成一个 $k$ 比特长度的随机整数 |
| 5 | randrange( $start,stop[,step]$ ) | 生成一个 $[start,stop)$ 内以 $step$ 为步长的随机整数 |
| 6 | uniform( $a,b$ ) | 生成一个 $[a,b]$ 内的随机小数 |
| 7 | choice( $seq$ ) | 从序列类型(例如:列表)中随机返回一个元素 |
| 8 | shuffle( $seq$ ) | 将序列类型中的元素随机排列,返回打乱后的序列 |
| 9 | sample( $pop,k$ ) | 从 $pop$ 类型中随机选取 $k$ 个元素,以列表类型返回 |

【例 7-1】 random 库函数示例。

```
from random import  *
#输出一个随机数
print( random( ) )
#输出 1~100 的一个随机数
print( uniform( 1,100) )
#输出 0~100 以 5 递增的元素,随机返回
print( randrange( 0,100,5) )
#从序列中随机返回一个元素
print( choice( range( 200) ) )
```

程序运行结果为:

```
0.7873636327575524
45.74225097056191
50
132
```

**【例 7-2】** 随机种子应用。

random 库使用 random. seed($x$)对后续产生的随机数设置种子 $x$。

```
from random import  *
#设置随机种子
seed(100)
print("随机种子100产生的随机数")
print("1:% s"% random())
print("2:% s"% random())
#再次设置相同的种子,后续产生的随机数相同
seed(100)
print("二次设置随机种子100产生的随机数")
print("3:% s"% random())
print("4:% s"% random())
```

程序运行结果为:

```
随机种子100产生的随机数
1:0.1456692551041303
2:0.45492700451402135
二次设置随机种子100产生的随机数
3:0.1456692551041303
4:0.45492700451402135
```

从上述程序运行结果可以看出,再次设置随机种子为 100 时,产生的随机数是一样的,所以设置随机数种子可以准确复现随机数序列,重复程序的运行轨迹。对于仅使用随机数但不需要复现的情形,可以不用设置随机数种子。

如果程序没有显式设置随机数种子,则在使用随机数生成函数前,将默认以当前系统的运行时间为种子产生随机序列。

**【例 7-3】** 利用随机函数返回一个随机验证码。

```
from random import  *
#验证码列表,去除字母 O,o 和 0 相似
code_list = List("abcdefghijklmnpqrst0123456789")
#验证码长度
size = 6
#将序列类型中元素随机排列,返回打乱后的序列
code_lst_out = sample(code_list,size)
#验证码
code_str_out = "". join(code_lst_out)
#输出验证码
print(code_str_out)
```

程序运行结果为：

```
8e2q4n
```

## 7.2.2　time 库与 datetime 库

time 库与 datetime 库是 Python 提供的处理日期、时间方法的标准函数库，主要用于日期时间访问与转换。

### 1. time 库

在 Python 应用编程过程中经常会遇到时间处理问题，time 库是 Python 提供的处理时间标准库。time 库提供系统级精确的计时功能，可以用来分析程序性能，也可让程序暂停运行。在 Python 中经常用到时间戳和元组 struct_time，下面分别介绍。

（1）时间戳。格林威治时间 1970 年 01 月 01 日 00 时 00 分 00 秒（北京时间 1970 年 01 月 01 日 08 时 00 分 00 秒）起至现在的总秒数。

（2）元组 struct_time。日期、时间是包含许多变量的，所以在 Python 中定义了一个元组 struct_time 将所有这些变量组合在一起，包括年、月、日、小时、分钟、秒等，具体如表 7-2 所示。

表 7-2　元组 struct_time 属性

| 下标 | 属　　性 | 说　　明 |
|---|---|---|
| 0 | tm_year | 年份，4 位数年，如 2019 |
| 1 | tm_mon | 月份，1 ~ 12 |
| 2 | tm_mday | 日，1 ~ 31 |
| 3 | tm_hour | 小时，0 ~ 23 |
| 4 | tm_min | 分钟，0 ~ 59 |
| 5 | tm_sec | 秒，0 ~ 60（59 和 61 是闰秒） |
| 6 | tm_wday | 一周第几天，0 ~ 6 |
| 7 | tm_yday | 一年第几天，1 ~ 366 |
| 8 | tm_isdst | 夏令时，-1, 0, 1, -1 是决定是否为夏令时的标志 |

time 库中的函数分为三类：时间获取函数（表 7-3）、时间格式化函数（表 7-4）和程序计时函数（表 7-5），其中格式化控制串如表 7-6 所示。

表 7-3　time 库时间获取函数

| 序号 | 函　　数 | 说　　明 |
|---|---|---|
| 1 | time. time( ) | 获取当前时间戳 |
| 2 | time. gmtime( secs) | 获取当前时间戳对应的 struct_time 对象 |
| 3 | time. localtime( ) | 获取当前时间戳对应的本地时间的 struct_time 对象 |
| 4 | time. ctime( ) | 获取当前时间戳对应的字符串表示，内部会调用 time. localtime( ) 函数以输出当地时间 |

表 7-4    time 库时间格式化函数

| 序号 | 函　　数 | 说　　明 |
|---|---|---|
| 1 | time. mktime( t) | 将 struct_time 对象 t 转换为时间戳,注意 t 代表当地时间 |
| 2 | time. strftime( format,t) | 函数是时间格式化最有效的方法,几乎可以以任何通用格式输出时间,format 为格式化串,t 为 struct_time 对象 |
| 3 | time. strptime( str[ ,format]) | strptime( )方法与 strftime( )方法完全相反,用于提取字符串中的时间以生成 strut_time 对象,可以很灵活地作为 time 模块的输入接口 |

表 7-5    time 计时函数

| 序号 | 函　　数 | 说　　明 |
|---|---|---|
| 1 | time. sleep( secs) | 推迟调用线程的运行,参数 secs 指秒数,表示进程挂起的时间 |
| 2 | time. monotonic( ) | 返回一个只增加的时钟 |
| 3 | time. perf_counter( ) | 返回性能计数器的值(以分秒为单位) |

表 7-6    strftime( )方法的格式化控制符

| 序号 | 格式化字符串 | 日期/时间 | 值范围和实例 |
|---|---|---|---|
| 1 | % Y | 年份 | 0001 ~ 9999,例如:1900 |
| 2 | % m | 月份 | 01 ~ 12,例如:10 |
| 3 | % B | 月名 | January ~ December,例如:April |
| 4 | % b | 月名缩写 | Jan ~ Dec,例如:Apr |
| 5 | % d | 日期 | 01 ~ 31,例如:25 |
| 6 | % A | 星期 | Monday ~ Sunday,例如:Wednesday |
| 7 | % a | 星期缩写 | Mon ~ Sun,例如:Wed |
| 8 | % H | 小时(24h 制) | 00 ~ 23,例如:12 |
| 9 | % I | 小时(12h 制) | 01 ~ 12,例如:7 |
| 10 | % p | 上/下午 | AM, PM,例如:PM |
| 11 | % M | 分钟 | 00 ~ 59,例如:26 |
| 12 | % S | 秒 | 00 ~ 59,例如:26 |

【例 7-4】 时间获取示例。

```
import time
time_now = time. time( )
print("时间戳:",time_now)

struct_time_now1 = time. gmtime( time_now)
print("struct_time_now1:",struct_time_now1)

struct_time_now2 = time. localtime( time_now)
print("struct_time_now2:",struct_time_now2)
struct_time_now3 = time. localtime( )
```

```
print("struct_time_now3:", struct_time_now3)

str_now = time. ctime( time_now)
print("str_now:", str_now)
```

程序运行结果为：

```
时间戳: 1565053818. 7404275
struct_time_now1: time. struct_time( tm_year = 2019, tm_mon = 8, tm_mday = 6, tm_hour = 1, tm_min =
10, tm_sec = 18, tm_wday = 1, tm_yday = 218, tm_isdst = 0)
struct_time_now2: time. struct_time( tm_year = 2019, tm_mon = 8, tm_mday = 6, tm_hour = 9, tm_min =
10, tm_sec = 18, tm_wday = 1, tm_yday = 218, tm_isdst = 0)
struct_time_now3: time. struct_time( tm_year = 2019, tm_mon = 8, tm_mday = 6, tm_hour = 9, tm_min =
10, tm_sec = 18, tm_wday = 1, tm_yday = 218, tm_isdst = 0)
str_now: Tue Aug 6 09:10:18 2019
```

【例7-5】　时间格式化示例。

```
import time
struct_time_now = time. localtime( )
time_now = time. mktime( struct_time_now)
print("时间戳:", time_now)
str = time. strftime( "% Y-% m-% d % H:% M:% S", struct_time_now)
print("格式化后时间:", str)
```

程序运行结果为：

```
时间戳: 1565055753. 0
格式化后时间: 2019-08-06 09:42:33
```

在编程中,有时需要获取程序模块的执行时间,这就需要程序计时功能,尤其对于运行时间较长的程序。程序计时主要包含三个要素:程序开始/结束时间、程序运行总时间、程序各模块运行时间。

【例7-6】　计算程序循环和 sleep 模块执行的时间和程序运行的总时间。

```
import time
def Test_loop( ):
    limit = 10 ** 4
    while ( limit > 0):
        limit-= 1
        i = 10 ** 4
        while( i > 0):
            i = i - 1
```

```
def Test_sleep( ) :
    time. sleep(0.5)
def main( ) :
    startTime = time. localtime( )                          #获得开始时间
    print('程序开始时间：', time. strftime('% Y-% m-% d % H:% M:% S', startTime))
    Start_Counter = time. perf_counter( )                   #获得开始计数器的值
    Test_sleep( )                                           #运行 Test_sleep
    Test_sleep_Counter = time. perf_counter( )
    diff_counter1 = Test_sleep_Counter-Start_Counter
    print("模块 Test_sleep 运行时间：││秒". format( diff_counter1))
    Test_loop( )                                            #运行 Test_loop
    Test_loop_End_Counter = time. perf_counter( )
    diff_counter2 = Test_loop_End_Counter-diff_counter1
    print("Test_loop 模块运行时间：││秒". format( diff_counter2))
    endPerfCounter = time. perf_counter( )
    totalPerf = endPerfCounter-Start_Counter
    endTime = time. localtime( )
    print("程序运行总时间：││秒". format( totalPerf))
    print('程序结束时间：', time. strftime('% Y-% m-% d % H:% M:% S', endTime))
main( )
```

程序运行结果为：

```
程序开始时间：2019-08-06 10:58:44
模块 Test_sleep 运行时间：0.4999957685898191 秒
Test_loop 模块运行时间：5.436103590563109 秒
程序运行总时间：5.936174114066124 秒
程序结束时间：2019-08-06 10:58:50
```

## 2. datetime 库

datetime 库以格林威治时间为基础，该库包括两个常量：datetime. MAXYEAR 和 datetime. MINYEAR，分别表示最大年份和最小年份，值分别是 9999 和 1。

datetime 库以类的方式提供日期和时间处理方式，如表 7-7 所示。

表 7-7　datetime 提供的日期时间类

| 序号 | 类 | 说　　明 |
| --- | --- | --- |
| 1 | datetime. date | 日期表示类，可以表示年、月、日 |
| 2 | datetime. time | 时间表示类，可以表示小时、分钟、秒、毫秒等 |
| 3 | datetime. datetime | 日期和时间表示类，功能覆盖 date 和 time 类 |
| 4 | datetime. timedelta | 时间间隔处理类 |
| 5 | datetime. tzinfo | 与时区有关的信息表示类 |

datetime 是 date 与 time 的结合体,包括 date 与 time 的所有信息。它的构造函数如下。

datetime. datetime(year,month,day[, hour[, minute[ , second[, microsecond[, tzinfo] ] ] ] ] )

各参数的含义分别为:年份、月份、日、时、分、秒、微秒及时区信息。

datetime. datetime 类的常用属性有:year、month、day、hour、minute、second。

datetime. datetime 类的常用方法如表 7-8 所示。

**表 7-8　datetime 常用方法**

| 方　　　法 | 说　　　明 |
|---|---|
| datetime. datetime. today( ) | 返回表示当前本地时间的 datetime 对象 |
| datetime. datetime. now([tz]) | 返回表示当前本地时间的 datetime 对象,参数 tz 可选,指时区的本地时间 |
| datetime. datetime. fromtimestamp(timestamp[,tz]) | 根据时间戳创建一个 datetime 对象,参数 tz 指定时区信息 |
| datetime. datetime. strftime(t, format) | 将 t 以指定的 format 格式化串格式输出,t 为 datetime 对象 |
| datetime. datetime. strptime(date_string, format) | 将格式字符串转换为 datetime 对象 |

请看下面几个示例。

```
#调用 datetime. datetime 对象的 now 方法返回当前本地时间
>>> t = datetime. datetime. now( )
>>> t
datetime. datetime(2021, 8, 10, 11, 16, 38, 559404)
>>> t. year #调用 datetime. datetime 对象 t 的 year 属性返回 t 的年份值,不可使用 t[0]
2021
>>> t. month
8
#调用 datetime. datetime 的 strftime 方法将 datetime. datetime 对象转变为字符串形式
>>> p = datetime. datetime. strftime(t,"% c")
>>> p
'Tue Aug 10 11:16:38 2021'
#调用 datetime. datetime 的 strptime 方法将字符串转变为 datetime. datetime 对象
>>> datetime. datetime. strptime(p,"% a % b % d % H:% M:% S % Y")
datetime. datetime(2021, 8, 10, 11, 16, 38)
>>> k = datetime. datetime. strftime(t,"% Y-% m-% d % H:% M:% S")
>>> k
'2021-08-10 11:16:38'
>>> datetime. datetime. strptime(k,"% Y-% m-% d % H:% M:% S")
datetime. datetime(2021, 8, 10, 11, 16, 38)
```

另外在 Python 中还提供日历处理函数库 Calendar,例如:

```
>>> import calendar
>>> print(calendar. calendar(2022,w =2,l =1,c =6))
```

运行结果如图 7-1 所示。

```
                              2022

      January              February               March
Mo Tu We Th Fr Sa Su  Mo Tu We Th Fr Sa Su  Mo Tu We Th Fr Sa Su
               1  2      1  2  3  4  5  6         1  2  3  4  5  6
 3  4  5  6  7  8  9   7  8  9 10 11 12 13   7  8  9 10 11 12 13
10 11 12 13 14 15 16  14 15 16 17 18 19 20  14 15 16 17 18 19 20
17 18 19 20 21 22 23  21 22 23 24 25 26 27  21 22 23 24 25 26 27
24 25 26 27 28 29 30  28                    28 29 30 31
31

       April                 May                   June
Mo Tu We Th Fr Sa Su  Mo Tu We Th Fr Sa Su  Mo Tu We Th Fr Sa Su
            1  2  3                     1         1  2  3  4  5
 4  5  6  7  8  9 10   2  3  4  5  6  7  8   6  7  8  9 10 11 12
11 12 13 14 15 16 17   9 10 11 12 13 14 15  13 14 15 16 17 18 19
18 19 20 21 22 23 24  16 17 18 19 20 21 22  20 21 22 23 24 25 26
25 26 27 28 29 30     23 24 25 26 27 28 29  27 28 29 30
                      30 31

        July                August              September
Mo Tu We Th Fr Sa Su  Mo Tu We Th Fr Sa Su  Mo Tu We Th Fr Sa Su
            1  2  3      1  2  3  4  5  6  7            1  2  3  4
 4  5  6  7  8  9 10   8  9 10 11 12 13 14   5  6  7  8  9 10 11
11 12 13 14 15 16 17  15 16 17 18 19 20 21  12 13 14 15 16 17 18
18 19 20 21 22 23 24  22 23 24 25 26 27 28  19 20 21 22 23 24 25
25 26 27 28 29 30 31  29 30 31              26 27 28 29 30

      October              November              December
Mo Tu We Th Fr Sa Su  Mo Tu We Th Fr Sa Su  Mo Tu We Th Fr Sa Su
                1  2      1  2  3  4  5  6            1  2  3  4
 3  4  5  6  7  8  9   7  8  9 10 11 12 13   5  6  7  8  9 10 11
10 11 12 13 14 15 16  14 15 16 17 18 19 20  12 13 14 15 16 17 18
17 18 19 20 21 22 23  21 22 23 24 25 26 27  19 20 21 22 23 24 25
24 25 26 27 28 29 30  28 29 30              26 27 28 29 30 31
31
```

图 **7-1**　日历模块的使用

## 7.2.3　turtle 库

turtle(海龟)是 Python 重要的标准库之一,turtle 图形绘制概念十分直观且非常流行,它能够实现基本的图形绘制。turtle 库绘制图形有一个基本框架:如一只小海龟在坐标系中爬行,其爬行轨迹形成了绘制图形。对于小海龟来说,有"前进""后退""旋转"等爬行行为,对坐标系的探索也通过"前进方向""后退方向""左侧方向"和"右侧方向"等小海龟自身角度方位来完成。刚开始小海龟位于画布正中央,此坐标为(0,0),行进方向为水平右方,坐标体系如图 7-2 所示。

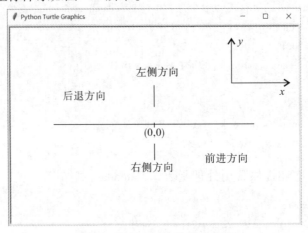

图 **7-2**　**Python turtle** 坐标体系

turtle 库包含 100 多个功能函数,主要包括窗体函数、画笔状态函数、画笔运动函数等三类。

### 1.窗体函数

**格式**:turtle. setup( width, height, startx, starty)

**功能**:设置主窗体的大小和位置。

各参数功能如下:

width:窗口宽度,如果值是整数,则表示像素值;如果值是小数,则表示窗口宽度与屏幕的比例。

height:窗口高度,如果值是整数,则表示像素值;如果值是小数,则表示窗口高度与屏幕的比例。

startx:窗口左侧与屏幕左侧的像素距离,如果值是 None,则窗口位于屏幕水平中央。

starty:窗口顶部与屏幕顶部的像素距离,如果值是 None,则窗口位于屏幕垂直中央。

### 2.画笔状态函数

画笔状态函数如表7-9 所示。

表 7-9    画笔状态函数

| 序号 | 函　　数 | 描　　述 |
| --- | --- | --- |
| 1 | turtle. penup( ) | 抬起画笔,之后移动画笔不绘制形状 |
| 2 | turtle. pendown( ) | 别名 pd( ),落下画笔,之后移动画笔绘制形状 |
| 3 | turtle. pensize( width) | 别名 width( ),用于设置画笔大小,size 代表画笔大小,参数为 None 或为空时返回当前画笔宽度 |
| 4 | turtle. pencolor( color) | 设置画笔颜色,color 参数可以是英文别名,也可以是( r,g,b),没有参数时返回当前画笔颜色 |
| 5 | turtle. color( [color1 ,color2]) | 用于返回或设置画笔颜色和填充色 |
| 6 | turtle. shape( name) | 修改 turtle 画笔的形状为 name 指定的形状名,默认为箭头 |
| 7 | turtle. hideturtle( ) | 别名 ht,隐藏 turtle 画笔的形状 |
| 8 | turtle. showturtle( ) | 显示 turtle 画笔的形状 |

在海龟绘图中,默认的画笔形状为箭头,可以通过 shape( ) 函数修改为其他样式。常用的形状名有 arrow(▶)、turtle(✹)、circle(●)、square(■)、triangle(■) 或 classic(▶)等 6 种。如:turtle. shape('turtle')将默认箭头改为海龟样式。画笔的样式设置后,如果不改变为其他状态,那么会一直有效。

### 3.画笔运动函数

画笔运动函数如表7-10 所示。

表7-10  画笔运动函数

| 序号 | 函　　　数 | 描　　　述 |
|---|---|---|
| 1 | turtle. forward( distance) | 别名 fd( ),沿着当前方向前进指定距离 |
| 2 | turtle. backward( distance) | 别名 bk( ) 或 back( ),沿着当前相反方向后退指定距离 |
| 3 | turtle. right( angle) | 别名 rt( ),向右旋转 angle 角度 |
| 4 | turtle. left( angle) | 别名 lt( ),向左旋转 angle 角度 |
| 5 | turtle. goto( x,y) | 移动到绝对坐标( x,y )处 |
| 6 | turtle. setx( xpos) | 将当前 x 轴移动到 xpos 指定位置 |
| 7 | turtle. sety( ypos) | 将当前 y 轴移动到 ypos 指定位置 |
| 8 | turtle. setheading( angle) | 别名 seth( ),设置当前朝向为 angle 角度,标准模式:<br>0 指东、90 指北、180 指西、270 指南 |
| 9 | turtle. home( ) | 设置当前画笔位置为原点,朝向东 |
| 10 | turtle. circle( radius,e) | 绘制一个指定半径为 r,角度为 e 的圆或弧形 |
| 11 | turtle. dot( r,color) | 绘制一个指定半径为 r,颜色为 color 的圆点 |
| 12 | turtle. undo( ) | 撤销画笔最后一步动作 |
| 13 | turtle. speed( ) | 设置画笔的绘制速度,参数为 0 ~ 10 |

【例7-7】　螺旋线绘制。

```python
import turtle
turtle. speed("fastest")
turtle. pensize(2)
turtle. pencolor("red")
for x in range(120):
    turtle. forward(2 * x)
    turtle. left(90)
    turtle. done()
```

程序运行结果如图7-3所示。

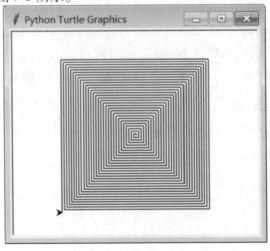

图 7-3　螺旋线图

【例 7-8】　彩色螺旋线绘制。

```
import turtle
turtle. setup(800,600)
turtle. pensize(2)
turtle. bgcolor("black")
colors = ["purple","blue","red","yellow"]
turtle. tracer(False)
for x in range(200):
    turtle. forward(2 * x)
    turtle. color(colors[x % 4])
    turtle. left(91)
turtle. done()
```

程序运行结果如图 7-4 所示。

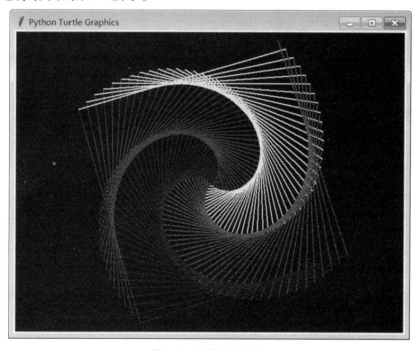

图 7-4　彩色螺旋线图

# 7.3　第三方库

## 7.3.1　第三方库的安装

Python 标准库随 Python 安装包一起发布,用户可以随时使用标准库,第三方库则需要安装以后才能使用。Python 第三方库由全球开发者维护,缺少统一管理。Python 为第三方库提供安装方法,开发者按照标准开发程序,就可以实现第三方库的安装与使用。

Python 第三方库按照安装方式的灵活和难易程度分类有 3 种安装方法,分别是 pip 工具安装、自定义安装和文件安装。

### 1. pip 工具安装

pip 工具安装是 Python 第三方库最常用、最有效的安装方法,是 Python 官方提供的第三方库安装工具。pip 是 Python 环境中内置的命令,需要运行命令执行,这里的命令不能在 IDLE 环境运行,是操作系统环境下的命令。格式:

```
pip   <命令>  [选项]
```

常见"<命令>"及其功能如表 7-11 所示,常见"[选项]"及其含义如表 7-12 所示。

**表 7-11　常见命令及其功能**

| 序号 | 命　　令 | 说　　明 |
| --- | --- | --- |
| 1 | install | 安装第三方库 |
| 2 | download | 下载第三方库 |
| 3 | uninstall | 卸载第三方库 |
| 4 | freeze | 按需求格式输出已安装的库 |
| 5 | list | 列出已安装的第三方库 |
| 6 | show | 显示第三方库的信息 |
| 7 | check | 验证已安装的第三方库是否具有兼容的依赖项 |
| 8 | search | 在 pypi 中搜索第三方库 |
| 9 | wheel | 根据你的要求创建 whl |
| 10 | hash | 计算第三方库存档的哈希值 |
| 11 | completion | 用于完成命令的助手命令 |
| 12 | help | 显示 pip 命令帮助信息 |

**表 7-12　常见选项及其含义**

| 序号 | 选　　项 | 说　　明 |
| --- | --- | --- |
| 1 | -h, --help | 显示 pip 命令帮助信息 |
| 2 | --isolated | 在隔离模式下独立运行 pip,忽略环境变量和用户配置 |
| 3 | -v, --verbose | 提供更多输出。选项是加法,最多可使用 3 次 |
| 4 | -V, --version | 显示版本信息 |
| 5 | -q, --quiet | 提供较少的输出。选项是附加的,最多可以使用 3 次(对应于警告、错误和关键日志记录级别) |
| 6 | --log <path> | 详细附加日志的路径 |
| 7 | --retries <retries> | 每个连接应尝试的最大重试次数(默认为 5 次) |
| 8 | --exists -action <action> | 当路径已经存在时的默认操作:(s)switch,(i)ignore,(w)wipe,(b)backup,(a)abort |
| 9 | --cache -dir <dir> | 将缓存数据存储在 <dir> 中 |

下面介绍 pip 常用的命令。

(1)pip 的 list 子命令显示当前系统中已经安装的第三方库,命令格式为:

```
pip list
```

执行结果(不同环境执行结果可能会不同)为:

```
Package              Version
- - - - - - - - - - - - - - - - - - - - - - - - - - - - - - -
beautifulsoup4       4.11.1
certifi              2022.6.15
charset-normalizer   2.1.0
idna                 3.3
pip                  22.2.2
requests             2.28.1
setuptools           49.2.1
soupsieve            2.3.2.post1
urllib3              1.26.10
```

(2)pip 的 show 子命令列出系统中存在的某个安装库的详细信息,命令格式为:

```
pip show requests
```

命令执行结果如下:

```
Name:requests
Version:2.28.1
Summary:Python HTTP for Humans.
Home-page:https://requests.readthedocs.io
Author:Kenneth Reitz
Author-email:me@kennethreitz.org
License:Apache 2.0
Location:c:\users\softdev\appdata\local\programs\python\python38\lib\site-packages
Requires:certifi, charset-normalizer, idna, urllib3
Required-by:
```

(3)以安装 pygame 为例,pip 工具默认从网络上下载 pygame 库安装文件并自动安装到系统中,命令格式为:

```
pip install pygame
```

**注意**:pip 是 Python 第三方库最主要的安装方式,可以安装超过 90% 的第三方库,但是有一些第三方库暂时无法用 pip 安装。

(4)卸载 pygame 的命令格式为:

```
pip uninstall pygame
```

### 2. 自定义安装

自定义安装按照第三方库提供的安装步骤和方法安装。在第三方库的主页都有用于维护库的代码和文档。如科学计算 Numpy 第三方库,其官网网址为:https://numpy.org/,如图 7-5 所示。

图 7-5   **Numpy 官网界面**

Numpy 安装网址为 https://numpy.org/install/。读者可根据官网的安装步骤进行安装。

## 3. 文件安装

部分第三方库仅提供源代码,通过 pip 下载文件后无法在 Windows 系统编译并安装,这导致第三方库安装失败。在 Windows 下安装 Python 第三方库失败大多是这个原因。为解决此问题,美国加州大学尔湾分校提供. whl 文件安装支持,whl 是 Python 库的一种打包格式,用于通过 pip 进行安装,相当于 Python 库的安装包文件,whl 文件本质是一个压缩格式文件。下载地址为:

https://www.lfd.uci.edu/~gohlke/pythonlibs/

该网页提供了一批在 pip 安装中可能出现问题的第三方库。这里以安装 Numpy 库为例进行说明。在该网页找到 Numpy 库对应的内容,如图 7-6 所示。

NumPy: a fundamental package needed for scientific computing with Python.
Numpy+MKL is linked to the Intel® Math Kernel Library and includes required DLLs in the numpy.DLLs directory.
Numpy+Vanilla is a minimal distribution, which does not include any optimized BLAS library or C runtime DLLs.
numpy-1.22.4+vanilla-pp38-pypy38_pp73-win_amd64.whl
numpy-1.22.4+vanilla-cp311-cp311-win_amd64.whl
numpy-1.22.4+vanilla-cp311-cp311-win32.whl
numpy-1.22.4+vanilla-cp310-cp310-win_amd64.whl
numpy-1.22.4+vanilla-cp310-cp310-win32.whl
numpy-1.22.4+vanilla-cp39-cp39-win_amd64.whl
numpy-1.22.4+vanilla-cp39-cp39-win32.whl
numpy-1.22.4+vanilla-cp38-cp38-win_amd64.whl
numpy-1.22.4+vanilla-cp38-cp38-win32.whl
numpy-1.22.4+mkl-pp38-pypy38_pp73-win_amd64.whl
numpy-1.22.4+mkl-cp311-cp311-win_amd64.whl
numpy-1.22.4+mkl-cp311-cp311-win32.whl
numpy-1.22.4+mkl-cp310-cp310-win_amd64.whl
numpy-1.22.4+mkl-cp310-cp310-win32.whl
numpy-1.22.4+mkl-cp39-cp39-win_amd64.whl
numpy-1.22.4+mkl-cp39-cp39-win32.whl
numpy-1.22.4+mkl-cp38-cp38-win_amd64.whl
numpy-1.22.4+mkl-cp38-cp38-win32.whl

图 7-6   **Numpy 库下载页面**

根据自己的系统环境选择相应的. whl 文件下载。这里选择 Python3.8 版本解释器和 64 位系统对应的文件"numpy-1.22.4 + mkl-cp38-cp38-win_amd64.whl",并下载到 D:\pylibs目录中,采用 pip 命令安装该文件,命令格式为:

```
pip install d:\pylibs\ numpy-1.22.4 + mkl-cp38-cp38-win-amd64.whl
```

如果下载下来的安装包为带有源文件的压缩包,则解压之后运行 setup. py 进行安装,方式是将命令行切换到安装包中 setup. py 文件所在的目录,执行:

```
python setup. py install
```

**注意**:在安装之前,确保已经安装了工具包 setuptools,工具包下载地址为:

```
https://pypi. python. org/pypi/setuptools
```

## 7.3.2　PyInstaller 库

### 1. PyInstaller 库安装

PyInstaller 是非常有用的第三方库,其官方网址为 http://www. pyinstaller. org。它可以在 Windows、Linux、Mac OS 系统中将 Python 源文件打包,让 Python 程序可以在没有安装 Python 的环境中运行,方便管理。PyInstaller 软件安装需要在命令行下用 pip 工具安装,进入 pip 安装路径,执行如下代码,即可安装。

```
pip intall pyinstaller 或 pip3 install pyinstaller
```

通过上述命令可以将 PyInstaller 安装到 Python 解释目录中,与 pip 或 pip3 命令路径相同,可以在命令行下直接使用。需要注意,执行命令要有管理员权限,否则会出现安装错误。

### 2. PyInstaller 库使用

PyInstaller 库使用较为简单,在 Windows 平台下可以通过命令行来完成,命令格式如下:

```
pyinstaller python源文件
```

**注意**:Python 文件路径可以是绝对路径也可以是相对路径,但 PyInstaller 库不支持源文件名中有英文句号(. )存在。如果在 C 盘根目录 pythoncodes 中有文件 student. py,则可以用以下命令实现。

```
pyinstaller   c:\pythoncodes\student. py
```

命令执行完毕后,源文件所在目录中会生成 dist 和 build 两个文件夹。其中 build 目录是 PyInstaller 临时文件目录,可以删除。打包后的程序在 dist 内部的 student 目录中,目录中其他文件是可执行文件 student. exe 的动态链接库。

可以通过-F 参数对 Python 源文件生成一个独立的可执行文件,命令如下:

```
pyinstaller -F c:\pythoncodes\student. py
```

上述命令执行后,在 dist 目录中的 student. exe 文件,不依赖动态链接库,可以直接执行,PyInstaller 参数如表 7-13 所示。

表 7-13　**PyInstaller 参数**

| 序号 | 参　　数 | 说　　明 |
|------|---------|---------|
| 1 | -h,--help | 查看帮助 |
| 2 | -v,--version | 查看 PyInstaller 版本号 |
| 3 | --clean | 清理打包过程中产生的临时文件 |
| 4 | -D,--onedir | 默认值,生成 dist 目录 |
| 5 | -F,--onefile | 在 dist 文件夹中生成独立的打包文件 |
| 6 | -p DIR,--paths DIR | 添加 Python 文件使用的第三方库路径 |
| 7 | -i < . ico or . exe ,ID or . icns ><br>--icon < . ico or . exe ,ID or . icns > | 指定打包程序使用的图标(. icon)文件 |

**注意:**

(1)文件路径中不能出现空格和英文句号(. )。

(2)源文件必须是 UTF-8 编码,暂时不支持其他编码类型。

## 7.3.3　jieba 库

### 1. jieba 库概述

jieba 库是 Python 中一个重要的第三方中文分词函数库,对于英文的一句话,例如"I am a good student",如果希望提取其中的单词,可以使用字符串处理函数 split( )实现,实现代码如下:

```
str ="I am a good student"
print( str. split( ))
```

程序运行结果为:

```
['I', 'am', 'a', 'good', 'student']
```

英文语句中单词之间是用空格或标点符号分隔的,可以使用 split( )函数实现。但是对于中文的语句,例如"全国高等学校(安徽考区)计算机水平考试模拟考试软件",因为中文文字之间没有分隔字符,无法用 split( )获得其中的单词。jieba 库是 Python 中提供中文分词的第三方函数库,需要下载安装,可以使用 pip 指令进行安装,安装命令如下:

```
pip install jieba 或 pip3 install jieba
```

jieba 库支持 3 种分词模式:精确模式,将句子最精确地拆分成词,适合于文本分析;全模式,把句子中所有可以分词的词语都扫描出来,速度快,但不能消除歧义;搜索引擎模式,以精确模式为基础,对长词再次拆分,适合搜索引擎分词。

### 2. jieba 库应用

jieba 库的主要功能是分词,它提供了一些分词函数,如表7-14 所示。

表7-14  jieba 库分词函数

| 序号 | 函 数 | 说 明 |
|---|---|---|
| 1 | jieba. cut( s) | 精确模式,返回一个可迭代的数据类型 |
| 2 | jieba. cut( s,cut_all = True) | 全模式,输出文本 s 中所有可能的单词 |
| 3 | jieba. cut_for_search( s) | 搜索引擎模式,适合搜索引擎建立索引的分词结果 |
| 4 | jieba. lcut( s) | 精确模式,返回一个列表类型,建议使用 |
| 5 | jieba. lcut( s,cut_all = True) | 全模式,返回一个列表类型,建议使用 |
| 6 | jieba. lcut_for_search( s) | 搜索引擎模式,返回一个列表类型,建议使用 |
| 7 | jieba. add_word( w) | 向分词词典中增加新词 w |

【例7-9】 用 jieba 分词的三种分词模式对"全国高等学校(安徽考区)计算机水平考试模拟考试软件"进行分词,代码如下:

```
import jieba
print("精确模式:")
print(jieba. lcut("全国高等学校(安徽考区)计算机水平考试模拟考试软件"))

print("全模式:")
print(jieba. lcut("全国高等学校(安徽考区)计算机水平考试模拟考试软件",cut_all = True))

print("搜索引擎模式:")
print(jieba. lcut_for_search("全国高等学校(安徽考区)计算机水平考试模拟考试软件"))
```

程序运行结果为:

```
精确模式:
['全国', '高等学校', '(', '安徽', '考区', ')', '计算机', '水平', '考试', '模拟考试', '软件']
全模式:
['全国', '全国高等学校', '高等学校', '(', '', '安徽', '考区', '', ')', '计算', '计算机', '算机', '水平', '考试', '模拟', '模拟考', '模拟考试', '考试', '软件']
搜索引擎模式:
['全国', '高等学校', '(', '安徽', '考区', ')', '计算', '算机', '计算机', '水平', '考试', '模拟', '考试', '模拟考', '模拟考试', '软件']
```

从上述程序运行结果可以看出,精确模式的分词可以完整且不多余地组成原始文本;全模式输出的分词是原始文本各种分词的可能组合,冗余性最大;而搜索引擎模式下,首先是执行精确模式,然后再对其中的长词进一步拆分,如"计算机"拆成"计算机"和"算机","模拟考试"拆分成"模拟""考试"和"模拟考"。

如果原始文本中有特殊的自定义新词,比如作者姓名,则不会出现在词典中,分词函数根据中文字符间的相关性识别每一个词,对于无法识别的词,可以通过 jieba. add_word( )向分词库添加。

【例 7-10】 向分词库添加分词。

```
import jieba
print(jieba. lcut("王天天通用考试系统"))
jieba. add_word("王天天")
print(jieba. lcut("王天天通用考试系统"))
```

程序运行结果为:

```
['王', '天天', '通用', '考试', '系统']
['王天天', '通用', '考试', '系统']
```

从上述程序运行结果可以看出,"王天天"是一个人名,"王天天"分词加入前后对应的输出结果是不一样的,加入后"王天天"不会被拆分成两个词("王"和"天天")。

## 7.3.4 WordCloud 库

Python 扩展库 WordCloud 可以用来创建词云,用指定的图像作为参考,只保留词云中与指定图像前景位置对应的像素,起到裁剪的作用。

### 1. WordCloud 库概述

词云以词语为基本单元,根据词语在文本中出现的频率设计词语大小以形成视觉上的不同效果,形成"关键词云层"或"关键词渲染",从而使读者只要"一瞥"即可领略文本的主旨。

WordCloud 库是专门根据文本生成词云的 Python 第三方库,十分常用且有趣。

在 Windows 中安装 WordCloud 库的命令如下:

```
pip install wordcloud
```

WordCloud 库的使用十分简单,以一个字符串为例,产生词云只需要一行语句(在第三行),并可以将词云保存为图片(需要安装 matplotlib)。

```
from wordcloud import WordCloud
txt = 'I am a good student. '
wordcloud = WordCloud( ). generate(txt)
wordcloud. to_file('testcloud. png')
```

## 2. WordCloud 库与可视化词云

在生成词云时,WordCloud 默认以空格或标点为分隔符对目标文本进行分词处理。对于中文文本,分词处理需要由用户来完成。一般步骤是先处理文本分词,然后用空格拼接,再调用 WordCloud 库函数。

```
import jieba
from wordcloud import WordCloud
txt = 'Python 是一种解释型的面向对象程序设计语言,是学习计算机编程,理解计算机解决实际问题
的有效工具,现已成为最受欢迎的程序设计语言之一。自 2004 年以来,Python 的使用率呈线性增长,现已
进入世界程序设计语言排行榜之首。'
words = jieba.lcut(txt)              #精确分词
newtxt = ' '.join(words)            #空格拼接
wordcloud = WordCloud(font_path = "C:\windows\Fonts\simhei.ttf").generate(newtxt)
wordcloud.to_file('c:\\cyt.png')    #保存图片
```

WordCloud 库的核心是 WordCloud 类,所有的功能都封装在 WordCloud 类中。使用时需要实例化一个 WordCloud 类的对象,并调用其 generate(text) 方法将 text 文本转化为词云,WordCloud 对象创建的常用参数如表 7-15 所示。

表 7-15 WordCloud 对象创建的常用参数

| 序号 | 参 数 | 说 明 |
|---|---|---|
| 1 | font_path | 指定字体文件的完整路径,默认为 None |
| 2 | width | 生成图片的宽度,默认为 400 像素 |
| 3 | height | 生成图片的高度,默认为 200 像素 |
| 4 | mask | 词云形状,默认为 None,即方形图 |
| 5 | min_font_size | 词云中最小的字体字号,默认为 4 号 |
| 6 | font_step | 字号步进间隔,默认为 1 |
| 7 | min_font_size | 词云中最大的字体字号,默认为 None,根据高度自动调节 |
| 8 | max_words | 词云图可容纳的最大词量,默认为 200 |
| 9 | stopwords | 被排除词列表,排除词不在词云中显示 |
| 10 | background_color | 图片背景颜色,默认为黑色 |
| 11 | generate(text) | 由 text 文本生成词云 |
| 12 | to_file(filename) | 将词云图保存为名为 filename 的文件 |

【**例 7-11**】 扫描下方右侧二维码,下载本例素材,生成如图 7-7 所示的卡通画词云图。

(a)                (b)

图 7-7 卡通画词云生成图             例 7-11 素材

程序如下:

```python
import jieba
from matplotlib import pyplot as plt
from wordcloud import WordCloud
from PIL import Image
import numpy as np
path = r'd:/'
font = r'C:\Windows\Fonts\FZSTK.TTF'
text = (open(path + r'\文本.txt','r',encoding = 'utf-8')).read()
cut = jieba.cut(text)                        #分词
string = ''.join(cut)
print(len(string))
img = Image.open(path + r'\原始.png')    #打开图片
img_array = np.array(img)                    #将图片转换为数组
stopword = ['xa0']   #设置停止词,即你不想显示的词,这里这个词是我前期处理没处理好,你可以删
掉他看看他的作用
wc = WordCloud(background_color = 'white',width = 800,height = 1000,mask = img_array,font_path =
font,stopwords = stopword)
wc.generate_from_text(string)                #绘制图片
plt.imshow(wc)
plt.axis('off')
plt.figure()
plt.show()                                   #显示图片
wc.to_file(path + r'\新生成.png')           #保存图片
```

程序运行结果如图 7-7 所示。

## 7.3.5 其他第三方库

### 1. 数据分析、科学计算与数据可视化

用于数据分析、科学计算与数据可视化的 Python 模块非常多,比如 Numpy、Scipy、pandas、SymPy、matplotlib、Seaborn、Chaco、TVTK、Mayavi、VPython、OpenCV、Traits、TraitsUI。

Numpy:科学计算包,支持 N 维数组运算、处理大型矩阵、成熟的广播函数库、矢量运算、线性代数、傅里叶变换、随机数生成,并可与 C++/Fortran 语言无缝结合。树莓派 Python 3 默认安装已经包含了 Numpy。

Scipy:Scipy 依赖于 Numpy,提供了更多的数学工具,包括矩阵运算、线性方程组求解、积分、优化、插值、信号处理、图像处理、统计等。

matplotlib 模块依赖于 Numpy 模块和 tkinter 模块,可以绘制多种形式的图形,包括线图、直方图、饼状图、散点图、误差线图等等,图形质量可满足出版要求,是数据可视化的重要工具。

pandas(Python Data Analysis Library)是基于 Numpy 的数据分析模块,提供了大量标准数据模型和高效操作大型数据集所需要的工具,可以说 pandas 是使得 Python 能够成为高效且强大的数据分析环境的重要因素之一。

Seaborn:统计类数据可视化功能库。

Mayavi:三维科学数据可视化功能库。

大量科学扩展库安装包下载:http://www.lfd.uci.edu/~gohlke/pythonlibs/。

### 2. 文本处理

在 Python 中,普通的文本处理采用 Python 中的变长字符串实现,程序可以引用字符串的元素或子序列,就像使用任何序列一样。Python 使用灵活的"分片"操作来引用子序列,字符片段的格式类似于电子表格中一定范围的行或列。Python 还提供文件操作实现文本保存和提取。另外 Python 第三方库还提供特殊文本处理函数库,如 PDF 函数库 PyPDF2 和 PDFMiner、Word 处理函数库 Python-docx、Excel 处理函数库 openpyxl、PPT 处理函数库 Python-pptx、自然语言处理工具包 NLTK 等。

(1)PyPDF2 库。PyPDF2 是用来处理 PDF 文档的工具集,可以轻松地处理 PDF 文档,提供了读、写、分割、合并、文件转换等多种操作,其官方地址为:

https://pypi.org/project/PyPDF2/

(2)PDFMiner 库。PDFMiner 是一个可以从 PDF 文档中提取信息的工具。与其他 PDF 相关的工具不同,它注重的完全是获取和分析文本数据。PDFMiner 允许用户获取某一页中文本的准确位置和一些诸如字体、行数的信息。它包括一个 PDF 转换器,可以把 PDF 文档转换成 HTML 等格式文档。它还有一个扩展的 PDF 解析器,可以用于除文本分析以外的用途,其官网地址为:

https://pypi.org/project/pdfminer/

（3）Python-docx 库。Python-docx 是创建和更新 Microsoft Word 文件的第三方库,提供 Word 文档的创建,保存,添加标题,段落文字、图片、表格、样式的设置等基本功能和在应用系统中运用 Python-docx 第三方库实现报表文件的输出等功能,其官网地址为:

https://pypi.org/project/python-docx/

（4）openpyxl 库。openpyxl 是一个读写 Excel 2010 文档的 Python 库。openpyxl 库是一个比较综合的工具,能够同时读取和修改 Excel 文档。其官网网址为:

https://openpyxl.readthedocs.io/en/stable/

（5）Python-pptx 库。Python-pptx 是 PowerPoint 2010 文档的 Python 库,提供 PowerPoint 文档创建、幻灯片创建与编辑、文本编辑、图像插入、添加形状、添加表格等功能。其官方网址为:

https://pypi.org/project/python-pptx

**注意**:Python-pptx 依赖于 lxml 包、Pillow 和 Python Imaging Library(PIL)。其图表功能取决于 XlsxWriter。pip 和 easy_install 都会为用户提供满足这些依赖关系的功能,但如果用户使用 setup.py 安装方法,则需要提前安装这些依赖函数库。

（6）NLTK 库。NLTK(Natural Language Toolkit,自然语言处理工具包)是 NLP(自然语言处理)领域中最常用的一个 Python 库,自带语料库和词性分类库,并自带分类和分词功能。NLTK 是宾夕法尼亚大学计算机和信息科学系使用 Python 语言开发的一种自然语言工具包,收集了大量公开数据集,提供了全面、易用的模型接口,涵盖了分词、词性标注(Part-Of-Speech tag, POS tag)、命名实体识别(Named Entity Recognition, NER)、句法分析(Syntactic Parse)等各项 NLP 领域的功能。NLTK 官网地址为:

https://www.nltk.org/

## 3. 机器学习

机器学习(Machine Learning, ML)是近 20 年来兴起的一门多领域交叉学科,涉及概率论、统计学、逼近论、凸分析、算法复杂度理论等多门学科。机器学习理论是设计与分析能让计算机自动"学习"的算法,即从现有的数据中自动分析获取科学规律,并利用此规律对未知数据进行预测等,是相关学习算法在机器上的一系列运算。机器学习已经在多个领域取得优异表现,比如数据挖掘、计算机视觉、自然语言处理、生物特征识别、搜索引擎、医学诊断、证券市场分析、手写识别、商品销售预测等。

scikit-learn(sklearn)是用 Python 实现的机器学习算法库。sklearn 可以实现数据预处理、分类、回归、降维、模型选择等常用的机器学习算法,是基于 NumPy、SciPy、matplotlib 的算法库。其官网地址为:

https://scikit-learn.org/stable/

TensorFlow 是一个面向所有人的开源机器学习框架,是一个用于高性能数值计算的开源软件库,其灵活的体系结构允许跨平台(CPU、GPU、TPU)轻松部署计算,从台式机到服务器集群,再到移动和边缘设备;由谷歌人工智能组织内的谷歌大脑团队的研究人员和工程师开发,对机器学习和深度学习具有强大的支持能力,因其灵活的数值计算核心而被用于许多科学领域。

Theano 是一个 Python 库,允许用户定义、优化和有效地评估涉及多维数组的数学表达式。Theano 可以在 CPU 或 GPU 上运行快速数值计算,是 Python 深度学习中的一个关键基础库,用它来创建深度学习模型或包装库可以大大简化程序。

### 4. 网络爬虫

近 20 年,搜索引擎得到了飞速发展,用户可以根据网站中的链接进行处理、分析,得到网页中的相关内容,并保存到搜索引擎后台中供搜索者检索。Python 语言也提供了对网页中链接处理和分析的函数库,包括 urllib、urllib2、urllib3、Wget、requests、Scrapy、PySpider 等,从而产生了很多"网络爬虫"应用,爬虫获取到的是网页内容,然后可以通过正则表达式、BeautifulSoup4 等函数库来处理。

网络爬虫应用一般分成两部分:一是通过网络连接获取网页内容(requests 函数库);二是对获取的内容进行处理(BeautifulSoup4 函数库)。安装这两个函数库的命令分别为:

```
pip install requests        #或者 pip3 install requests
pip install beautifulsoup4        #或者 pip3 install beautifulsoup4
```

Python 语言实现网络爬虫和网络数据提交较为容易,无须掌握网络通信等方面的知识,适合非专业用户编程。用户可以根据需要从网络上获取和提交数据,对不同的网页,获取网页内容的方法是通用的,但是对获取的网页内容的分析是不尽相同的,每个网页的布局不同,分析的方法也不同。比如"百度"首页的内容和"教育部网站"首页的内容不同,要想提取其中有价值的内容,需具体分析。

### 5. Web 开发

在 Python Web 开发框架里有多种选择,如 Django、Flask、web2py、Pylons、Tornado、Pyramid 等,每个框架有自己的特点和应用场景。

Django 是一个高效的 Web 开发框架,且免费开源。使用 Django 能够以最小的代价开发高质量的 Web 应用。Django 提供了通用 Web 开发模式的高度抽象,可以减少重复的代码,让用户专注于 Web 应用的开发,提高 Web 开发效率。Django 拥有完善的模板(Template)机制、对象关系映射机制,以及动态创建后台管理界面的功能。

Django 框架包含了 Web 开发网络应用所需要的组件,组件包括数据库关系映射、动态内容管理模板系统和丰富的管理界面。在 Django 框架中,可以使用脚本文件 manage. py 构建简单的开发服务器,Django 下载网址为:

https://www.djangoproject.com/download/

Flask 是一个使用 Python 编写的轻量级 Web 应用框架,基于 Werkzeug WSGI 工具箱和 Jinja2 模板引擎。其下载网址为:

https://palletsprojects.com/p/flask/

### 6. 游戏开发

Python 游戏开发一般是在 PyGame、Panda3D、cocos2d 等基础上开发的。

PyGame 是建立在 SDL 基础之上的软件包。SDL 提供了一种简单的方式控制媒体信息,而且能够跨平台使用。PyGame 是跨平台 Python 模块,专为电子游戏设计,包含图像、声音。其官网地址为:

http://www.pygame.org

PyGame 作为 Python 下的一个开源框架,兼容性非常好,对目前市面上流行的几乎所有的操作系统都有很好的支持。它对平台要求不高,作为非编译语言,一般的平台配置即可满足开发需求。

Panda3D 是一款现代引擎,支持着色器、模板和渲染到纹理等高级功能。Panda3D 的不寻常之处在于它强调短暂的学习曲线、快速的开发,以及极端的稳定性和稳健性。Panda3D 是可以在 Windows、Linux 或 OS X 下运行的免费软件。

cocos2d 是一个 Python 用来开发 2D 游戏和其他图形化交互应用的框架,使用硬件加速的 OpenGL 绘制,提供一些约定和类来帮助用户构建"基于场景的应用程序"。

# 7.4　综合案例

【例 7-12】　编写程序,判断今天是今年的第几天。

分析:本题用 time 库来做。用 time.localtime() 方法获取当前的年月日,首先,用年判断出今年是不是闰年,如果是闰年,2 月就是 29 天,其次,根据当前是几月几日计算出今天是今年的第几天。程序如下:

```
import time
date = time.localtime()                #获取当前日期时间
year, month, day = date[:3]         #将年、月、日分别存入变量 year,month,day 中
month_day = [31, 28, 31, 30, 31, 30, 31, 31, 30, 31, 30, 31]   #每月的天数
if year% 400 ==0 or (year% 4 ==0 and year% 100! =0):       #判断是否为闰年
    month_day[1] = 29
if month ==1:
    print(day)
else:
    print(sum(month_day[:month-1]) + day)
```

程序运行结果为:

```
272        #程序运行时的时间是 2022 年 9 月 29 日
```

【例 7-13】　使用 random 中的 randint 函数随机生成一个 0 ~ 9 的随机整数,然后从用户键盘输入所猜的数。如果该数大于预设的数,则屏幕显示"太大了,请重新输入!";如果该数小于预设的数,则屏幕显示"太小了,请重新输入!";如此循环,直到猜中,显示"恭喜您,猜中了! 您一共猜了 n 次"(n 为用户猜测次数)。

程序如下:

```
import random
sys_num = random.randint(0,9)
user_num = int(input("请输入一个整数:"))
count = 1
while sys_num != user_num:
    if sys_num > user_num:
        print("太小了,请重新输入!")
    elif sys_num < user_num:
        print("太大了,请重新输入!")
    count += 1
    user_num = int(input("请输入一个整数:"))
print("恭喜您,猜中了! 您一共猜了{}次".format(count))
```

程序运行结果为:

```
请输入一个整数:7
太大了,请重新输入!
请输入一个整数:4
太小了,请重新输入!
请输入一个整数:5
恭喜您,猜中了! 您一共猜了 3 次
```

【例 7-14】　使用 random 函数生成 $n$ 道 10 以内整数加减法运算试题,每题 10 分,给出总得分。

程序如下:

```
import random
max_t = 3           #试题数
max_n = 10          #最大数
sum_s = 0           #累计得分
for i in range(1,max_t+1):
    op = random.randint(0, 1)   #随机运算:0 +,1 -
    if op == 0:                 # +
        x1 = random.randint(0, max_n)
        x2 = random.randint(0, max_n - x1)
        result = x1 + x2
        qst = str(x1) + "+" + str(x2) + "="
    elif op == 1:               # -
        x1 = random.randint(0, max_n)
        x2 = random.randint(0, x1)          #确保非负数
        result = x1 - x2
        qst = str(x1) + "-" + str(x2) + "="
```

```
        x = input("第{:>2d}题:{}".format(i , qst))
        if int(x) == result:
            print("√")
            sum_s += =10
        else:
            print("× ,{}{}".format(qst,result,))
print("{}题共得{}分".format(max_t,sum_s))
```

程序运行结果为:

第 1 题:1 + 3 = 4
√
第 2 题:9 - 1 = 5
× ,9 - 1 = 8
第 3 题:5 - 2 = 3
√
3 题共得 20 分

【例 7-15】 利用随机函数与列表实现"锤子、剪刀、布"游戏。
程序如下:

```
import random
allList = ['锤子','剪刀','布']                          #定义手势类型
winList = [['锤子','剪刀'],['剪刀','布'],['布','锤子']]  #定义获胜的情况
#定义菜单
prompt = '''
 === 欢迎参加锤子剪刀布游戏 ===
请选择:
0 锤子
1 剪刀
2 布
3 我不想玩了

 ========================
请选择对应的数字:'''
while True:
    chnum = input(prompt)    #显示菜单并供用户输入
    if chnum not in ['0','1','2','3']:
        print("无效的选择,请选择 0 ~ 3:")
        continue
    if chnum == '3':break
    cchoice = random.choice(allList)              #计算机产生
    uchoice = allList[int(chnum)]
```

```
        print("您选择了:||\n 计算机选择了:||". format(uchoice, cchoice))
        if uchoice == cchoice:
            print("平局")
        elif [uchoice,cchoice] in winList:
            print("你赢了!!!")
        else:
            print("你输了!!!")
print("游戏结束!")
```

程序运行结果为:

```
=== 欢迎参加锤子剪刀布游戏 ===
请选择:
0 锤子
1 剪刀
2 布
3 我不想玩了
======================
请选择对应的数字:1
您选择了:剪刀
计算机选择了:布
你赢了!!!
```

【例7-16】　利用 random 与 turtle 库绘制若干朵雪花。

**分析:**本题主要利用随机函数库产生雪花颜色、雪花位置、雪花瓣数及雪花大小。

```
from turtle import *
from random import *
setup(400, 240, 0, 0)
max_flower = 20                    #雪花数
pensize(2)
speed(100)
for i in range(max_flower):
        pencolor(random(), random(), random())      #随机产生颜色
        penup()
        setx(randint(-180,180))          #雪花位置
        sety(randint(-100,100))
        pendown()
        dens = randint(8,12)             #花瓣数
        snowsize = randint(10,14)
        for j in range(dens):
            forward(snowsize)
            backward(snowsize)
            right(360/dens)
```

程序运行结果如图7-8所示。

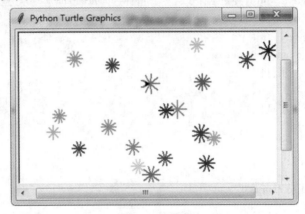

图7-8 雪花图

【例7-17】 已知 d:\data.txt 内容如下(读者可扫描右下侧二维码下载电子版数据文件):

300,0,144,1,0,0
300,0,144,0,1,0
300,0,144,0,0,1
300,0,144,1,1,0
300,0,108,0,1,1
184,0,72,0,0,0
184,0,72,0,0,0
184,0,72,0,0,0
184,0,72,0,0,0
184,0,72,0,0,0

例7-17 数据

其中每行各个数字的含义依次为:直行像素、左转(0)或右转(1)、转动的角度、颜色代码(3位),试读取文件中的数据并绘图。

程序如下:

```python
from turtle import *
p = Turtle()
p.forward(-150)
p.shape("turtle")                #乌龟形状
result = []
f = open("c:\\data.txt","r")
for line in f:
    result.append(list(map(int, line.split(','))))    #map 将字符串类型的列表转化为 int 类型
for i in range(len(result)):
    p.color(result[i][3],result[i][4],result[i][5])
```

```
        p. fd( result[ i ][ 0 ])
    if result[ i ][ 1 ] ==0:
            p. left( result[ i ][ 2 ])
    else:
            p. right( result[ i ][ 2 ])
```

程序运行结果如图 7-9 所示。

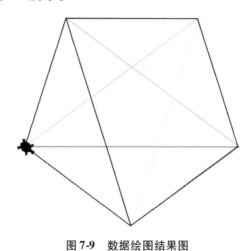

图 7-9　数据绘图结果图

# 习　题　7

**一、单选题**

1. random 库采用的随机数生成算法是＿＿＿＿＿＿＿＿。

A. 蒙特卡洛法　　　　B. 梅森旋转法　　　　C. 线性同余法　　　　D. 平方取中法

2. Python 的 random 模块中，调用＿＿＿＿＿＿＿可以返回[0,100]内的随机数。

A. random. randint( 0 ,100 )　　　　　　　B. random. rand( 0 ,101 )

C. random. rand( 0 ,100 )　　　　　　　　D. random. randint( 0 ,101 )

3. time 库的 time. time( )作用是＿＿＿＿＿＿＿＿。

A. 以 struct_time 形式返回当前系统时间

B. 以 format 格式返回当前系统时间

C. 以字符串形式返回当前系统时间

D. 以数字形式返回当前系统时间

4. 以下关于 turtle 库的描述，错误的是＿＿＿＿＿＿＿＿。

A. 可用 import turtle 导入 turtle 库函数

B. seth( x )是 setheading( x )函数的别名，功能是让画笔旋转 x 角度

C. 在 import turtle 之后，可以用 turtle. circle( )语句画一个圆圈

D. home( )函数用于设置当前画笔位置到原点，方向朝上

5. turtle 画图结束后,让画面停顿,不立即关掉窗口的方法是_____。

    A. turtle. clear( )       B. turtle. done( )       C. turtle. penup( )       D. turtle. setup( )

6. 以下属于 turtle 库颜色控制函数的是_____。

    A. seth( )           B. right( )           C. pensize( )          D. pencolor( )

7. 下载但不安装一个第三方库的命令格式是_____。

    A. pip download <第三方库名>          B. pip search <第三方库名>

    C. pip uninstall <第三方库名>         D. pip install <第三方库名>

8. Python 中用来安装第三方库的工具是_____。

    A. pip             B. PyQt5           C. PyInstaller        D. PyGame

9. 以下不属于 Python pip 工具命令的选项是_____。

    A. get             B. download        C. install           D. show

10. 用 PyInstaller 工具打包 Python 源文件时,-F 参数的含义是_____。

    A. 指定生成打包文件的目录          B. 指定所需要的第三方库路径

    C. 删除生成的临时文件             D. 在 dist 文件夹中生成独立的打包文件

11. 用 PyInstaller 工具把 Python 源文件打包成一个独立的可执行文件,使用的参数是_____。

    A. -L             B. -I            C. -F           D. -D

12. 将 Python 脚本程序转变为可执行程序的第三方库的是_____。

    A. random        B. PyQt5           C. PyGame         D. PyInstaller

13. Python 中文分词的第三方库_____。

    A. turtle          B. itchat          C. jieba           D. time

14. Python 网络爬虫方向的第三方库是_____。

    A. requests       B. itchat          C. jieba           D. time

15. Python 数据分析方向的第三方库是_____。

    A. Bokeh         B. SciPy          C. dataswim       D. Gleam

16. 以下不属于 Python 数据分析领域第三方库的是_____。

    A. pandas        B. NumPy        C. matplotlib      D. Scrapy

17. 以下选项中,不是 Python 数据分析方向的第三方库是_____。

    A. requests       B. SciPy          C. NumPy         D. pandas

18. Python 数据可视化方向的第三方库是_____。

    A. matplotlib      B. FGMK         C. retrying        D. PyQt5

19. 第三方库 BeautifulSoup4 的功能是_____。

    A. 解析和处理 HTML 和 XML        B. 处理 http 请求

    C. 支持 Web 应用程序框架          D. 支持 Web Services 框架

20. Python 网络爬虫方向的第三方库是_____。

    A. NumPy        B. Arcade        C. Scrapy         D. FGMK

21. Python 文本处理方向的第三方库是_____。

    A. matplotlib      B. vispy          C. openpyxl       D. wxPython

22. Python 文本处理方向的第三方库是_____。

    A. ONNX          B. python-docx       C. MMdnn          D. SciPy

23. Python 游戏开发方向的第三方库是_____。

    A. PyGame        B. wxPython         C. PyQt5           D. pygtk

24. 关于 NLTK 库的描述,以下选项中正确的是_____。

    A. NLTK 是一个支持符号计算的 Python 第三方库

    B. NLTK 是数据可视化方向的 Python 第三方库

    C. NLTK 是支持多种语言的自然语言处理的 Python 第三方库

    D. NLTK 是网络爬虫方向的 Python 第三方库

25. 关于 requests 的描述,以下选项中正确的是_____。

    A. requests 是数据可视化方向的 Python 第三方库

    B. requests 是支持多种语言的自然语言处理的 Python 第三方库

    C. requests 是处理 HTTP 请求的第三方库

    D. requests 是一个支持符号计算的 Python 第三方库

## 二、判断题

1. 假设已导入 random 标准库,那么表达式 max([random.randint(1,10) for i in range(10)]) 的值一定是10。

2. Python 标准库 random 的方法 randint(m,n) 用来生成一个 [m,n] 区间上的随机整数。

3. 假设 random 模块已导入,那么表达式 random.sample(range(10),7) 的作用是生成7个不重复的整数。

4. time 库与 datetime 库是 Python 提供的处理日期、时间方法的标准函数库,主要用于日期时间的访问与转换。

5. turtle(海龟)是 Python 中进行基本图形绘制的重要标准库。

6. 可以使用 PyInstaller 库把 Python 源程序打包成为 exe 文件,从而脱离 Python 环境,在 Windows 平台上运行。

7. Python 程序只能在安装了 Python 环境的计算机上以源代码形式运行。

8. 使用 random 模块的函数 randint(1,100) 获取随机数时,有可能会得到100。

9. jieba 库是 Python 中对中英文进行分词的第三方函数库。

10. Python 扩展库 WordCloud 可以用来创建词云,但不可以指定图像作为参考。

## 三、填空题

1. Python 标准库 random 中的 sample(seq,k) 方法的作用是从序列中选择_____(重复/不重复)的 k 个元素。

2. random 模块中_____方法的作用是将列表中的元素随机打乱顺序。

3. 表达式 sorted(random.sample(range(5),5)) 的值为_____。

4. Python 标准库 random 中_____方法的作用是从序列中随机选择1个元素。

5. 在 Python 中常用来测试一段代码运行时间的标准模块是_____。

6. turtle 标准库中用于转动角度的三个函数 seth、right 与 left 中,用于绝对调整角度的是_____。

7. Python 第三方库的编译版本一般后缀为_____。

8. _____库是将 Python 源文件打包,实现 Python 程序可以在没有安装 Python 的环境中运行,方便管理。

9. 可以完美实现中文分词的第三方函数库是_____。

10. Python 中用于数据分析与科学计算的第三方模块 Numpy、Scipy、SymPy、matplotlib 中,具有强大绘图与数据可视化功能的是_____。

**四、操作题**

1. 使用 random 库函数编写一个生成随机密码的函数,用函数参数指定生成密码的位数。

2. 用 turtle 库绘制一个红色五角星(填充色为红色),并在适当位置添加"五角星"汉字,效果如图 7-10 所示。

图 7-10    五角星

习题 7 参考答案

# 第8章　Python 高级应用

## 课程目标

➤ 了解面向对象的基本特征,理解面向对象的基本概念、类的定义与使用。

➤ 了解数据库基础知识、创建数据库和表、数据表的数据查询与更新。

➤ 了解 SQLite 数据库访问和 sqlite3 模块应用。

➤ 初步掌握图形用户界面(GUI)编程。

## 课程思政

➤ 在课堂教学设计中,通过介绍我国载人航天工程与北斗系统的复杂性引入类的知识,通过对系统的抽象分析形成对象,从而切入对象的属性和方法;通过 GUI 设计引入审美情感与创新创业精神;通过图灵奖获得者——关系数据库之父 E. F. Codd 在第二次世界大战时应征入伍,参与了许多惊心动魄的空战,年近 40 重返密歇根大学进修计算机,以及钱学森历尽艰险回国的经历传达科学家的"家国情怀"。

第 8 章例题代码

# 8.1 面向对象程序设计

通常在解决问题前要给出解决问题所需要的步骤,然后按照步骤运用程序设计语言的流程控制语句、函数(模块)把这些步骤实现出来,这种编程思想被称为面向过程编程。它符合人们的思维习惯,容易理解,以解决问题为中心,早期的编程全是面向过程编程。

随着问题的规模越来越大,程序的规模也越来越大,需求也越来越多,采用面向过程编程的弊端也随之而来,版本控制、系统升级与维护比较难。因此,面向对象编程应运而生。面向对象编程以对象为中心,一个对象就是一个实例或个体,实例之间相互独立又相互协作,共同完成整个系统需要完成的任务和功能。

## 8.1.1 基本概念

### 1. 对象

对象(object)是对客观存在的事物的抽象,既可以是具体的实例,如一个人、一辆汽车、一座建筑等;也可以是抽象概念,如一项计划、一个行动等。对象的状态用数据来描述,称为"属性"。对象的行为用代码来实现,称为"方法"。例如,一辆汽车是一个对象,它的状态有:长、宽、高及颜色、品牌等;行为有:启动、加速、减速、行驶等。对象的响应称为事件,它发生在用户与应用程序交互时,通过执行该对象上的用户编写的程序代码实现。如汽车遇到行人闯红灯后紧急刹车就是一个事件,又如单击鼠标、按下键盘等。

属性、方法和事件称为对象的三要素。

### 2. 类

类(class)是现实世界中具有相同属性和方法的对象在计算机中的抽象反映,它将数据和对这些数据的操作封装在一起,体现的是共性。如学生是一个类,它包含小学生、中学生、大学生等,而某个学生就是一个对象。

### 3. 对象与类的关系

对象是类的实例,类是对象的模板,一个类可以有多个实例对象。类与对象的关系如同一个模具和用模具铸造出来的铸件之间的关系。

### 4. 类的三大特征

类具有封装、继承和多态三大特征。

封装从字面上来理解就是包装的意思,专业点就是信息隐藏在一个"黑箱子"里,是将数据和基于数据的操作封装在一起,使其构成一个不可分割的独立实体,数据被保护在类的内部,尽可能地隐藏实现的细节,只保留一些接口与外部发生联系。比如你无须了解手机的实现细节,只需通过手机的按键、屏幕、听筒等对外接口即可实现通信。

继承是从已有的类(父类或基类)中派生出的新类(子类或派生类),新类能保持已有类的数据属性和行为,并能对其进行扩展。通过继承我们能够非常方便地复用以前的代码,大大提高开发的效率。

多态的本质就是一个同名方法在不同情形有不同表现形式,如参数个数、类型或顺序等。例如:圆、三角形与正方形都可以求面积,但求解的方式不同,这种不同类型的对象具有相同名称的不同实现方式的情况,就是"多态"。多态机制使具有不同内部结构的对象可以共享相同的外部接口。如前面学习的运算符加和函数 eval 就是多态应用的体现。

了解了这些基本知识后,我们来介绍如何定义与使用类。

## 8.1.2 类的定义和引用

与 C++ 、Java 等相比,Python 提供了更简便的方法来定义和引用类。

### 1.定义类

Python 中类由 class 定义开始,class 和类名之间用空格或 Tab 隔开,类名后是英文冒号,在类中通过变量赋值定义类属性。def 定义类方法,类定义格式如下:

```
class 类名:
    赋值语句
    …
    def 方法名 1(参数列表 1):
        方法语句组 1
    def 方法名 2(参数列表 2):
        方法语句组 2
    …
```

在类定义中各种语句的先后顺序没有关系,例 8-1 演示了 Python 类的定义。

【例 8-1】 类定义示例。

```
class Student:
    RealName = "李伟"                        #定义类属性
    def setLoginName(self,loginname):        #定义类方法,设置登录账号
        self.LoginName = loginname           #定义类实例属性 LoginName
    def printLoginName(self):                #定义类方法,打印登录账号
        print('LoginName = ',self.LoginName)
```

例 8-1 中定义了一个 Student 类,在类中定义了一个类属性 RealName 和两个方法 setLoginName ( ) 、printLoginName ( ),在 setLoginName 方法中定义类实例对象属性 LoginName。定义类的方法时,方法的参数列表至少有一个参数。通常把第一个参数指定为 self,表示所创建的对象,相当于 Java 语言中的 this 或 VB 语言中的 me。

### 2.引用类

在 Python 的对象模型中,有两种对象:类对象和实例对象。类对象是在执行 class 语句时创建的,而实例对象是在赋值引用类的时候创建的。每次赋值引用都会创建一个实例对象。Python 中类对象只有一个,而实例对象可以有多个。类对象和每个实例对象

都分别拥有自己的命名空间,在各自的命名空间存储属于自己的数据

(1)通过类对象引用类。class 类定义语句执行后,类对象即被创建,可以使用类对象来访问类的属性和方法。

【例 8-2】 通过类对象引用类。

```
class Student:
    RealName ="李伟"
    def setLoginName(self,loginname):        #定义类方法,设置登录账号
        self.LoginName = loginname           #定义类属性 LoginName
    def printLoginName(self):                #定义类方法,打印登录账号
        print('LoginName = ',self.LoginName)
    def printRealName(self):
        print("Execute printRealName!")
        return self.RealName
print("class Student 类对象创建完成")        #输出类定义结束信息
print(Student.RealName)                      #输出类中定义的属性值
print(Student.printRealName(Student))        #通过类对象方法引用
```

程序运行结果为:

```
class Student 类对象创建完成
李伟
Execute printRealName!
李伟
```

**注意**:当类方法的第一个参数为 self 时,通常不能通过类对象直接调用,因为它代表实例对象,只能通过实例对象来调用方法。在例 8-2 中,第 2 行在类中直接定义 RealName 属性,第 4 行在类方法 setLoginName 中定义 LoginName 类实例对象属性。第 11 行源代码输出结果通过类对象(Student)直接调用,第 12 行源代码输出结果通过类对象调用方法输出真实姓名(RealName)属性。

(2)通过类的实例对象引用。

【例 8-3】 类实例对象的引用。

```
class Student:
    def __init__(self,loginname):
        self.LoginName = loginname          #定义类属性 LoginName
    def printLoginName(self):               #定义类方法,打印登录账号
        print('LoginName = ', self.LoginName)
x = Student("zhangwei")              #创建类的实例对象 x
x.printLoginName()                   #通过实例对象输出属性
```

该程序定义一个 Student 类,类中重载了__init__方法,此方法为类构造方法(详见

8.1.4）。在创建对象时 Python 解析器会自动调用,并且把创建对象时指定的所有参数（包括 self 参数）都传给__init__方法。在上述程序中通过__init__方法初始化学生登录账号(LoginName)。

程序运行结果为:

```
LoginName = zhangwei
```

## 8.1.3　类与对象的属性

Python 类由类的属性和方法组成,属性表示类拥有的数据或特征,方法表示对象所具有的行为或功能。属性和方法都具有公有和私有性质。在 Pascal、C++ 和 Java 语言中,对属性和方法的公有、私有、保护分别通过访问修饰符 public、private、protected 实现。在 Python 中没有这些访问修饰符,Python 中属性和方法的公有属性和私有属性是通过标识符的约定来区分的。

### 1. 静态属性和动态属性

根据属性所属的对象或定义的位置,属性可分为静态属性和动态属性。

（1）静态属性（对象属性）。在类中的方法外定义且无特别声明的变量称为类的静态属性,或者称为类属性,相当于 Java 语言中用 static 关键字声明的变量。类属性既可以通过类名来访问,也可以通过对象名来访问。

（2）动态属性。在方法中声明的变量,当有前缀时（通常为 self）,只能通过对象名访问,因为该属性是动态建立的,所以在访问此属性前要先调用此方法或其他创建该属性的方法,否则会抛出 AttributeError 异常。

**注意**:通过对象访问同名的属性时,Python 解析器首先查找对象是否有指定的对象属性。如果有,则停止查找,并返回其值;如果没有,就会继续查找是否具有指定的类属性。如果还没有找到,则会抛出 AttributeError 异常,提示没有指定的属性。类的属性被同名对象属性"屏蔽"了,当然,可以通过"对象名.__class__.属性名"来访问被"屏蔽"的类属性。

【例 8-4】　类属性的访问。

```
class ClassAttributeTest:
    x = 1
    def setX(self,xValue):
        self.x = xValue
    def printX(self):
        print("self.x =",self.x)            #输出动态属性
        print("x =",self.__class__.x)       #输出静态属性
a = ClassAttributeTest()                    #创建类实例
a.setX(100)                                 #设置动态属性
a.printX()                                  #调用类中的 printX 方法
```

程序运行结果为:

```
self. x = 100
x = 1
```

### 2. 公有属性和私有属性

在 Python 中没有公有、私有属性相应的修饰符,Python 通过标识符的约定来区分,以下划线开头的变量名和方法名有特殊的含义,尤其在类的定义中。根据访问的权限,属性可分为公有属性和私有属性。

(1)公有属性。属性名称形如 xxx 的属性为公有属性,它可以是类属性,也可以是对象属性。

(2)私有属性。属性名称形如__xxx 的属性为私有属性,类对象可以访问,子类对象不能直接访问。但在对象外部可以通过"类(对象)名._类名__xxx"这样的特殊方式来访问。其中,类名前面是一个下划线,类名后是两个下划线。

下面通过一个例子来理解类的属性。

【例 8-5】 类的公有属性和私有属性。

```
class AttributeTest:
    x = 1
    __y = 2
    def printTest(self):                 #定义类方法打印类属性
        print("x = ", self. x)           #类方法访问公有属性
        print("__y = ", self. __y)       #类方法访问私有属性
x = AttributeTest()
x. printTest()
print("实例对象输出属性")
print(x. x)
print('输出类的私有属性')
print("__y = ", AttributeTest. _AttributeTest__y)
#print(x. __y)                           #此行注释去掉会抛出 AttributeError 异常
```

程序运行结果为:

```
x = 1
__y = 2
实例对象输出属性
1
输出类的私有属性
__y = 2
```

在访问类的公有属性时可以通过"类名. 属性名"或"实例名. 属性名"访问,例如公有属性"x"可以通过"AttributeTest. x"或"x. x"来访问。私有属性不能通过此方法访问,而要通过"类名._类名属性名"或"实例名._类名属性名"来访问。例如私有属性"__y"可以通过"AttributeTest. _AttributeTest__y"或"x. _AttributeTest__y"来访问。

## 8.1.4　类与对象的方法

Python 类中类与对象的属性分为公有属性和私有属性,同样,类与对象的方法也分为公有方法和私有方法。Python 中除了公有方法和私有方法外,还有类方法和静态方法,构造方法和析构方法。下面分别介绍。

### 1. 公有方法和私有方法

公有方法定义格式为:

```
def   xxx(形参列表):
    方法语句组
```

私有方法定义格式为:

```
def __xxx(形参列表):
    方法语句组
```

在方法调用时,无论是公有方法还是私有方法,都可以通过类或对象的方式调用,但是如果通过类的方式调用,则必须要传入一个对象;而私有方法必须通过以下方式调用。

```
类(对象)名._类名__私有方法名()
```

可以看到,这和访问私有属性非常类似,只是把私有属性名改成私有方法名。下面通过一个例子来理解公有方法和私有方法。

【例 8-6】　公有方法和私有方法。

代码如下:

```
class Score:
#定义一个成绩类
    type = 0                        #成绩类型:0 表示数值型,1 表示文本型
    __MinScore = 0                  #成绩最小值
    __MaxScore = 100                #成绩最大值
    def __init__(self, stu_id, course_id, score, score_type):
        self. stu_id = stu_id
        self. course_id = course_id
        self. score = score
        self. type = score_type
    def printScore(self):
        print("stu_id = % s, course_id = % s, score = % d, score_type = % d"% ( self. stu_id, self. course_id, self. score, self. type))
    def __printScoreType(self):
        print("score = % d, type = % d"% ( self. score, self. type))
```

```
stu = Score("2701910101","jc001",89,0)
stu. printScore()                    #公有方法调用
stu. _Score__printScoreType()        #私有方法调用
```

程序运行结果为：

```
stu_id = 2701910101, course_id = jc001, score = 89, score_type = 0
score = 89, type = 0
```

### 2. 类方法和静态方法

(1)类方法定义。格式如下：

```
@ classmethod
def 类方法名(cls):
    语句组
```

**注意**：在类方法定义中的参数 cls 表示这个类本身。

(2)静态方法定义。格式如下：

```
@ staticmethod
def 静态方法名():
    语句组
```

【**例 8-7**】  类方法和静态方法示例。

```
class ClassMethodExample：
    @ classmethod
    def Public_ClassMethod(cls):
        print("调用公有类方法")
        return cls
    @ classmethod
    def __Pivate_ClassMethod(cls):
        print("调用私有类方法")
        return cls
    @ staticmethod
    def Public_Static_Method():
        print("调用公有静态方法")
    @ staticmethod
    def __Private_Static_Method():
        print("调用私有静态方法")
#公有类方法调用
ClassMethodExample. Public_ClassMethod()
#私有类方法调用
ClassMethodExample. _ClassMethodExample__Pivate_ClassMethod()
```

```
#公有静态方法调用
ClassMethodExample. Public_Static_Method( )
#私有静态方法调用
ClassMethodExample. _ClassMethodExample__Private_Static_Method( )
```

程序运行结果为:

```
调用公有类方法
调用私有类方法
调用公有静态方法
调用私有静态方法
```

### 3. 构造方法(函数)和析构方法(函数)

类的构造方法(函数)和析构方法(函数)名称是由 Python 预设的,__init__为构造方法(函数)名,__del__为析构方法(函数)名。构造函数在调用类创建实例对象时被自动调用,完成对实例对象的初始化。析构函数在实例对象被回收时调用。在定义类时,可以不定义构造函数和析构函数。

【例 8-8】　构造方法和析构方法。

```
class Student:
    def __init__(self,name):
        self. StuName = name
        print("execute __init__")
    def __del__(self):
        del self. StuName
        print("execute __del__")
stu = Student("李伟")
print(stu. StuName)
del stu
```

程序运行结果为:

```
execute __init__
李伟
execute __del__
```

## 8.1.5　类的继承与派生

"继承"就是在既有类的基础上建立新的类,它可以继承既有类的属性和方法。既有类称为"基类"或"父类",新建立的类称为"派生类"或"子类"。通过继承,新类可以获得父类的属性和方法,同时还可以定义新的属性和方法,从而实现类的属性和方法的扩展。

**1. 派生类的定义**

定义派生类的一般形式如下:

class 派生类名(基类):

```
    def __init__(self[,args]):              #构造方法
        基类类名.__init__(self[,args])      #调用基类的构造方法
        [新增属性的赋值]
```

在派生类类名后的括号内指定所要继承的基类类名,如果继承多个类,则多个类之间用英文逗号隔开。在定义类时通常都会采用__init__构造方法,在派生类中也会定义该方法。可以在派生类中定义该方法时先调用基类的构造方法,并传递必要的参数,用于初始化类的属性,然后再根据需要通过赋值语句初始化派生类中新增加的属性。

【例 8-9】 派生类的定义与使用。

```
class Student(object):
    Student_Class_ID = 1
    def __init__(self,sname,sgender):
        self.name = sname
        self.gender = sgender
    def StudentPrint(self):
        print("name = %s,gender = %s"%(self.name,self.gender))


class Monitor(Student):
    Monitor_Class_ID = 2
    def __init__(self,sname,sgender,saddress):
        Student.__init__(self,sname,sgender)
        self.address = saddress
    def StudentPrint(self):
        Student.StudentPrint(self)
        print("address = %s"%(self.address))


stu = Monitor("李伟","男","安徽省合肥市")
stu.StudentPrint()
```

程序运行结果为:

```
name = 李伟,gender = 男
address = 安徽省合肥市
```

**2. super 和方法重载**

继承的类需要调用基类中的方法,一般通过类名访问基类的方法,并在参数列表中引入对象 self 实现。但是当基类名发生改变时,派生类中所有调用基类的方法都需要改

动。为了解决这个问题,Python 增加了 super 内建函数来调用基类中的方法。派生类定义的一般形式如下。

```
class 派生类名(基类名):
    def __init__(self):
        super(派生类名, self).__init__([args])
        [新增属性的赋值语句]
```

【例 8-10】　调用基类的构造函数。

```
class Student(object):
    Student_Class_ID = 1
    def __init__(self,sname,sgender):
        self. name = sname
        self. gender = sgender
    def StudentPrint(self):
        print("name = % s,gender = % s"% ( self. name,self. gender))

class Monitor(Student):
    Monitor_Class_ID = 2
    def __init__(self,sname,sgender,saddress):
        super(Monitor,self).__init__(sname,sgender)      #调用基类的构造函数
        self. address = saddress
    def StudentPrint(self):
        Student. StudentPrint(self)
        print("address = % s"% ( self. address))

stu = Monitor("李伟","男","安徽省合肥市")
stu. StudentPrint()
```

程序运行结果为:

```
name = 李伟,gender = 男
address = 安徽省合肥市
```

Python 允许在子类中定义自己的属性和方法,若子类的属性和方法与父类相同,则屏蔽父类的属性和方法,即在子类实例调用属性和方法时不会执行父类的属性和方法。用子类的方法覆盖父类的方法,在面向对象中称为**方法重载**。

# 8.2　图形用户界面(GUI)编程

　　GUI(Graphical User Interface)是图形化用户界面,也称图形用户接口,最典型的是微软的 Windows 界面。GUI 应用程序可以使用户通过菜单、窗口按钮等执行各种操作。

tkinter 模块是 Python 内置的标准 GUI 库,它使 Python 的 GUI 编程变得简洁、简单。

## 8.2.1　tkinter 编程基础

tkinter 模块是 TK GUI 的接口,已成为 Python 业界开发 GUI 的约定标准。采用 tkinter 模块编写的 Python GUI 程序是跨平台的,可运行在 Windows、Unix、Linux 及 Mac OS 等多种操作系统之中,且与系统的布局和外观风格保持一致。

### 1. 第一个 tkinter GUI 程序

下面通过一个简单的实例了解 tkinter GUI 程序的基本结构和相关概念。

【例 8-11】　显示欢迎信息 GUI 程序示例。

```
import tkinter                                          #导入 tkinter 模块
root = tkinter. Tk( )                                   #创建主窗口
lb_info = tkinter. Label( root , text = "欢迎来到 Python 世界")   #创建标签类的实例对象
lb_info. pack( )                                        #打包标签
root. mainloop( )                                       #事件循环
```

程序运行如图 8-1 所示,这是一个简单的 Windows 窗口,显示一个信息,用户可以根据需要调整窗口大小。

图 8-1　【例 8-11】运行结果

一个 tkinter GUI 程序的基本结构通常包括下面几个部分。

(1)导入 tkinter 模块。

(2)创建主窗口。所有组件在默认情况下都以主窗口为容器。

(3)创建组件实例。调用组件类创建组件实例时,第一个参数指明主窗口。

(4)打包组件。打包组件是为了将组件显示在窗口容器中,否则不会显示。

(5)开始事件循环。开始事件循环后,窗口等待用户操作。mainloop 不是必需的。在交互模式运行 GUI 程序时,如果有这个函数,程序运行结束后,就会返回提示符;如果没有,程序启动后,交互模式就返回提示符,但不会影响 GUI 程序窗口。

在导入模块时,访问模块中的类需要使用"tkinter."作为限定词。为了方便和减少代码编写,可以有选择地导入模块中所需要的类,然后在代码中直接使用类。例如:

```
from tkinter import  *
lb_info = Label( None , text = "欢迎来到 Python 世界"). pack( )   #创建标签类的实例对象并打包
mainloop( )                                             #事件循环
```

另外,Python 的 GUI 程序除了可以保存为以. py 为扩展名的文件外,还可以用. pyw 作为扩展名。PYW 格式文件是用来保存 Python 的纯图形界面程序,双击运行 pyw 程序

时不显示控制台窗口。

### 2. 窗口属性的设置

在 GUI 设计中,创建主窗口对象后,默认情况下窗口标题为 tk,可以使用 title( ) 方法设置窗口的标题,使用 geometry( ) 方法设置窗口的大小。

需要说明的是,geometry( ) 方法中的参数用于指定窗口大小,格式为"宽度 x 高度",其中的 x 不是乘号,而是字母 x。

【例 8-12】 设置窗口的标题和大小示例。

```
from tkinter import *
root = Tk( )                             #创建主窗口
root. title('Python 演示窗体')           #设置主窗口标题
root. geometry('300x160')               #设置主窗口大小
lb_info = Label(root,text ="欢迎来到 Python 世界")  #在主窗口中创建标签对象并设置显示内容
lb_info. pack( )                        #打包标签
root. mainloop( )                       #开始事件循环
```

程序运行结果如图 8-2 所示。

图 8-2　带有标题的窗口

### 3. 组件属性的设置

在例 8-12 中,标签中显示的文本是在创建时通过 text 属性指定的,此后也可以通过 config( ) 方法设置组件文本、对齐方式、前景色、背景色和字体等属性。

【例 8-13】 设置组件属性。

```
from tkinter import *
root = Tk( )                    #创建主窗口
root. title('演示窗体')         #设置主窗口标题
root. geometry('300x160')      #设置主窗口大小
lb_info = Label(root)          #在主窗口中创建标签对象
```

```
lb_info. config( text = "欢迎来到 Python 世界",fg = 'red')  #通过 config 方法设置标签的内容与颜色
lb_info. pack( )                    #打包标签
root. mainloop( )                   #开始事件循环
```

### 4. 组件的事件处理

图形用户界面经常需要对用户的鼠标、键盘等操作作出响应,即事件处理。产生事件的鼠标、键盘等称作事件源,对应操作称为事件。对这些事件作出响应的函数称为事件处理程序。事件处理通常使用组件的 command 参数或 bind( )方法来实现。

(1)使用 command 参数实现事件处理。

各种组件,如命令按钮 Button、单选按钮 Radiobutton、复选框 Checkbutton、滚动条 Spinbox 等,都支持使用 command 参数进行事件处理。由 command 参数指定的函数也叫回调函数。如单击 Button 按钮时,将会触发 Button 组件的 command 参数指定的函数。实际上是主窗口负责监听发生的事件,单击按钮时将触发事件,然后调用指定的函数。

【例 8-14】 在窗口中添加一个标签和一个按钮,单击按钮时改变显示的文字。

```
from tkinter import *
def showmsg( ):                     #事件过程
    lb_info. config( text = "您单击了按钮")


root = Tk( )                        #创建主窗口
root. title('演示窗体')             #设置主窗口标题
root. geometry('300x160')          #设置主窗口大小
lb_info = Label( text = "按钮信息")  #在主窗口中创建标签对象
lb_info. pack( )                    #打包标签
bt_info = Button( text = "按钮",command = showmsg)   #在主窗口中创建命令按钮对象
bt_info. pack( )                    #打包按钮
mainloop( )
```

程序运行时,首先显示如图 8-3(a)所示的窗口,单击窗口中的按钮,改变标签显示的文字,如图 8-3(b)所示。

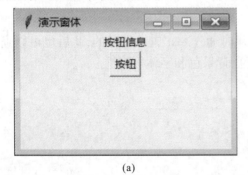
(a)

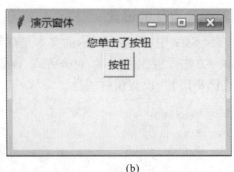
(b)

图 8-3　例 8-14 运行图

（2）使用 bind( ) 方法为组件绑定处理函数。

在进行事件处理时，还可以使用 bind( ) 方法为组件的事件绑定处理函数。其语法格式如下：

```
widget. bind( event,handle)
```

其中，widget 是事件源，即产生事件的组件；event 是事件或事件名称，常见事件名称如表 8-1 所示；handle 是事件处理程序。

表 8-1  按钮事件常量

| 序号 | 事 件 | 说 明 |
|---|---|---|
| 1 | Button-1 | 单击鼠标左键 |
| 2 | Button-3 | 单击鼠标右键 |
| 3 | Double-1 | 双击鼠标左键 |
| 4 | B1-Motion | 按下鼠标左键拖动 |
| 5 | Return | 按下回车键 |
| 6 | KeyPress | 按下键盘或其他键 |
| 7 | Up | 按下向上的箭头键 |

发生事件时，处理函数会接收一个事件对象，通常用 event 变量表示，事件对象封装了事件的细节。例如，B1-Motion 事件对象的属性 $x$ 和 $y$ 表示拖动时鼠标的坐标，KeyPress 事件对象的 char 属性表示按下键盘字符键对应的字符，例8-15为命令按钮绑定了各个事件的处理函数，在事件处理函数中用标签显示事件信息，并将信息输出到命令行。

【例 8-15】  事件处理函数绑定示例。

```
from tkinter import *
def onLeftClick( event) :
    lb_info. config( text ="单击了鼠标左键")


def onRightClick( event) :
    lb_info. config( text ="单击了鼠标右键")


def onMousemove( event) :
    lb_info. config( text ="鼠标位置:{},{}". format( event. x,event. y) )


def onKeyPress( event) :
    lb_info. config( text ="按键是{}". format( event. char) )


root = Tk( )                    #创建主窗口
root. title( '演示窗体')          #设置主窗口标题
root. geometry( '300x160')       #设置主窗口大小
```

```
lb_info = Label(text ="事件测试")              #在主窗口中创建标签对象
lb_info. pack( )                              #打包标签
bt_info = Button(text ="按钮")                #在主窗口中创建命令按钮对象
bt_info. bind('<Button-1 >',onLeftClick)      #单击左键
bt_info. bind('<Button-3 >',onRightClick)     #单击右键
bt_info. bind('<B1-Motion >',onMousemove)     #拖动
bt_info. bind('<KeyPress >',onKeyPress)       #按键
bt_info. pack( )                              #打包按钮
bt_info. focus( )                             #焦点置于命令按钮便于测试拖动与按键
mainloop( )
```

程序运行结果如图 8-4 所示。

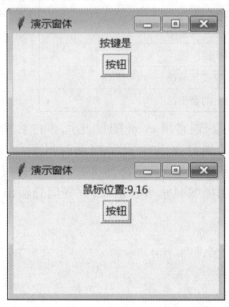
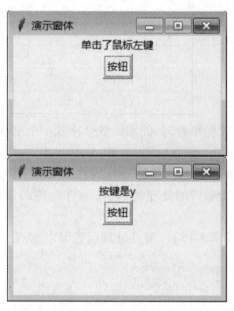

图 8-4　事件处理函数绑定示例

## 8.2.2　tkinter 布局管理

开发 GUI 程序,需要将组件放入容器中,主窗口就是一种容器。向容器中放入组件是很烦琐的,需要调整组件自身的大小,还要设计和其他组件的相对位置。实现组件布局的方法被称为布局管理器或几何管理器,tkinter 使用 3 种方法来实现布局功能:pack( )、grid( )、place( ),下面分别介绍。

此外,Frame(框架)也是容器,需要显示在主窗口中。Frame 作为中间层的容器组件,可以分组管理组件,实现复杂的布局。

### 1. pack( )方法布局

pack( )方法以块的方式布局组件,从而将组件显示在默认位置,是最简单、直接的用法。前面的示例中已经多次使用了 pack( )方法。

pack( )方法的常用参数如表 8-2 所示。

表 8-2　pack( )方法的常用参数

| 参　　数 | 说　　明 |
|---|---|
| side | 表示组件在容器中的位置,取值为 TOP、BOTTOM、LEFT、RIGHT |
| expand | 表示组件可拉伸,取值为 YES 或 NO。当值为 YES 时,side 参数无效,用参数 fill 指明组件的拉伸方向 |
| fill | 取值为 X、Y 或 BOTH(tkinter 常量),填充 X 或 Y 方向上的空间。当参数 side = TOP 或 BOTTOM 时,填充 X 方向;当参数 side = LEFT 或 RIGHT 时,填充 Y 方向 |
| anchor | 表示组件在窗口中的位置。取值为 N(北)、S(南)、W(西)、E(东)、NW(左上角)、SW(左下角)、NE(右上角)、SE(右下角)和默认值 CENTER(居中)。 |
| padx 和 pady | 组件外部边框与窗口或其他边框的左右和上下的距离,如 pady = (20,10) |
| ipadx 和 ipady | 组件内部文字与左右边框和上下边框的距离 |

【例 8-16】　使用 pack( )方法的 side 参数设置组件的布局。

```
from tkinter import    *
root = Tk( )                              #创建主窗口
root. title('pack( )方法 side 参数演示')    #设置主窗口标题
root. geometry('300x160')                 #设置主窗口大小
lb_info1 = Label(root, text = "语文")
lb_info2 = Label(root, text = "数学")
lb_info3 = Label(root, text = "英语")
lb_info1. pack(side = TOP)
lb_info2. pack(side = LEFT)
lb_info3. pack(side = RIGHT)
mainloop( )
```

程序运行结果如图 8-5 所示。

图 8-5　布局示例

在调用 pack( )方法打包组件时,通过相对位置控制组件在容器中的位置。因为组件的位置是相对的,当容器大小发生变化时(例如调整串钩大小),组件会随着容器自动调整位置。组件总是按打包的先后顺序出现在容器中,当容器尺寸大小变化时,后打包的组件总是先看不到。

【例8-17】　使用 pack( )方法的 anchor 参数设置组件的位置

```
from tkinter import    *
root = Tk( )                              #创建主窗口
root. title('pack( )方法 anchor 参数演示')   #设置主窗口标题
root. geometry('300x160')                 #设置主窗口大小
lb_info1 = Label(root, text ="语文")
lb_info2 = Label(root, text ="数学")
lb_info3 = Label(root, text ="英语")
lb_info1. pack(anchor = NE)
lb_info2. pack(anchor = N)
lb_info3. pack(anchor = SW)
mainloop( )
```

程序运行结果如图 8-6 所示。

图 8-6　anchor 示例

## 2. grid( )方法布局

grid( )方法的布局被称为网格布局,它按照二维表格的形式,将容器划分为若干行和若干列,组件的位置由行列所在位置确定。grid( )方法在使用上同 pack( )方法类似,grid( )方法的常用参数如表 8-3 所示。

需要注意的是,在同一容器中,只能使用 pack( )方法或 grid( )方法中的一种布局方式。

表 8-3　grid( )方法的常用参数

| 参　　数 | 说　　明 |
| --- | --- |
| row 和 column | 组件所在行和列的位置 |
| rowspan 和 columnspan | 组件从所在位置起跨的行数和列数 |
| sticky | 组件所在位置的对齐方式,默认居中,取值为 N(顶)、S(底)、W(左)、E(右)四个字母或 NE、NW、SE、SW、N + S、W + E 等 |
| padx 和 pady | 组件周围左右和上下预留的空白宽度 |
| ipadx 和 ipady | 组件内部左右和上下预留的空白宽度 |

在 grid( )方法中,用 row 参数设置组件所在行,用 column 参数设置组件所在列,行列默认开始值为0,依次递增。行和列序号的大小表示了相对位置,数字越小表示位置越靠前。

【例 8-18】  使用 grid( )方法布局组件。

```
from tkinter import    *
root = Tk( )                              #创建主窗口
root. title('grid( )方法布局组件演示')      #设置主窗口标题
root. geometry('300x160')                 #设置主窗口大小
lb_info0 = Label( root, text = "本学期开设课程")
lb_info0. grid( row = 0, column = 0, columnspan = 3 )
lb_info1 = Label( root, text = "语文")
lb_info2 = Label( root, text = "数学")
lb_info3 = Label( root, text = "英语")
lb_info1. grid( row = 2, column = 0, padx = 2)
lb_info2. grid( row = 2, column = 1, padx = 2)
lb_info3. grid( row = 2, column = 2, padx = 2)
mainloop( )
```

程序运行结果如图 8-7 所示。

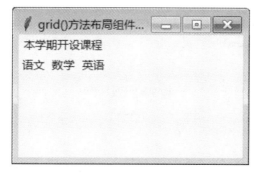

图 8-7   grid 布局

## 3. place( )方法布局

place( )方法的布局比 grid( )和 pack( )布局更精确地控制组件在容器中的位置。但如果容器大小调整,可能会出现布局不适应的情况,所以一般较少使用。place( )方法的布局可以与 grid( )或 pack( )方法的布局同时使用。

place( )方法常用参数如表 8-4 所示。

表 8-4   place( )方法常用参数

| 参    数 | 说    明 |
| --- | --- |
| x 和 y | 用绝对坐标指定组件的位置,默认单位为像素。 |
| relx 和 rely | 按容器高度和宽度的比例来指定组件的位置,取值范围为 0.0 ~ 1.0。 |
| height 和 width | 指定容器的高度和宽度,默认单位为像素。 |
| relheight 和 relwidth | 按容器高度和宽度的比例来指定组件的高度和宽度,取值范围为 0.0 ~ 1.0。 |
| anchor | 表示组件在窗口中的位置。取值为 N、S、W、E、SW、NE、SE、NW 和 CENTER 等。默认是左上角(NW) |
| bordermode | 指定计算位置值是否包含容器边界宽度,默认为 INSIDE(计算容器边界),OUTSIDE 表示不计算容器边界。 |

在使用坐标时,容器坐标左上角为原点(0,0),原点向右为 x 正方向,向下为 y 正方向。

【例8-19】 使用 Place 布局组织组件。

```
from tkinter import    *
root = Tk( )                                    #创建主窗口
root. title('place( )方法布局组件演示')          #设置主窗口标题
root. geometry('300x160')                       #设置主窗口大小
lb_info0 = Label(root,text ="本学期开设课程")
lb_info0. place(x = 150,y = 50,anchor = N)
lb_info1 = Label(root,text ="语文")
lb_info2 = Label(root,text ="数学")
lb_info1. place(x = 150,y = 80,anchor = N)       #place 方法布局
lb_info2. grid(row = 2,column = 1)               #grid 方法布局
mainloop( )
```

程序运行结果如图 8-8 所示。

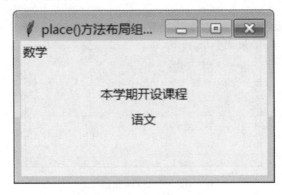

图 8-8　place 布局应用

### 4. 使用 Frame(框架)进行复杂布局

Frame 是一个容器,通常用于对组件进行分组,实现复杂布局。Frame 常用选项如表 8-5 所示。

表 8-5　Frame 常用选项

| 序号 | 选项 | 说　　　明 |
|---|---|---|
| 1 | bd | 指定边框宽度 |
| 2 | relief | 指定边框样式,可用 RAISED(凸起)、SUNKEN(凹陷)、FLAT(扁平,默认值)、RIDGE(脊状)、GROOVE(凹槽)和 SOLID(实线) |
| 3 | width | 宽度,如果忽略,容器通常根据组件内容的大小自动调整 Frame 大小 |
| 4 | height | 高度,如果忽略,容器通常根据组件内容的大小自动调整 Frame 大小 |

【例8-20】 使用 Frame 将 6 个标签分成两组。

```
from tkinter import   *
root = Tk( )                              #创建主窗口
root. title('Frame 组件复杂布局演示')       #设置主窗口标题
root. geometry('300x160')                  #设置主窗口大小
frm1 = Frame( bd = 2 , relief = SUNKEN)    #框架凹陷样式,边框宽度为2
frm2 = Frame( bd = 2 , relief = RAISED)    #框架凸起样式,边框宽度为2
frm1. pack( )
frm2. pack( )
lb_info1 = Label( frm1 , text = "语文")
lb_info2 = Label( frm1 , text = "数学")
lb_info3 = Label( frm1 , text = "英语")
lb_info4 = Label( frm2 , text = "美术")
lb_info5 = Label( frm2 , text = "音乐")
lb_info6 = Label( frm2 , text = "体育")
lb_info1. pack( side = LEFT)
lb_info2. pack( side = LEFT)
lb_info3. pack( side = LEFT)
lb_info4. pack( side = LEFT)
lb_info5. pack( side = LEFT)
lb_info6. pack( side = LEFT)
```

程序运行结果如图 8-9 所示。

**图 8-9　Frame 框架示例**

# 8.2.3　tkinter 常用组件

使用 tkinter 创建组件的一般格式为:

< 组件对象名 > = < [ tkinter. ]组件名 > ( [ 属性名 1 = 属性值 1 , [ 属性名 2 = 属性值 2 ] , … ] )

tkinter 中的组件参数实质是关键字参数,关键字参数的好处使得在传递中不必按照顺序传递,只要按照"传递参数名 = 传递参数值"的形式即可。

设置组件属性值的一般格式为:

<组件对象名>.config(属性名 1 = 属性值 1,属性名 2 = 属性值 2,…)

其中 config( )与 configure( )等价。

组件获取焦点的一般格式为:

<组件对象名>.focus( )或 <组件对象名>.focus_set( )

另外,tkinter 模块提供了布尔型 BooleanVar( )、整数型 IntVar( )、双精度型 DoubleVar( )和字符串 StringVar( )四种类型的对象,用于与组件 textvariable 或 variable 属性关联的控制变量相联系。创建方法为:

myVar = tkinter.IntVar( )

**注意**:该语句只有在创建窗口对象后才可以使用。

此后,可以通过 set( <新值>)方法设置这个对象关联的组件值;通过 get( )方法获取这个对象关联的组件变化后的值。

tkinter 中常用组件如表 8-6 所示,下面我们仅介绍几个常用组件的使用。

表 8-6　tkinter 常用组件(或控件)

| 组件名称 | 用　途 | 简　介 |
|---|---|---|
| Toplevel | 顶层窗口 | 类似于窗口的容器类,可用于为其他组件提供单独的容器 |
| Button | 按钮 | 代表按钮组件 |
| Canvas | 画布 | 提供绘图功能,包括直线、矩形、椭圆、多边形、位图等 |
| Checkbutton | 复选框 | 可供用户勾选的复选框 |
| Entry | 单行输入框 | 用户可输入内容 |
| Frame | 框架容器 | 用于装载其他 GUI 组件 |
| Label | 标签 | 用于显示不可编辑的文本或图标 |
| LabelFrame | 标签容器 | 也是容器组件,类似于 Frame,但它支持添加标题 |
| Listbox | 列表框 | 列出多个选项,供用户选择 |
| Menu | 菜单 | 菜单组件 |
| Menubutton | 菜单按钮 | 用来包含菜单的按钮(包括下拉式、层叠式等) |
| OptionMenu | 菜单按钮 | Menubutton 的子类,也代表菜单按钮,可通过按钮打开一个菜单 |
| Message | 消息框 | 类似于标签,但可以显示多行文本;但在 Label 也能显示多行文本之后,该组件就近乎废弃了 |
| PanedWindow | 分区窗口容器 | 该容器会被划分成多个区域,每添加一个组件就占一个区域,用户可通过拖动分隔线来改变各区域的大小 |
| Radiobutton | 单选按钮 | 可供用户点击的单选按钮 |
| Scale | 滑动条 | 拖动滑块可设定起始值和结束值,可显示当前位置的精确值 |
| Spinbox | 微调选择器 | 用户可通过该组件的向上、向下箭头选择不同的值 |
| Scrollbar | 滚动条 | 用于为组件(文本域、画布、列表框、文本框)提供滚动功能 |
| Text | 多行文本框 | 显示多行文本 |

### 1. Label 组件

Label 组件又称标签控件,用于显示不可编辑的文本和图标,一般放置在输入框控件的左边说明输入框请求输入的内容,是最简单的控件之一。其主要属性如表 8-7 所示。

表 8-7　Label 组件主要属性

| 属　　性 | 说　　明 |
| --- | --- |
| text | 标签中的文本,可以使用'\n'表示换行 |
| width 或 height | 标签宽度(字符数,1 个汉字 3 个英文)与高度(行数) |
| anchor | 标签中文本的位置 |
| background 或 bg | 背景色 |
| foreground 或 fg | 前景色 |
| borderwidth 或 bd | 边框宽度 |
| bitmap | 指定显示到标签上的位图。如果指定了 image 选项,则该选项被忽略 |
| image | 指定 Label 显示的图片,该选项优先于 text 和 bitmap 选项 |
| font | 字体,一般格式:('Times',10,'bold','italic')依次表示字体、字号、加粗、倾斜 |
| justify | 设置文本的对齐方式(LEFT、RIGHT 与 CENTER) |

### 2. Button 组件

Button 组件用于创建按钮,通常用于响应用户的单击操作,即单击按钮时将执行指定的函数。Button 组件的 command 属性用于指定响应函数,其他大部分属性与 Label 组件的属性相同。

### 3. Entry(输入)组件

Entry 组件主要用于输入简单的单行文本,Entry 组件的部分属性与 Label 组件的属性相同,其他常用属性见表 8-8,常用方法见表 8-9。

表 8-8　Entry 组件常用属性

| 序号 | 属　　性 | 说　　明 |
| --- | --- | --- |
| 1 | cursor | 光标的形状设定,如 arrow, circle, cross, plus 等 |
| 2 | show | 指定文本框内容显示为字符,值随意,满足字符即可。如密码可以将值设为 show = "*" |
| 3 | state | 默认为 state = NORMAL, 文框状态,分为只读和可写,值分别为: NORMAL/DISABLED |
| 4 | textvariable | 文本框的值,是一个 StringVar( )对象 |
| 5 | xscrollcommand | 设置水平方向滚动条,一般在用户输入的文本框内容宽度大于文本框显示的宽度时使用 |

表8-9 **Entry** 组件常用方法

| 序号 | 方 法 | 说 明 |
|---|---|---|
| 1 | delete ( first, last = None ) | 删除文本框里直接位置值<br>text. delete(10)　　　　#删除索引值为 10 的值<br>text. delete(10, 20)　　#删除索引值从 10 到 20 之前的值<br>text. delete(0, END)　　#删除所有值 |
| 2 | get( ) | 获取文件框的值 |

【**例 8-21**】 输入一个整数 $n$,计算 $1 \sim n$ 的累加和。

```python
from tkinter import *
def comput( ):
    sum = 0
    n = int( number. get( ) )
    for i in range( n + 1 ):
        sum + = i
    result = "累加结果是: " + str( sum )
    lab2. config( text = result )
root = Tk( )
root. title("计算累加和")
root. geometry("300x160")
lab1 = Label( root, text = '请输入计算数据: ')
lab1. config( width = 16, height = 3, font = ('黑体', 12))
lab1. grid( row = 0, column = 0)
number = StringVar( )
ent1 = Entry( root, textvariable = number, width = 14)
ent1. grid( row = 0, column = 1)
bt1 = Button( root, text = "计算", width = 14, height = 1)
bt1. config( justify = CENTER )          #设置按钮文本居中
bt1. config( bd = 3, relief = RAISED )   #设置边框宽度和样式
bt1. config( anchor = CENTER )           #设置内容在按钮内部居中
bt1. config( command = comput )
bt1. grid( row = 1, column = 0, columnspan = 2 )
lab2 = Label( root, text = '显示结果!')
lab2. config( width = 16, height = 3 )
lab2. config( font = ('宋体', 12))
lab2. grid( row = 2, column = 0, columnspan = 2 )
root. mainloop( )
```

程序运行结果如图 8-10 所示。

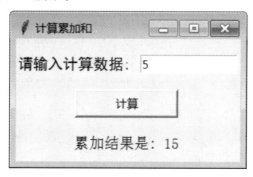

图 8-10　累加和示例

### 4. 菜单组件 Menu

tkinter 菜单组件 Menu 用于创建一个菜单,可以使用 Menu 添加子菜单,子菜单的菜单项可以是文本、复选框或单选框,子菜单的菜单项还可以包含一个子菜单。菜单常用属性为 tearoff,默认情况下,一个 Menu 对象包含的子菜单的第一项为一虚线,单击虚线使子菜单变成一个独立的窗口。如果 tearoff 值为 0,则不显示虚线。菜单常用方法见表 8-10。

表 8-10　菜单组件方法

| 序号 | 方　　法 | 说　　明 |
|---|---|---|
| 1 | add_command( ) | 添加按钮菜单项,菜单项可以是 Label、bitmap、image 对象,command 指定菜单项执行的回调函数 |
| 2 | add_cascade( ) | 设置另一个菜单对象为当前 Menu 对象的子菜单 |
| 3 | add_radiobutton( ) | 添加一个单选按钮到菜单项 |
| 4 | add_checkbutton( ) | 添加一个复选框到菜单项 |
| 5 | add_separator( ) | 添加一条横线作为菜单分割符 |
| 6 | Post( ) | 在指定位置弹出 Menu 对象的子菜单 |

【例 8-22】　菜单示例。

```
from tkinter import *
root = Tk( )
root. title("菜单示例")
root. geometry("300x160")

def callmenufun( ) :
    print('我被调用了')
#1. 创建菜单实例,也是一个顶级菜单 MenuMain
menuMain = Menu(root)

#2. 创建一个下拉菜单"客观题",这个菜单是挂在 MenuMain(顶级菜单)上
```

```
menu_Select = Menu(menuMain, tearoff = False)
#下边是下拉菜单的具体项目,使用 add_command()方法
menu_Select.add_command(label = '单项选择题', command = callmenufun)
menu_Select.add_command(label = '多项选择题', command = callmenufun)
menu_Select.add_command(label = '判断题', command = callmenufun)
#添加"分割线"方法
menu_Select.add_separator()
menu_Select.add_command(label = '退出', command = root.quit)
#在顶级菜单中关联"客观题"菜单
#将下拉列表 menu_Select 添加到顶级菜单中
menuMain.add_cascade(label = '客观题', menu = menu_Select)


#3. 创建"主观题"菜单
menu_operator = Menu(menuMain, tearoff = False)
menu_operator.add_command(label = '填空题', command = callmenufun)
menu_operator.add_command(label = '程序改错题', command = callmenufun)
menu_operator.add_command(label = '程序设计题', command = callmenufun)
menu_operator.add_separator()
menu_operator.add_command(label = '交卷', command = callmenufun)
#4. 关联主观题菜单到顶级菜单
menuMain.add_cascade(label = '主观题', menu = menu_operator)
#5. 显示菜单
#还可以设置成 root['menu'] = menuMain    根窗口的 menu 属性 是 menuMain
root.config(menu = menuMain)
mainloop()
```

程序运行结果如图 8-11 所示,界面呈现两个菜单项"客观题"和"主观题","客观题"下有子菜单项"单项选择题""多项选择题""判断题"和"退出"。单击某一个菜单项会执行"callmenufun()",如果有需要,可以针对不同的菜单项设置不同的处理函数。

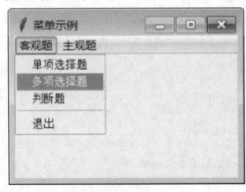

图 8-11　菜单组件示例

# 8.3 Python 数据库编程

## 8.3.1 数据库基本概念

随着计算机技术和网络技术的发展,计算机应用范围越来越广泛,数据库已深入到社会生活的各个方面,并从早期的单机应用演变到网络应用和移动应用。数据的存储和数据处理越来越复杂,功能要求也越来越多,因此数据管理及处理方法的重要性越来越突出。数据处理从早期的应用程序中分离出来,形成的系统软件即数据库管理系统。

**1. 数据**

计算机中的数据是存储在某一存储介质上并能够被计算机识别的物理符号。它代表两个含义:一是数据的内容,它代表一定的含义;二是数据在计算机中的表示形式。比如"2021-12-30"这个数据内容表示日期、代表某个人的出生日期,它也可以用"2021.12.30"来表示。狭义上的数据一般是指数值、字母、文字或者其他的一些特殊符号。广义上的数据还包括图形、图像、语音、动画、视频等多种形式。

**2. 数据库**

数据库是存储在计算机系统中的存储介质上,按一定的方式组织起来的相关数据的集合。数据库在计算机中的表示是结构化的,它不仅需要描述数据本身的属性,还要描述数据之间的关系。

在应用系统中使用数据库后,其中的数据具有高度的共享性及独立性,可以被多个应用共享,减少数据冗余。

**3. 数据库管理系统**

数据库管理系统( Database Management System,DBMS)是一个数据管理软件,对数据库进行管理与维护,需要操作系统的支持,向用户提供一系列的管理功能。通常数据库管理系统由数据定义语言、数据操纵语言、数据库运行控制程序和实用程序几部分组成。

**4. 数据库系统**

数据库系统(DBS)是指安装了数据库管理系统的计算机系统,能够对大量的动态数据进行有组织的存储与管理,提供各种应用支持。通常由用户、应用系统、开发工具、数据库管理系统、数据库管理员、操作系统等几部分组成。

**5. 概念模型**

概念模型是现实世界中事物与事物之间关系的抽象,换言之,它表示数据的逻辑特性,在概念上表示数据库中将存储一些什么信息,而不管这些信息在数据库中是怎么实现存储的。最常见的概念模型是实体 – 联系(E-R)模型。

(1)实体。实体就是客观存在并相互区别的客观事物。比如一门课、一本书、一个职员、一辆汽车、一个项目、一个商品等都属于实体。

(2)属性。事物的性质称为属性,一个实体的所有属性组成了实体本身。属性使人们能识别和认识实体,通过属性能够区别不同的实体。例如,一个人可以用身份证号、姓名、性别、民族、籍贯、出生地、家庭住址等属性来描述。

(3)实体间的联系。实体之间的对应关系称为联系,它反映客观事物之间的相互关联。建立实体联系模型之前要找出实体之间的联系,实体间的联系可分为三种类型。

①一对一联系,记为1:1。如果实体集 A 中的任一实体最多与实体集 B 中的一个实体相对应(联系),并且实体集 B 中的任一实体最多与实体集 A 中的一个实体相对应(联系),则"A 与 B 是一对一联系"。

②一对多联系,记为1:$n$。如果实体集 A 中的一个实体与实体集 B 中的多个实体相对应(联系),并且实体集 B 中的一个实体最多与实体集 A 中的一个实体相对应(联系),则"A 与 B 是一对多联系"。

③多对多联系,记为$m$:$n$。如果实体集 A 中的一个实体与实体集 B 中的多个实体相对应(联系),并且实体集 B 中的一个实体与实体集 A 中的多个实体相对应(联系),则"A 与 B 是多对多联系"。

**6. 关系数据模型**

一个数据库系统中的数据有一定的结构,这种结构用数据模型来表示,它描述数据之间的逻辑关系。数据模型通常由模型结构、数据操作和完整性规则三部分组成。模型结构是所研究的对象的集合,用来描述数据库的逻辑结构;数据操作为数据库提供操纵手段,主要包括检索和数据更新;完整性规则是对数据库有效状态的约束,保证数据的正确性和有效性。

数据模型主要有层次、网状、关系及新一代面向对象四种。数据库管理系统通常都基于某一种数据模型,相应地,也有层次、网状、关系及新一代面向对象四种数据库系统。目前应用的数据库基本上都是关系数据库。

在关系模型中,数据的逻辑结构是一张二维表,它由行和列组成。一个关系就是一张二维表,表中的一列表示实体的一个属性(字段),一行表示一个实体的所有属性值(记录)。关系模型中的二维表需要满足以下条件。

(1)每一列中的分量都是类型相同的数据。

(2)列的顺序可以是任意的。

(3)行的顺序可以是任意的。

(4)表中的分量是不可再分割的最小数据项。

(5)表中的任意两行不能完全相同。

## 8.3.2 关系数据库

**1. 关系数据库的基本概念**

为了便于规范数据库设计和管理,在数据库系统发展过程中衍生出了一些数据库相关的概念,具体如下。

(1)关系。一个关系就是一个二维表,每个关系有一个关系名。在数据库中,一个关系可以存储为一张表,并为其定义一个独立的表名。一般地,一个数据库可能包含若干张表。

(2)元组。在二维表中,水平方向的一行称为一个元组,对应表中的一条记录。

(3)属性。二维表中垂直方向的列称为属性,每个属性有一个属性名,也就是实体的属性。在关系数据库中,一列就是一个字段,每个字段通过字段名、字段的数据类型及宽度等进行描述,相关内容在创建表结构时定义。

(4)域。属性的取值范围称为域,即不同的元组对同一个属性的取值所限定的范围。在实际应用系统中,许多属性都有一定的取值范围,比如分数的范围是[0,100],性别为"男"或"女"。

(5)关键字。关键字是二维表中某一个属性或者某几个属性的组合,它可以唯一地标识一个元组。关键字又称为键,主关键字又称为"主键"或"主码"。比如,身份证号是唯一的,可以作为一个人的关键字。

(6)外部关键字。如果表中的一个关键字不是本表的主关键字,而是另外一个表的主关键字或者候选关键字,则这个属性就称为外关键字。

**2. 关系运算**

关系运算有两种类型:一种是传统的集合运算,如并、差、交等;另一种是专门的关系运算,如选择、投影、连接等。关系运算的操作对象是关系,运算的结果仍为关系。

(1)选择。选择运算即在关系中选择满足某些条件的元组。也就是说,选择运算是在二维表中选择满足指定条件的行。

(2)投影。投影运算是在关系中选择某些(部分)属性,即选择二维表中的某些列。

(3)连接。连接是关系的横向结合,是将两张二维表连接成一张新的二维表,要指定连接条件及属性。它将两个关系模式组合成一个新的关系模式,在生成的新关系模式中,其属性是原有两个关系中的指定属性,其元组是符合连接条件的元组。连接条件一般是同时出现在两张二维表中的公共属性。

**3. 关系模型的完整性**

关系模型的完整性规则是对关系的某种约束条件。关系模型中有三种完整性约束,分别是实体完整性、参照完整性和用户自定义完整性。其中实体完整性、参照完整性是系统自动支持的。

(1)实体完整性。实体完整性规则规定关系中的所有主属性不能取空值,也就是一个表中的主键不能为空。

(2)参照完整性。参照完整性是指一个关系中外码的码值必须是相应的数据库中其他关系的主码值和空值之一。

(3)用户自定义完整性。用户自定义完整性规则是对某一个关系中,某一个属性值取值范围的约束。比如,成绩的取值范围为[0,100],可以采用用户自定义完整性规则来约束。

### 4. 关系数据库标准语言——SQL

SQL 是结构化查询语言(Structured Query Language)的缩写,已成为关系数据库管理系统的国际标准语言。

SQL 语言是类似于英语的自然语言,简洁易用,仅用 9 个关键字就可实现关系数据库的各种操作,如表 8-11 所示。

表 8-11　SQL 语言功能及命令动词

| SQL 功能 | 命令动词 |
|---|---|
| 数据定义 | CREATE,DROP,ALTER |
| 数据查询 | SELECT |
| 数据操纵 | INSERT,UPDATE,DELETE |
| 数据控制 | GRANT,REVOKE |

SQL 具有数据查询、数据定义、数据操纵和数据控制四种功能,是一种非过程的面向集合的语言,既是自含式语言,又是嵌入式语言。

SQL 命令不区分大小写,在 SQLite 窗口中运行 SQL 命令时,需要在 SQL 语句后加英文的分号并按回车键执行。

## 8.3.3　SQLite 数据库与 sqlite3 模块

### 1. SQLite 数据库

SQLite 是一款开源的轻型的数据库,占用资源非常低,广泛用于各种嵌入式设备中。

SQLite 支持各种主流的操作系统,包括 Windows、Linux、UNIX 等,并与 Python 在内的许多程序语言紧密结合。

SQLite 是遵守事务 ACID(原子性 Atomicity、一致性 Consistency、隔离性 Isolation 和持久性 Durability)原则的关系数据库管理系统,实现了大多数的 SQL-92 标准,包括事务、触发器和多数的复杂查询。

SQLite 整个数据库,包括数据库定义、表、索引和数据本身等,都存储在一个单一的文件中,最大支持 140TB 大小的单个数据库,其事务处理通过锁定整个数据文件而完成。

SQLite 引擎是在编程语言内直接调用 API(Application Programming Interface,应用程序编程接口)来实现的,即 SQLite 是应用程序的组成部分,所以具有内存消耗低、延迟时间短、整体结构简单等优点。

SQLite 使用动态数据类型,不进行类型检查,字段的数据类型决定字段采用的数据类型。当向字段写入不匹配的类型时,SQLite 引擎会自动进行转换。如果转换会对数据造成损坏,则字段以数据的类型而不是定义时的类型存储数据。该特点特别适合与无类型的脚本语言(例如 Python)一起使用。

在 SQLite 数据库中,数据类型包括 NULL(空值)、INTEGER(整数)、REAL(小数)、

TEXT（文本）和 BLOB（二进制数据），分别对应 Python 的数据类型 NoneType、int、float、str 和 bytes。除了上述数据类型，还支持表 8-12 数据类型。

表 8-12　SQLite 支持的数据类型

| 序号 | 类　　型 | 说　　　明 |
|---|---|---|
| 1 | smallint | 16 位的整数 |
| 2 | integer | 32 位的整数 |
| 3 | decimal(p,s) | p 是指数据总位数（digits），s 是指小数点后有几位数。如果没有特别指定，则系统会设 p = 5；s = 0 |
| 4 | float | 32 位的实数 |
| 5 | double | 64 位的实数 |
| 6 | char(n) | n 长度的字串，n 不能超过 254 |
| 7 | varchar(n) | 长度不固定且其最大长度为 n 的字串，n 不能超过 4000 |
| 8 | vargraphic(n) | 可变长度且其最大长度为 n 的双字元字串，n 不能超过 2000 |
| 9 | date | 包含了年份、月份、日期 |
| 10 | time | 包含了小时、分钟、秒 |
| 11 | timestamp | 包含了年、月、日、时、分、秒、千分之一秒 |

SQLite 数据库可以用可视化管理工具对数据库进行管理，如 SQLiteManager、SQLite Database Browser、SQLite Expert Professional 等。

SQLite 目前的版本是 3，其官方网址为"https://www.sqlite.org/index.html"。

## 2. sqlite3 模块

Python 标准库 sqlite3 模块使用 C 语言实现，提供访问和操作 SQLite 数据库的各种功能。sqlite3 模块主要包括下列常量、函数和对象。

sqlite3.version：常量，版本号。

sqlite3.connect(database)：函数，连接到数据库，返回 Connection 对象。

sqlite3.Connection：数据库连接对象。

sqlite3.Cursor：游标对象。

sqlite3.Row：行对象。

这些对象可以在 Python 环境中测试，具体的对象及功能描述请查阅相关文档，也可在 IDLE 环境下使用 dir 命令和 help 命令观察。如图 8-12 所示。

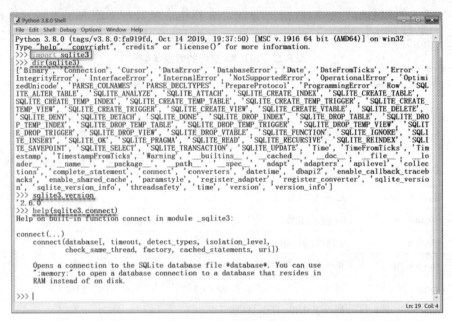

图 8-12　sqlite3 模块信息

借助其他扩展模块,Python 也可以访问 SQL Sever、Oracle、MySQL 或其他数据库。

## 8.3.4　使用 sqlite3 模块连接和操作 SQLite 数据库

### 1.访问数据库的典型步骤

Python 的数据库操作具有统一的接口标准,遵循一致的操作模式。使用 sqlite3 模块操作数据库的典型步骤如下。

(1)导入 sqlite3 模块。

访问 SQLite 数据库时,需要首先导入 sqlite3 模块。例如:

```
>>>import sqlite3              #导入模块
>>>print(sqlite3. version)     #输出系统 sqlite 运行库的版本
2.6.0
```

(2)建立数据库连接,返回连接(Connection)对象。

使用数据库模块的 connect()函数建立数据库连接,返回连接对象,格式如下:

```
<连接对象> = sqlite3. connect(connectstring)
```

connectstring 参数为 SQLite 数据库文件名。如果指定的数据库存在,则打开数据库,否则创建并打开一个新的数据库。例如:

```
>>>objcn = sqlite3. connect('c:/zgda. db')      #连接 SQLite 数据库
```

如果使用":memory:"表示文件名,则 Python 会创建一个内存数据库。内存数据库中的所有数据均保存在内存中,关闭连接对象时,所有数据自动删除。例如:

> ＞＞＞objcn_ memory ＝sqlite3. connect('：memory：')　#创建内存数据库

　　如果使用空字符串作为文件名，Python 会创建一个临时数据库。临时数据库中有一个临时文件，所有数据保存在临时文件中。连接对象关闭时，临时文件和数据也会自动删除。例如：

> ＞＞＞objcn_temp＝sqlite3. connect('')　　　#创建临时数据库

　　创建数据库对象后，用户可以设置其属性，例如：

> ＞＞＞objcn. isolation_level＝None　　　#设置事务隔离级别，默认为自动提交

　　（3）创建游标（cursor）对象。
　　调用连接对象的 cursor（）函数，创建游标对象，格式如下：

> ＜游标对象＞＝＜连接对象＞. cursor（）

　　例如：

> ＞＞＞objcur＝objcn. cursor（）

　　（4）使用游标对象的 execute（）执行 SQL 命令返回结果。
　　调用形式有三种格式，如表 8-13 所示，查询结果保存在游标对象中。

表 8-13　游标对象的 execute 方法

| 序号 | 方　　　法 | 说　　　明 |
|---|---|---|
| 1 | execute(SQL 语句[，参数]) | 执行 SQL 语句 |
| 2 | executemany(SQL 语句[，参数]) | 执行多条语句 |
| 3 | executescript(SQL 脚本) | 执行 SQL 脚本 |

　　例如：

> ＞＞＞objcur. execute('create table if not exists zgxx( bh primary key，xm）')

　　将在当前数据库中创建一个包含 bh（主码）和 xm 两个字段的表。
　　SQL 语句字符串中可以使用占位符"？"表示参数（传递的参数使用元组）或者使用命名参数（传递的参数使用字典）。例如：

> ＞＞＞objcur. execute("insert into zgxx( bh, xm） values（?,?）", ('001','李四'))
> ＞＞＞objcur. execute("insert into zgxx( bh,xm） values(：bh,：xm）",｛'bh'：'002'，'xm'：'张三'｝)

　　也可以使用连接对象的上述方法返回结果，事实上，它们是游标对象对应的快捷方式。

> ＞＞＞objcn. execute('create table if not exists zgxx( bh primary key，xm）')
> ＞＞＞objcn. execute("insert into zgxx( bh, xm） values(?,?）", ('001','李四'))
> ＞＞＞objcn. execute("insert into zgxx( bh,xm） values(：bh,：xm）",｛'bh'：'002'，'xm'：'张三'｝)

(5)获取游标的查询结果集。

获取游标的查询结果集有三种格式调用形式,如表 8-14 所示。

表 8-14　游标对象查询结果方法

| 序号 | 方　　法 | 说　　明 |
|---|---|---|
| 1 | fetchone() | 返回单个的元组,也就是一行记录,如果没有结果,就会返回 null |
| 2 | fetchall() | 返回多个元组,即返回多个行记录,如果没有结果,就返回一个空的元组 |
| 3 | fetchmany([数量]) | 获取查询结果集中的下一行组,返回一个列表。当没有更多的可用的行时,返回一个空的列表。该方法尝试获取由 size 参数指定的尽可能多的行 |
| 4 | rowcount | 返回影响的行数、结果集的行数 |

例如:

```
>>>objcur.execute("select * from zgxx")   #执行 SQL 查询语句
>>>jg = objcur.fetchone()       #获取一行 Row 对象结果
>>>jg[0],jg[1]            #输出查询结果('001','李四')
```

也可以直接使用循环语句输出结果,例如:

```
>>>for row inobjcur.execute("select * from zgxx"):print(row[0],row[1])
```

结果如下:

```
001 李四
002 张三
```

(6)数据库的提交或回滚。

根据数据库事务执行情况,可以对事务进行提交或回滚操作,格式分别如下。

```
<连接对象>.commit():SQL 语句执行正确,提交事务
<连接对象>.rollback():任何一条执行错误,回滚事务
```

(7)关闭游标对象与连接对象。

执行完所有操作后,应执行 close()方法关闭游标对象或连接对象,释放占用的资源。格式分别如下:

```
<游标对象>.close():关闭游标对象
<连接对象>.close():关闭连接对象
```

例如:

```
>>>objcur.close()
>>>objcn.close()
```

## 2. 创建数据库表

在数据库中创建数据表通过 Python 连接对象或游标对象的 execute()方法执行

CREATE TABLE 语句实现。数据表创建的 SQL 语句格式如下:

```
CREATE TABLE 表名(
    字段1  数据类型 [字段属性|约束] [索引],
    字段2  数据类型 [字段属性|约束] [索引],
    ……
    )
```

**说明:**在不同的数据库管理系统中创建表的 SQL 语句中的数据类型不同,[字段属性|约束]的常见设置有:NOT NULL(不为空)、PRIMARY KEY [AUTOINCREMENT](主键)、UNIQUE(唯一索引)、CHECK(约束条件)、DEFAULT(默认值)。

【例8-23】 在学生管理数据库"XSGL"中创建学生信息"xsxx"数据表,详见表8-15。

表 8-15 学生信息"xsxx"数据表

| 序号 | 字段名 | 字段类型 | 长度 | 备注 |
|---|---|---|---|---|
| 1 | 学号 | text | 6 | 主键 |
| 2 | 姓名 | text | 8 | |
| 3 | 性别 | text | 2 | |
| 4 | 入学成绩 | real | | |

创建成绩表程序代码如下:

```
import sqlite3           #导入模块
objcn = sqlite3. connect('c:/xsgl. db')       #连接 SQLite 数据库
sql = 'create table xsxx(学号 text(6) primary key,姓名 text(8),性别 text(2),入学成绩 real)'
objcn. execute(sql)       #创建学生信息"xsxx"数据表
objcn. commit()          #提交事务
objcn. close()
上述程序也可以改成如下程序,通过游标对象创建表。
import sqlite3           #导入模块
objcn = sqlite3. connect('c:/xsgl. db')      #连接 SQLite 数据库
sql = 'create table xsxx(学号 text(6) primary key,姓名 text(8),性别 text(2),入学成绩 real)'
objcur = objcn. cursor()    #创建游标对象
objcur. execute(sql)        #创建学生信息"xsxx"数据表
objcn. commit()
objcur. close()
objcn. close()
```

**说明:**在 create table 语句中可使用 SQLite 数据类型。

### 3. 数据库表数据的插入、更新与删除

在数据表中插入、更新、删除数据记录的一般步骤如下。

①建立数据库连接。

②创建游标对象 cur,使用 cur. execute(sql)方法执行 SQL 的 insert、update、delete 等语句,完成数据库记录的插入、更新、删除操作,并根据返回值判断操作结果。

③提交操作。

④关闭数据库。

假设学生信息表数据如表 8-16 所示。

表8-16　学生信息表数据

| 学号 | 姓名 | 性别 | 入学成绩 |
|---|---|---|---|
| 220101 | 王万通 | 男 | 550 |
| 220102 | 李峰 | 男 | 578 |
| 220103 | 孔一倩 | 女 | 567 |
| 220104 | 张春花 | 女 | 548 |
| 220201 | 李云龙 | 男 | 566 |
| 220202 | 刘红梅 | 女 | 580 |

下面介绍数据库表数据的插入、更新与删除的具体实现方法。

(1)数据库表记录的添加。

向数据库中添加记录使用 INSERT INTO 语句实现,语法格式如下:

INSERT INTO <表名>[(列1,列2,…)] VALUES(值1,值2,…)

**说明:** 如果插入的是一个表的全部列值,且顺序与列名顺序一致,则列名可以省略。如果插入数据表的部分列值,则必须给出相应的列名,且列和值要一一对应。没有给出的列名取空值(主键不能为空),若不能为空则会出现错误。

①添加一条记录。

【例 8-24】　向 xsxx 插入表 8-16 第一名学生的信息。

```
import sqlite3                    #导入模块
objcn = sqlite3. connect('c:/xsgl. db')    #连接 SQLite 数据库
objcur = objcn. cursor( )
#添加学生记录
objcur. execute('insert into xsxx(学号,姓名,性别,入学成绩) values("220101","王万通","男", 550)')
objcn. commit( )
print( objcur. rowcount)          #输出影响记录
objcur. close( )
objcn. close( )
```

程序运行后在学生表中插入一条记录,并通过游标对象的 rowcount 属性输出影响的记录行数,程序输出结果为:

1

执行记录相关的修改操作(添加、修改和删除)时,应执行连接对象的 commit() 方法提交修改。如果没有执行 objcn. commit() 方法,则关闭连接对象后,所有修改都会失效。如果需要撤销可以用 objcn. rollback() 撤销最后一次调用 commit() 方法后所做的修改。

　　②添加多条记录。

　　SQLite 允许在 INSERT INTO 语句中使用问号表示参数,通过 executemany() 方法一次向数据表添加多条记录,记录数据使用元组列表表示,如:

```
objcur. executemany ('insert into 表名[(列 1,列 2,…)] values(?,?,..)',[(值 11,值 12,…),(值 21,
值 22,…),…])
```

【例 8-25】　向 xsxx 插入表 8-16 中后五名学生的信息。

```
import sqlite3                          #导入模块
objcn = sqlite3. connect('c:/xsgl. db')     #连接 SQLite 数据库
objcur = objcn. cursor()
sList = [("220102","李峰","男",578),("220103","孔一倩","女",567),("220104","张春花","女",548),
("220201","李云龙","男",566),("220202","刘红梅","女",580)]
#添加多条学生记录
objcur. executemany("insert into xsxx(学号,姓名,性别,入学成绩) values(?,?,?,?)",sList)
objcn. commit()
objcur. close()
objcn. close()
```

　　(2)数据表记录更新。

　　UPDATE 语句用于更新、修改表中的数据。语法格式如下:

```
UPDATE  <表名称>
SET 列名称 = 需要改变的新值或表达式
WHERE  <条件表达式>
```

　　WHERE 子句用于确认目标列修改的条件,如果没有 WHERE 子句,则修改所有记录。

【例 8-26】　将学号为"220201"的总分修改为 560。

```
import sqlite3                          #导入模块
objcn = sqlite3. connect('c:/xsgl. db')     #连接 SQLite 数据库
strSQL = 'update xsxx set 入学成绩 =560 where 学号 ="220201"'
objUpdate = objcn. execute(strSQL)       #更新成绩信息
objcn. commit()
print("更新｛｝条记录". format(objUpdate. rowcount))
objUpdate. close()
objcn. close()
```

　　程序运行结果为:

```
更新 1 条记录
```

(3)数据表记录删除。

删除表中的记录用 DELETE 语句,语法格式如下:

```
DELETE FROM  <表名称 >  WHERE  <条件表达式 >
```

**注意**:如果没有 WHERE 子句,则代表删除表中的全部记录。否则删除满足 WHERE 条件的记录。

【例 8-27】 删除 xsxx 表中性别为"男"的学生信息。

程序代码请读者参照上例自行完成。

### 4. 数据库表数据的查询

数据查询是数据库检索最常用的操作,数据库表数据的信息查询步骤如下。

①建立数据库连接。

②根据 SQL SELECT 语句,使用 objcn. execute(sql)执行数据库查询操作,返回游标对象 objcur。

③循环输出结果。

查询是通过 SELECT 查询语句实现的,语法格式如下:

```
SELECT [ALL|DISTINCT]  <列名 >
FROM  <表名 >
[WHERE  <条件表达式 >]
[GROUP BY  <字段名 > [HAVING  <筛选条件 >]]
[ORDER BY  <字段名 > [ASC/DESC]]
```

**说明**:SELECT 子句:查询的目标字段。目标字段可以是表中的字段,也可以是合法的表达式,* 代表所有字段。

FROM 子句:查询的数据源。数据源可以是表,也可以一个查询或视图。

WHERE 子句:查询条件。

GROUP BY 子句:按指定字段分组。

HAVING 子句:HAVING 子句和 WHERE 子句类似,WHERE 子句确定选择的记录;GROUP BY 分组后,HAVING 子句确定显示的记录。

ORDER BY 子句:按照指定的字段依次排序。默认 ASC(升序)/DESC(降序)。

(1)查询所有记录。

对数据库进行查询是执行 SELECT 语句,返回数据库中的数据。

【例 8-28】 查询学生所有记录。

```
import sqlite3                          #导入模块
objcn = sqlite3. connect('c:/xsgl. db')    #连接 SQLite 数据库
st = objcn. execute("select * from xsxx")
print( st. fetchall( ) )
```

程序运行结果为:

[('220101','王万通','男',550.0),('220102','李峰','男',578.0),('220103','孔一倩','女',567.0),('220104','张春花','女',548.0),('220201','李云龙','男',560.0),('220202','刘红梅','女',580.0)]

使用连接对象执行 SELECT 语句时,返回包含查询结果的游标对象。游标对象的 fetchall( ) 方法提取全部查询结果。在提取出的查询结果中,每条记录为一个元组,所有记录的元组组成一个列表。

【例 8-29】 用 fetchall( ) 输出学生表中所有记录的学号、姓名、班级、课程名称和成绩。

```
import sqlite3                           #导入模块
objcn = sqlite3. connect('c:/xsgl. db')    #连接 SQLite 数据库
objcur = objcn. cursor( )
objcur. execute("select 学号,姓名,性别,入学成绩 from xsxx")
print("%-12s\t%-4s\t%-4s%-10s"%("学号","姓名","性别","入学成绩"))
for (xh,xm,xb,cj) in objcur. fetchall( ):
    print("%-12s\t%-4s\t%-4s%-10.1f"%(xh,xm,xb,cj))
```

程序运行结果为:

| 学号 | 姓名 | 性别 | 入学成绩 |
| --- | --- | --- | --- |
| 220101 | 王万通 | 男 | 550.0 |
| 220102 | 李峰 | 男 | 578.0 |
| 220103 | 孔一倩 | 女 | 567.0 |
| 220104 | 张春花 | 女 | 548.0 |
| 220201 | 李云龙 | 男 | 560.0 |
| 220202 | 刘红梅 | 女 | 580.0 |

fetchall( ) 方法返回查询结果集中的全部记录,没有记录时返回一个空列表。如果记录较多,可能会使程序暂时失去响应。而 fetchone( ) 方法可以每次提取一个记录,返回的记录为一个元组。在达到表末尾时,返回 None。

【例 8-30】 用 fetchone( ) 循环输出全部记录,显示字段为:学号、姓名、性别和入学成绩。

```
import sqlite3                #导入模块
objcn = sqlite3. connect('c:/xsgl. db')    #连接 SQLite 数据库
objcur = objcn. cursor( )
objcur. execute("select 学号,姓名,性别,入学成绩 from xsxx")
print("%-12s\t%-4s\t%-4s%-10s"%("学号","姓名","性别","入学成绩"))
while True:
    x = objcur. fetchone( )
    if not x:break
    print("%-12s\t%-4s\t%-4s%-10.1f"%(x[0],x[1],x[2],x[3]))
```

(2)条件查询。

数据库检索一般是检索指定字段、指定检索条件的查询,很少查询所有记录的所有字段,即需要在 WHERE 子句中添加相应的条件。WHERE 子句的条件可能是单一条件,也可能是组合条件,甚至还会有子查询条件等。

【例 8-31】 从学生信息表中查询性别为"男"的学生的入学信息(学号、姓名、性别、入学成绩)。

程序代码如下:

```
import sqlite3                        #导入模块
objcn = sqlite3.connect('c:/xsgl.db')    #连接 SQLite 数据库
objcur = objcn.cursor()
objcur.execute('select 学号,姓名,性别,入学成绩 from xsxx where 性别="男"')
print("%-12s\t%-4s\t%-4s%-10s"%("学号","姓名","性别","入学成绩"))
while True:
    x = objcur.fetchone()
    if not x:break
    print("%-12s\t%-4s\t%-4s%-10.1f"%(x[0],x[1],x[2],x[3]))
```

程序运行结果为:

| 学号 | 姓名 | 性别 | 入学成绩 |
|------|------|------|----------|
| 220101 | 王万通 | 男 | 550.0 |
| 220102 | 李峰 | 男 | 578.0 |
| 220201 | 李云龙 | 男 | 560.0 |

(3)统计查询。

常见的统计查询有统计满足条件的数量(count)、求和(sum)、平均值(avg)、最大值(max)、最小值(min)等。

【例 8-32】 从学生信息表中查询入学最高分。

```
import sqlite3                        #导入模块
objcn = sqlite3.connect('c:/xsgl.db')    #连接 SQLite 数据库
objcur = objcn.cursor()
objcur.execute('select max(入学成绩) as 最高分 from xsxx')
while True:
    x = objcur.fetchone()
    if not x:break
    print("最高分 = {}".format(x[0]))
```

其中 as 为指定的列或表指定一个别名,此处"最高分"即计算字段的别名。查询结果如下:

最高分 = 580.0

# 习 题 8

**一、单选题**

1. 关于 Python 面向对象编程，下列说法中正确的是_____。
   A. Python 中一切都是对象　　　　　B. Python 支持私有继承
   C. Python 支持接口编程　　　　　　D. Python 支持保护类型

2. 以下_____不是面向对象的特性。
   A. 封装　　　　　B. 继承　　　　　C. 多态　　　　　D. 联合

3. 将数据和与该数据相关的操作绑定在一起，同时对用户隐藏方法的实现细节，称为_____。
   A. 扩展　　　　　B. 继承　　　　　C. 多态　　　　　D. 封装

4. 关于面向对象的继承，以下选项中描述正确的是_____。
   A. 继承是指一组对象具有完全相同的属性
   B. 继承是指子类具有父类的属性和方法
   C. 继承是指各对象之间的共同属性
   D. 继承是指一个对象具有另一个对象的属性

5. Python 中用_____关键字来声明一个类。
   A. class　　　　　B. object　　　　　C. def　　　　　D. define

6. 以下定义 Dog 类的形式正确的是_____。
   A. class Dog：：　　B. Class Dog：　　C. class Dog（ ）：　　D. Class Dog（ ）：

7. Python 中的对象，通过标记符_____来访问属性。
   A. .　　　　　B. -->　　　　　C. ->　　　　　D. ：：

8. 对于 Python 类中的私有成员，可以通过"_____"的方式来访问。
   A. 对象名.__私有成员名　　　　　　　B. __类名__私有成员名
   C. 对象名.__类名　　　　　　　　　　D. 对象名.__类名__私有成员名

9. 定义类时，构造方法的_____用来表示对象本身。
   A. 第 1 个参数　　B. 第 2 个参数　　C. 第 3 个参数　　D. 最后一个参数

10. 函数__init__在_____被调用。
    A. 程序开始时　　　　　　　　　　　B. 程序结束时
    C. 类的实例被销毁时　　　　　　　　D. 类的实例被创建时

11. 如果定义类时没有编写析构函数，Python 将提供一个默认的析构函数进行必要的_____工作。
    A. 资源清理　　　B. 初始化　　　　C. 存储分析　　　D. 参数传递

12. 定义一个类时，_____用来控制类实例化时传入参数。
    A. 在创建类实例时，将需要的值写在类名后面
    B. 在类的__init__方法中声明的参数

    C. 没有方法来给类实例传递参数

    D. 声明在类名后面的参数

13. 假设已有一个 Pet 类，则对它的派生类定义正确的是_____。

    A. class Dog∷Pet                                  B. Class Dog∶Pet

    C. class Dog(Pet)∶                                 D. Class Dog extends Pet∶

14. 若 Python 中存在类 Person，其对象回收时会调用函数_____。

    A. release              B. ~ Person( )              C. clear                   D. __del__

15. 以下关于设置窗口属性的方法中，不正确的是_____。

    A. title( )               B. config( )               C. geometry( )            D. mainloop( )

16. 使用 tkinter 创建图形界面时，下列_____方法可以使窗体中的组件及时更新。

    A. geometry( )           B. mainloop( )            C. destory( )            D. quit( )

17. 使用 tkinter 向窗体添加一个按钮，应使用以下_____组件。

    A. Label               B. Entry                  C. Text                  D. Button

18. 下列不属于 tkinter 模块中布局管理器的是_____。

    A. grid                 B. pack                 C. place                 D. bind

19. 在 tkinter 布局管理的方法中，可以精确定义组件位置的方法是_____。

    A. place( )            B. grid( )              C. frame( )              D. pack( )

20. 可以接收单行文本输入的组件是_____。

    A. Text                 B. Label               C. Entry               D. Listbox

21. tkinter 中 Label 组件的作用是_____。

    A. 用来显示图片和文本                            B. 只显示文本

    C. 用于接收输入的字符                            D. 用于编辑文本

22. 下列属于 tkinter 模块中容器组(控)件的是_____。

    A. Label                 B. Entry                 C. Frame                D. Listbox

23. _____是存储在计算机内有结构的数据的集合。

    A. 数据库系统                                  B. 数据库

    C. 数据库管理系统                              D. 数据结构

24. 数据库(DB)、数据库系统(DBS)、数据库管理系统(DBMS)之间的关系是_____。

    A. DB 包含 DBS 和 DBMS                   B. DBS 包含 DB 和 DBMS

    C. DBMS 包含 DB 和 DBS                  D. 没有任何关系

25. 数据库系统的核心是_____。

    A. 数据模型            B. 数据库管理系统          C. 数据库              D. 数据库管理员

26. "商品"与"顾客"两个实体集之间的联系一般是_____。

    A. 1∶1                 B. 1∶$n$                 C. $n$∶1                 D. $m$∶$n$

27. 在关系模型中，以下有关关系键的描述正确的是_____。

    A. 可以由任意多个属性组成

    B. 至多由一个属性组成

    C. 由一个或多个属性组成，其值能唯一标识关系中的一个元组

    D. 以上都不对

28. 关系数据库管理系统能实现的专门关系运算包括_____。

    A. 选取、投影、连接　　　　　　　　　　B. 排序、索引、统计

    C. 显示、打印、制表　　　　　　　　　　D. 关联、更新、排序

29. SQL 语句中的短语_____。

    A. 必须是大写的字母　　　　　　　　　　B. 必须是小写的字母

    C. 大小写字母均可　　　　　　　　　　　D. 大小写字母不能混合使用

30. "delete from student where 年龄 > 60" 语句的功能是_____。

    A. 从 student 表中删除年龄大于 60 岁的记录

    B. 从 student 表中删除年龄大于 60 岁的首条记录

    C. 删除 student 表

    D. 删除 student 表的年龄列

31. 命令 "update student set 年龄 = 年龄 + 1" 的功能是_____。

    A. 将 student 表中的所有学生的年龄变为 1 岁

    B. 将 student 表中的所有学生的年龄增加 1 岁

    C. 将 student 表中当前记录的学生的年龄增加 1 岁

    D. 将 student 表中当前记录的学生的年龄变为 1 岁

32. sqlite3 中用于插入数据的关键字是_____。

    A. select　　　　　　B. insert　　　　　　C. delete　　　　　　D. update

33. 在 Python 中连接 SQLite 的 test 数据库，代码是_____。

    A. con = sqlite3. connect ("c : \db\test")　　　B. con = sqlite3. connect ("c : /db/test")

    C. con = sqlite3. Connect ("c : \db\test")　　　D. con = sqlite3. Connect ("c : /db/test")

34. 关于 SQLite3 的数据类型，下面说法中不正确的是_____。

    A. SQLite3 数据库中，表的主键应为 integer 类型

    B. SQLite3 的动态数据类型与其他数据库使用的静态类型是不兼容的

    C. SQLite3 的表完全可以不声明列的类型

    D. SQLite3 使用动态的数据类型会根据列值自动判断列的数据类型

35. 使用 sqlite3 模块访问和操作 SQLite 数据库时，Connection 类的_____方法用于关闭数据库文件的连接。

    A. connect( )　　　　　B. close( )　　　　　C. cursor( )　　　　　D. exit( )

**二、判断题**

1. 定义类时所有实例方法的第一个参数用来表示对象本身，在类的外部通过对象名来调用实例方法时不需要为该参数传值。

2. 在面向对象程序设计中，函数和方法是完全一样的，都必须为所有参数进行传值。

3. Python 中没有严格意义上的私有成员。

4. 在 IDLE 交互模式下，一个下划线 "_" 表示解释器中最后一次显示的内容或最后一次语句正确执行的输出结果。

5. 对于 Python 类中的私有成员，可以通过 "对象名. __类名__私有成员名" 的方式来访问。

6. 如果定义类时没有编写析构函数，Python 将提供一个默认的析构函数进行必要的资源清理工作。

7. Python 支持多继承,如果父类中有相同的方法名,而在子类中调用时没有指定父类名,则 Python 解释器将从左向右按顺序进行搜索。

8. 在 Python 中定义类时,实例方法的第一个参数名称必须是 self。

9. 在 Python 中定义类时,如果某个成员名称前有两个下划线,则表示该成员是私有成员。

10. 在类定义的外部没有任何办法可以访问对象的私有成员。

11. 在设计派生类时,基类的私有成员默认是不会继承的。

12. 在 Python 中,子类会自动调用父类的构造函数。

13. Python 中的对象,能够在运行时创建新的属性。

14. 图形用户界面(简称 GUI)是指采用图形方式显示的计算机操作用户界面。

15. 当主窗体生成后,向窗体添加组件,可以处理窗体及其内部组件的事件。

16. 调用方法 geometry("250x130")时,表示设置窗体大小为高 250 像素,宽 130 像素。

17. tkinter 组件的布局方法中,可以按行、列的方式摆放组件的方法是 pack()。

18. tkinter 中用于显示和编辑单行文本的组件是 Label。

19. 在 GUI 设计中,复选框往往用来实现非互斥多选的功能,多个复选框之间的选择互不影响。

20. 在 GUI 设计中,单选按钮用来实现用户在多个选项中的互斥选择,在同一组内多个选项中只能选择一个,当选择发生变化后,之前选中的选项自动失效。

21. 关系数据库管理系统应能实现的专门关系运算包括排序、索引和统计。

22. 在关系数据库的基本操作中,从表中抽取属性值满足条件列的操作称为选择。

23. 数据库的三级模式结构是外模式、模式和内模式。

24. 数据模型是数据库的框架,描述了数据及其联系的组织方式、表达方式和存取路径,是数据库系统的核心。

25. 二维表中的列称为关系的字段,二维表中的行称为记录。

26. 关系模型中的三个完整性约束是指实体完整性、参照完整性和域完整性。

27. SQLite 是 Python 内置的轻量级数据库管理系统,不需要下载安装。

28. SQLite 是 Python 内置的轻量级数据库管理系统,可以直接使用,无须导入。

29. Python 只能使用内置数据库 SQLite,无法访问 MS SQLServer、ACCESS 或 Oracle、MySQL 等数据库。

30. sqlite3 中建立一个数据库连接对象的函数是 create()。

### 三、填空题

1. 面向对象程序设计具有的三大特征分别是_____、_____和_____。

2. 对象的三要素是指_____、方法和事件。

3. 在 Python 中创建对象后,可以使用_____运算符来调用其成员。

4. 在 Python 中,实例变量在类的内部通过_____访问,在外部通过对象实例访问。

5. 在 Python 类体中,_____方法即构造函数或方法,用于执行类的实例的初始化工作,无返回值;而_____方法即析构函数或方法在销毁对象时调用。

6. Python 的 GUI 程序除了可以用.py 作为扩展名外,还可以用_____扩展名保存纯图形界面程序。

7. tkinter 是 Python 内置的_____模块。

8. 使用 tkinter 创建图形界面时,首先使用_____语句导入 tkinter 模块,然后使用_____生成一个主窗体对象。

9. 在 tkinter 中用于建立 GUI 事件循环的方法是_____。

10. 对使用 tkinter 生成的主窗体对象 win,执行语句_____可将窗体的标题设置为"用户登录"。

11. tkinter 的常用组件中,用于显示多行文本内容通常会使用_____(填英文)。

12. tkinter 中用于对组件分组,从而实现复杂布局的方法是_____(填英文)。

13. tkinter 中用于显示和输入简单文本行的组件是_____。

14. 在关系数据库中,把数据表示为二维表,每一个二维表称为_____。

15. 一个项目有一个项目主管,一个项目主管可管理多个项目,则实体"项目主管"与实体"项目"间的关系属于_____的关系。

16. 在关系运算中,查找满足一定条件的元组的运算称为_____。

17. SQL 的含义是_____。

18. Python 标准库_____提供了对 SQLite 数据库的访问接口。

19. sqlite3 模块中用于创建数据库或连接数据库的函数是_____。

20. sqlite3 模块中用于创建游标对象的函数是_____。

## 四、操作题

1. 设计一个三维向量类,并实现向量的加法、减法,以及向量与标量的乘法和除法运算。

2. 设计一个窗体,并放置一个按钮,按钮默认文本为"显示",单击按钮后文本变为"隐藏",再次单击后变为"显示",循环切换。

3. 编制求两个正整数最大公约数的图形用户界面程序。要求:两个文本框 txt1、txt2 用来输入整型数据;一个按钮;一个不可编辑的文本框组件 txt3,当单击按钮时,在 txt3 中显示两个整型数的最大公约数(如下图所示)。

4. 以 score.db 数据库中表 8-17、表 8-18 作为数据源,查询性别为"女"的学生的所有课程成绩并输出,输出字段分别为准考证号、系别、姓名、民族、政治面貌。

表 8-17　"学生"表

| 准考证号 | 系别 | 姓名 | 性别 | 出生日期 | 民族编码 | 政治面貌 |
|---|---|---|---|---|---|---|
| 112100101 | 计算机系 | 段飞 | 男 | 2004/7/3 | 001 | 团员 |
| 112100102 | 计算机系 | 李一峰 | 男 | 2003/9/7 | 003 | 团员 |
| 122100101 | 计算机系 | 孔一倩 | 女 | 2005/12/29 | 002 | 团员 |
| 122100102 | 计算机系 | 李春花 | 女 | 2004/5/22 | 001 | 团员 |
| 132100101 | 计算机系 | 李云 | 女 | 2002/11/24 | 002 | 团员 |

表 8-18  "民族"表

| 民族编码 | 民族名称 |
|---|---|
| 001 | 汉族 |
| 002 | 满族 |
| 003 | 回族 |

习题8 参考答案

# 实　验　篇

　　实验是学生进一步掌握和深化所学知识必不可少的课程内容之一,是后继课程学习的基础。Python 语言程序设计实验的主要任务如下。

　　1. 通过上机实验,使学生能够理解 Python 的编程模式,系统地掌握 Python 语言的基本语法和编程方法,验证、理解直至熟练运用课堂所学知识。

　　2. 通过上机实验,使学生熟练使用 IDLE 或其他 Python 开发环境;熟练运用 Python 基本数据类型及组合类型解决实际问题;掌握 Python 程序设计的三种基本结构、函数设计、文件存取与管理的方法;在掌握基本库的基础上,了解不同领域的 Python 扩展库的基本用法,能够根据自己的兴趣选择掌握 1~2 个扩展库的使用;初步掌握类的设计与使用、GUI 界面设计及数据库的基本操作;掌握程序调试的基本方法,具有上机调试应用实例的基本技能,为后续课程的学习和应用奠定良好的基础。

# 实验 1　Python 语言开发环境

**实验目的：**

1. 掌握 Python 语言的下载、安装与配置。
2. 掌握执行 Python 命令和脚本文件的方法。
3. 掌握 Python 语言的 IDLE 编程环境及其使用。
4. 熟悉 Python 语言的程序组成，能够编写简单的 Python 程序。
5. 熟悉 Python 语言的帮助和资源获取。

**实验内容：**

1. Python 语言的下载、安装与配置。

　　（1）下载 Python。访问网址 https://www.python.org/downloads/ ，根据机器配置
　　　　选择下载 Python3.8 32/64 版本。

　　（2）安装 Python。

　　（3）检查配置环境变量。

　　（4）尝试安装和使用 PyCharm 或 Eclipse 开发环境（选做）。

2. Python 命令和脚本文件。

　　使用 Python 语言输出"人生苦短，学好 Python！"信息。

　　要求：（1）用 Python 解释器命令方式实现；

　　　　　（2）用 Python 解释器文件方式实现。

　　输出格式：人生苦短，学好 Python！

3. Python 语言的 IDLE 编程环境及其使用。

　　编写一个简单的计算圆面积的程序，该程序算法描述如下：

　　（1）圆半径 $r$ 的获取。

　　（2）圆面积 $s$ 的计算：$s = 3.14r^2$。

　　（3）显示结果 $s$。

4. Python 语言的帮助和资源获取。

　　（1）Python 交互式帮助的进入、使用与退出。

　　（2）Python 文档的查看。

　　5. 扫描二维码下载 1.6 节"1. 几何图形绘制"和"4. GUI 界面设计初识"的程序并运
行，以熟练掌握 Python 语言的开发环境。

# 实验 2　Python 语言基础

**实验目的：**

1. 了解 Python 语言的基本语法和编码规范。

2.掌握 Python 语言的常量、变量、运算符和表达式等基础知识。

3.学习 Python 的常用语句和内置函数,熟练掌握 input、print 函数的使用。

## 实验内容:

1.参照下面的步骤练习使用常量、变量、运算符与表达式。

```
>>>a = 10
>>>type(a)
>>>a += 1
>>>print(a)
>>>del a
>>>a
>>>20 - 2 * 3 * * 4/6 % 5 + 15//4
```

2.参照下面的步骤练习使用 print 函数。

```
>>>x,y,z = 1,2,3
>>>print(x,y,z)
>>>print("x =",x,"y =",y,"z =",z)
>>>print("% d % d % d"%(x,y,z))
>>>x,y,z = 1.1,2.5,3.6
>>>print("% d % d % d"%(x,y,z))
>>>print("% e % e % e"%(x,y,z))
>>>print("% f % f % f"%(x,y,z))
>>>print("% 5.2f % 5.3f % 6.7f"%(x,y,z))
```

3.已知 $x = 1$,$y = 3$,计算并输出 $\dfrac{y}{2x}$、$\dfrac{2x}{y}$、$\dfrac{1}{x+y}$ 的值。

4.编写程序,根据 input 语句输入的长和宽,计算矩形的面积并输出。

5.编写程序,输入球的半径 r,计算球的表面积和体积(结果保留两位小数),运行效果如下:

输入球的半径:5.2

球的表面积为:339.62,体积为:588.68

提示:

(1)球的表面积计算公式为 $4\pi r^2$,球的体积计算公式为 $\dfrac{4}{3}\pi r^3$。

(2)使用 print("球的表面积为:{:.2f},体积为:{:.2f}". format(area,volume)) 语句形式输出程序运行结果。

6.编程实现对任意输入的一个三位自然数,计算并输出其各位上数字的平方和。

# 实验 3　Python 基 本 数 据 类 型

**实验目的：**

1. 掌握 Python 语言的基本数据类型。

2. 学习字符串类型，掌握字符串操作与处理函数。

3. 熟练掌握字符串的格式化输出方法。

**实验内容：**

1. 参照下面的步骤练习基本数据类型并分析输出结果。

```
>>> int( ) ,int( 123) ,int( '456') ,int( 1. 34) ,int( '101',2)
>>> float( 123) ,float( '3. 14')
>>> a = 1 + 2j;b = complex( 4, - 3)
>>> print( a + b)
>>> c = True
>>> print( 3 * c)
```

2. 分析下列表达式中操作符的优先级及结果，并输出验证。

$$30 - 4 ** 2 + 8//3 ** 2 * 10$$

3. 计算并输出 $x = \dfrac{2^3 + 7 - \sqrt{3}}{3 \times 4}$ 的值。

4. 建立一个字符串"hello,Python!"，然后对该字符串做如下处理。

(1)取 1~3 个字符组成的子字符串。

(2)取 1 至倒数第 2 个字符组成的子字符串。

(3)将字符串反序排列。

(4)将字符串中的小写字母变成大写字母。

(5)将字符串中的大小写字母互换。

(6)将其中的字符 llo 删除。

5. 参照下面的步骤练习字符串的格式化，分析输出结果并理解异同点。

```
>>> name = 'AHU'
>>> age = 90
>>> print("我的名字是",name,",年龄是",age,"。")
>>> print("我的名字是% s,年龄是% d。"% ( name,age) )
>>> print("我的名字是{},年龄是{}。". format( name,age) )
>>> print( f'我的名字是{name},年龄是{age}。')
```

6. 编写程序，求解一元二次方程 $ax^2 + bx + c = 0$(其中 $a$、$b$、$c$ 从键盘输入，结果保留 2 位小数)，运行效果如下：

```
a = 3
b = -6
c = 2
方程 3 * x * x - 6 * x + 2 = 0 的解为:1.58,0.42
```

# 实验 4  正则表达式及其应用

## 实验目的:

1. 熟悉正则表达式的基本规则。

2. 理解正则表达式所描述的语法。

3. 能够设计简单的正则表达式对文本进行搜索。

4. 学习正则表达式(在线)测试工具的使用。

## 实验内容:

1. 输入下列语句,分析输出结果。

```
>>> import re
>>> data = '''D:/PythonProject/Project_20190810. py 2019-08-10 13:30:04 12345'''
```

(1)非编译正则表达式的使用。

```
>>> pattern = "Project"    #匹配查找字符
>>> r = re. findall( pattern,data,flags = re. IGNORECASE)    #用 findall 方法返回字符串列表
>>> print( r)
```

(2)编译正则表达式的使用(效率高)。

```
>>> pattern = "[0-9]{1,2}\:[0-9]{1,2}\:[0-9]{1,2}"    #匹配时间格式
>>> re_obj = re. compile( pattern)    #创建一个对象
>>> r = re_obj. findall( data)    #用 findall 方法返回字符串列表
>>> print( r)
```

(3)search 函数的使用。

```
>>> pattern = "[0-9]{1,2}\:[0-9]{1,2}\:[0-9]{1,2}"    #匹配时间格式
>>> r = re. search( pattern,data)    #search 方法是全部位置的匹配,返回 SRE_MATCH 对象
>>> print( r)
>>> print( r. start( ))    #起始位置
>>> print( r. end( ))    #结束位置
```

(4)用 sub 函数进行匹配并替换,返回替换后的字符串。

```
>>>pattern = "[0-9]{1,2}\:[0-9]{1,2}\:[0-9]{1,2}"    #匹配时间格式
>>>data01 = re.sub(pattern,"TimeString",data)
>>>print(data01)
```

2. 已知包含多个车牌号的字符串：

s = "AZ7Y90,,B78T11,,HI89Op,K781Ui,AL009H,C88k8P,,nP8291G,m8H88H, DDS822,,,QMK782,PYJ212"

请按以下规则编写程序：

(1) 将所有字母改成大写字母形式；

(2) 删除多余的逗号，即车牌号之间只保留一个逗号；

(3) 输出修改后的 s。

3. 找出字符串"My friend Bill will pay the bill"中以"ill"结尾的单词，并显示匹配的位置。

4. 写一个正则表达式用于判断一个字符串是否为身份证号码(验证规则：长度必须为 15 位或 18 位，最后一位是校验码，可能是数字、字符 x 或 X)。

5. 使用正则表达式在线测试工具(https://c.runoob.com/front-end/854)完成本实验 3,4 两题。如图 4-1 所示。

图 4-1　正则表达式在线测试工具

# 实验 5　基本控制结构——分支

## 实验目的：

1. 学会正确使用关系运算符、逻辑运算符及关系表达式、逻辑表达式。
2. 熟练掌握各种 if 语句的语法结构和语句功能。
3. 掌握 if 语句的嵌套使用。
4. 掌握选择结构程序设计的一般方法，能够用多种方法编写同一程序。
5. 学习调试程序的方法。

## 实验内容：

1. 编制货币转换程序。

人民币和美元是世界上通用的两种货币之一。写一个程序进行货币间的币值转换，其中：人民币和美元间汇率固定为：1 美元 = 6.78 人民币。

程序可以接受人民币或美元输入，转换为美元或人民币输出。人民币采用 RMB 表示，美元采用 USD 表示，符号和数值之间没有空格。

|  | 输入 | 输出 |
|---|---|---|
| 示例 1 | RMB123 | USD18.14 |
| 示例 2 | USD20 | RMB135.60 |

2. 从键盘输入 $x$ 的值，根据公式计算并输出 $x$ 和 $y$ 的值。

$$y = \begin{cases} 3x^2 + 1 & x < 2 \\ \sqrt{2x-1} & 2 \leqslant x < 10 \\ \dfrac{1}{x+1} & x \geqslant 10 \end{cases}$$

3. 给出一个百分制成绩，要求输出成绩等级 A、B、C、D、E。90 分以上为 A，80 ~ 89 分为 B，70 ~ 79 分为 C，60 ~ 69 分为 D，60 分以下为 E。要求：用键盘输入百分制成绩，并判断输入数据的合理性，对于不合理的数据给出错误信息。

4. 编写程序，输入一元二次方程的 3 个系数，求方程 $ax^2 + bx + c = 0$ 的解(结果保留 2 位小数)。要求分以下情况：

　　(1) $a = 0, b = 0$，无解；

　　(2) $a = 0, b \neq 0$，有一个实根；

　　(3) $b^2 - 4ac = 0$，有两个相等的实根；

　　(4) $b^2 - 4ac > 0$，有两个不等的实根；

　　(5) $b^2 - 4ac < 0$，有两个不等的虚根。

　　可以利用 print("两个不等的虚根为：{:.2f}{:+.2f}i 和 {:.2f}{:+.2f}i".format(sb,xb,sb, - xb)) 格式输出方程两个不等的虚根。

# 实验6 基本控制结构——循环

**实验目的:**

1. 理解循环的概念,掌握 for 语句、while 语句实现循环的一般方法。

2. 理解并掌握 break 语句和 continue 语句的功能。

3. 掌握穷举算法、迭代算法、递推算法等一些常用算法的程序设计方法。

4. 能正确使用循环语句进行简单的程序设计。

**实验内容:**

1. 输入并调试下列程序。

```
for i in range(1,5):
    if i%2:
        print("*")
    else:
        continue
    print("%")
print("@")
```

程序运行结果为:＿＿＿＿＿＿＿＿＿＿。

2. 下列程序的功能是求键盘输入的 10 个数据的累加和。请在下划线处填上恰当的内容,完成程序功能。

```
s =＿＿＿＿
i = 0
while ＿＿＿＿:
    x = eval(input())
    s = s + x
    i =＿＿＿＿
print("10 个数据的累加和为:{}".format(s))
```

3. 阅读下面程序,指出程序的功能并运行验证。

```
m = int(input("请输入整数 m:"))
n = int(input("请输入整数 n:"))
while(m!=n):
    if (m>n):m=m-n
    else: n=n-m
print(m)
```

4. 统计并输出 500 到 2023 之间所有能被 7 整除且个位数字为 2 的数的个数。

5. 求满足 $1+2+3+4+\cdots+n>2023$ 的最小 $n$ 并输出。

6. 利用公式 $\dfrac{\pi}{4} \approx 1 - \dfrac{1}{3} + \dfrac{1}{5} - \dfrac{1}{7} + \cdots$，求 π 的近似值，当某项绝对值小于 $10^{-6}$ 时计算结束。

7. 输入一行字符,统计并输出其中大写英文字母和数字字符的个数。

8. 统计并输出 $200 \sim 700$ 所有素数的个数,并将它们的和打印出来。

9. 利用枚举法编程实现鸡兔同笼问题。已知在同一个笼子里共有 10 只鸡和兔,鸡和兔的总脚数为 26。求鸡和兔各有多少只?

10. 输入并调试下列程序,理解程序容错处理的方法。

```python
while True:
    try:
        n = int(input('请输入学生人数:'))
        if n <= 2:
            print('学生人数太少,人数必须大于2。')
        else:
            break
    except:
        pass
aver = 0
for i in range(n):
    #这个 while 循环用来保证用户必须输入 0 到 100 的数字
    while True:
        try:
            score = input('请输入第{}个学生的分数:'.format(i+1))
            score = float(score)              #把字符串转换为实数
            assert 0 <= score <= 100          #如果成绩不在[0,100]则抛出错误
            aver += score                     #若成绩合法则累加
            break                             #输入下一个学生的分数
        except:
            print('分数错误')
print("{}个学生的平均成绩为:{:.2f}".format(n, aver/n))
```

# 实 验 7  Python 组 合 数 据 类 型

## 实验目的:

1. 了解 3 类基本组合数据类型。

2. 理解列表的概念,掌握列表使用的一般方法。

3. 理解字典的概念,能够用字典处理较复杂的数据信息。

4. 能够运用组合数据类型构造较为复杂的数据结构。

## 实验内容：

1. 参照下面的步骤练习组合数据类型并分析输出结果。

```
>>> list((3,5,7,9,11))                          #将元组转换为列表
>>> list(range(1, 10, 2))                        #将 range 对象转换为列表
>>> list('hello world')                          #将字符串转换为列表
>>> list({3,7,5})                                #将集合转换为列表
>>> list({'a':3, 'b':9, 'c':78})                 #将字典的"键"转换为列表
>>> list({'a':3, 'b':9, 'c':78}.values())        #将字典的"值"转换为列表
>>> list({'a':3, 'b':9, 'c':78}.items())         #将字典的"键:值对"转换为列表
>>> aList = [-1, -4, 6, 7.5, -2.3, 9, -11]
>>> s = [i for i in aList if i>0]                #aList 中所有大于0的数字构成的列表
>>> g = ((i+2)**2 for i in range(10))            #创建生成器对象
>>> p = tuple(g)                                 #将生成器对象转换为元组
```

2. 输入并调试下列程序。

```
week = {"星期日":"Sunday","星期一":"Monday","星期二":"Tuesday","星期三":"Wednesday","星期四":"Thursday","星期五":"Friday","星期六":"Saturday"}
for key in week:
    print("{}对应的英文是{}.".format(key,week[key]))
```

3. 下列程序的功能是用列表 A、列表 B 构造字典 ZD,具体为:用 A 中的元素作为 ZD 中的键,用 B 中对应元素作为 ZD 中的值,并输出 ZD。请在下划线处填上恰当的内容,完成程序功能。

```
A = ["red","yellow","blue","white"]
B = [1,2,3,4]
ZD = _____
i = 0
for key in A:
    _____ = B[i]
    i = _____
print(ZD)
```

4. 阅读下面的 Python 程序,指出程序的功能并运行验证。

```
print("1~1000 所有的完数有,其因子为:")
for n in range(1,1001):
    total = 0
    j = 0
    factors = []
    for i in range(1,n):
```

```
        if( n % i ==0) :
            factors. append( i) ;total + = i
    if( total == n) :print( "{ } : { }". format( n,factors) )
```

5. 键盘输入一个大于零的整型数据 $n$,编程输出 $1 \sim n$ 的所有素数及素数的个数。

6. 已知 s = "abcdedcbaf",输出该 s 中不重复的元素。

7. 有一段英文(扫描右侧二维码下载):

In a functional program, input flows through a set of functions. Each function operates on its input and produces some output. Functional style discourages functions with side effects that modify internal state or make other changes that aren't visible in the function's return value. Functions that have no side effects at all are called purely functional. Avoiding side effects means not using data structures that get updated as a program runs; every function's output must only depend on its input.

实验 7-7 素材

(1)统计该段文字有多少个单词及每个单词出现的次数;

(2)给出除 of,a,the 之外出现频率最高的 5 个单词及其出现的次数。

# 实验 8  函数及其应用

## 实验目的:

1. 理解并掌握自定义函数的定义和调用方法。

2. 理解函数中参数的作用。

3. 理解变量的作用域。

4. 理解函数递归的概念并能设计递归函数。

## 实验内容:

1. 编写一函数 $fabonacci(n)$,其中参数 $n$ 代表第 $n$ 次的迭代。

斐波那契数列:1,1,2,3,5,8,13,…,此数列的规律是:前两项的值均为 1,从第 3 项起,每一项都是前两项值的和。

2. 编写一函数 $Prime(n)$,对于已知正整数 $n$,判断该数是否为素数,如果是素数,则返回 True;否则返回 False。

3. 利用上题中判断素数的函数,编写程序找出 $1 \sim 100$ 中的所有孪生素数(若两个素数之差为 2,则这两个素数就是一对孪生素数)。例如:3 和 5,5 和 7,11 和 13 等都是孪生素数。

4. 编写一函数,求级数 $S = x - \dfrac{x^3}{3!} + \dfrac{x^5}{5!} - \dfrac{x^7}{7!} + \cdots$ 的部分和,当第 $n$ 项的精度小于 eps 时结束。设 eps 的默认值为 $10^{-6}$。函数形式为:

```
    def fun( x, eps = 1e - 6) :
```

5. 编写一个可以接收任意多个数据的函数 cacl,返回一个元组。该元组的第一个值为所有参数的平均数,第二个值为所有参数的最大数,第三个值为所有参数的最小数。

6. 用递归函数实现第 1 题(fabonacci 数列)。

7. 先分析下面程序的结果,再运行验证以理解变量的作用域。

（1）

```
num = 100
def f( ) :
  num = 102
  print( num)
f( )
print( num)
```

（2）

```
def add( a,b) :
  a = a + b
  return a
a = 1
b = 2
print( a,b)
add( a,b)
print( a,b)
```

（3）

```
x = 3
def g( )
  global x,y
  x,y = 2,6
  print( x)
g( )
print( x,y)
```

8. 将题目 2 中的函数封装成模块,在本题中导入该模块,并显示从 1 到 100 的所有素数。

# 实验 9　文件操作

**实验目的:**

1. 掌握文件的打开和关闭等基本操作。

2. 掌握一、二维数据的存储格式和读写方法。

3. 掌握 CSV 文件格式的读取与写入。

4. 掌握文件与目录的操作方法。

**实验内容:**

1. 编写程序将输入的任意一个.py 文件每行行首加"行号-"后保存为"demo_原文件名"。

2. 当前目录下有一个文件名为 class_score.txt 的文本文件(扫描下方右侧二维码下载),存放着某班学生的学号(第 1 列)、数学成绩(第 2 列)和语文成绩(第 3 列)。

class_score.txt 内容如下：

| 学号 | 数学 | 语文 |
|------|------|------|
| A184001 | 85 | 90 |
| A184002 | 76 | 98 |
| A184003 | 85 | 67 |
| A184012 | 45 | 75 |
| A184011 | 98 | 90 |
| A184014 | 61 | 40 |
| A184009 | 33 | 51 |

实验9-2素材

请编程完成下列要求。

(1)分别求这个班数学成绩和语文成绩的平均分(保留1位小数)并输出。

(2)找出两门课都不及格(<60)的学生,输出他们的学号和各科成绩。

(3)找出两门课的平均分在90分以上的学生,输出他们的学号和各科成绩。

3.在 Excel 里录入如下学生信息,并另存为"学生信息表.CSV"(另存为时,保存类型选择 CSV),然后按以下步骤进行操作。

| A4 | | fx | |
|------|------|------|------|
| A | B | C | D |
| 学号 | 姓名 | 性别 | 院系 |
| V1701001 | 张子豪 | 男 | 文典 |

**图9-1　录入学生信息**

(1)从 CSV 文件中读取数据,去掉内容中的逗号,打印到屏幕。

```
>>>
================================ RESTART: C:/getcsv.py ==
学号　姓名　性别　院系
V1701001　张子豪　男　文典
```

**图9-2　打印到屏幕**

(2)将数据['V1701002','李梅','女','文典']追加到"学生信息表.CSV"文件。

| D3 | | fx | 文典 |
|------|------|------|------|
| A | B | C | D |
| 学号 | 姓名 | 性别 | 院系 |
| V1701001 | 张子豪 | 男 | 文典 |
| V1701002 | 李梅 | 女 | 文典 |

**图9-3　追加数据**

4.仿照正文例6-15将指定文件夹中的所有文件改名为主名后加"-实验1",保持文件类型不变。

# 实验 10 Python 标准库的使用

## 实验目的：

1. 掌握 random 标准库函数功能及其使用。

2. 掌握 time 标准库函数功能及其使用。

3. 掌握 turtle 标准库函数功能及其使用。

4. 掌握使用标准库函数编程的方法。

## 实验内容：

1. 使用 random 库生成 50 个不同软件序列号，软件序列号格式为"A-B-C-D-E"，序列号用"-"，例如"6K2KY-BFH24-PJW6W-9GK29-TMPWP"。

2. 利用集合等知识编制一个自定义函数 randomNumbers(number, start, end)，用于生成 number 个介于 start 和 end 之间的不重复随机数，并返回指定范围内的不重复数字。

3. 编写程序，生成包含 1000 个 0~100 的随机整数，并统计每个元素出现的次数。

4. 编写程序，提示输入姓名和出生年份，输出姓名和年龄。运行效果如下：

请输入您的姓名：玛丽
请输入您的出生年份：2003
您好！玛丽，您今年 19 岁。

5. 运用 turtle 库函数绘制如下图形：

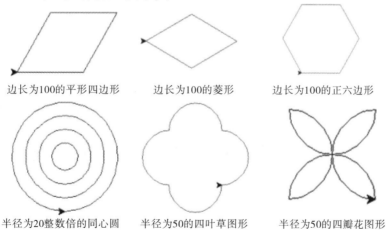

边长为100的平行四边形　　边长为100的菱形　　边长为100的正六边形

半径为20整数倍的同心圆　　半径为50的四叶草图形　　半径为50的四瓣花图形

图 10-1　图形绘制

6. 理解调试下面绘制带颜色的奥运五环图形的代码，其中五环线条宽度设置为 5。

```python
import turtle
turtle.pensize(5)              #画笔尺寸设置5
def drawCircle(x,y,c='red'):
```

```
    turtle.pu( )                    #拾起画笔
    turtle.goto(x,y)                #绘制圆的起始位置
    turtle.pd( )                    #放下画笔
    turtle.color(c)                 #绘制 c 色圆环
    turtle.circle(50,360)           #绘制圆:半径,角度

drawCircle( -80,0,'blue')
drawCircle(0,0,'black')
drawCircle(80,0,'red')
drawCircle(40, -70,'green')
drawCircle( -40, -70,'yellow')
turtle.done( )
```

7. 理解调试下面使用 datetime 库求某个人的下一个生日距离现在还有多少天的代码。

输入格式:2021-5-1

输出格式:79 天

```
import datetime
s = input("请输入出生日期(2021-5-1):")
y = datetime.datetime.strptime(s,'%Y-%m-%d').date( )
x = datetime.datetime.now( ).date( )
if (x.month < y.month) or (x.month == y.month and x.day < y.day):
    z = datetime.date(x.year,y.month,y.day)
    p = z - x
else:
    z = datetime.date(x.year + 1,y.month,y.day)
    p = z - x
print('{}天'.format(p.days))
```

# 实 验 11　Python 第 三 方 库 的 使 用

**实验目的:**

1. 掌握第三方库的安装方法。

2. 掌握用 PyInstaller 库制作可执行程序的方法。

3. 掌握 jieba 库的使用方法。

4. 掌握 WordCloud 库的使用方法。

5. 了解其他第三方库,使用第三方库进行编程。

**实验内容:**

1. 运用 jieba 库统计两段(Word1 与 Word2,扫描下方二维码下载)文字在全模式分

词下进行分词,输出其列表信息,并思考如何用分词来计算两段文字的复制比。

**注**:文字复制比即重复率,亦即复制的内容在总文字中的占比。

附 Word1 与 Word2 内容:

实验 11-1 素材

2. 录入教材【例 7-11】源代码,并将"原始. png"换成自己的头像,扫描下方二维码下载"文本. txt"。调试运行程序,并把实验结果图片添加到实验报告中。

附文本内容:

实验 11-2 素材

3. 将【例 7.13】的源代码使用 PyInstaller 工具进行打包生成独立的可执行文件。

# 实验 12　Python 综合应用

## 实验目的:

1. 掌握 Python 面向对象编程的基本方法。
2. 掌握 Python 图形界面编程的初步技术。
3. 掌握 Python 数据库编程的基本流程。
4. 结合面向对象、数据库和图形界面等技术解决实际问题。

## 实验内容:

1. 定义一个 Circle 类,根据圆的半径求周长和面积。再由 Circle 类创建两个圆对象,其半径分别为 5 和 10,要求输出各自的周长和面积。
2. 已有若干个学生数据,这些数据包括学号,姓名,程序设计基础成绩,高等数学成绩和英语成绩,要求定义学生类,并用其成员函数求每个同学的平均分与各门课程的平均分。
3. 设计用户登录界面,如图 12-1 所示。

**图 12-1　用户登录界面**

要求:

(1)当用户输入用户名为"王永国"与密码"123"时,单击"登录"按钮用 messagebox. showinfo 函数显示"欢迎使用本系统!",否则显示"用户名或密码错误!"。

(2)单击"退出"按钮,关闭该窗口。

4.结合书本知识,尝试使用 sqlite3 模块创建数据库 spgl. db,并在其中创建表 goods,表中包含 id(编号,为主键 primary key)、name(名称)、num(数量)、price(价格)4 列,类型根据题意自定。表记录如表 12-1 所示。

**表 12-1　goods**

| id | name | num | price |
|---|---|---|---|
| 001 | pencil | 80 | 0.6 |
| 002 | notebook | 20 | 5.8 |
| 003 | pen | 50 | 23 |
| 004 | mouse | 10 | 28.5 |

(1)在交互方式下完成 goods 表中记录的插入、更新、删除和查询操作。

(2)通过 GUI 界面完成记录的插入、删除、更新和查询操作(选做)。

# 附录篇

# ASCII 表

（American Standard Code for Information Interchange，美国信息交换标准（代码））

| 低四位 | 高四位 | 0000 (0) 控制字符 | 转义字符 | 解释 | 十进制 | 0001 (1) 十进制 | 控制字符 | 解释 | 0010 (2) 十进制 | 字符 | 0011 (3) 十进制 | 字符 | 0100 (4) 十进制 | 字符 | 0101 (5) 十进制 | 字符 | 0110 (6) 十进制 | 字符 | 0111 (7) 十进制 | 字符 | 解释 |
|---|---|---|---|---|---|---|---|---|---|---|---|---|---|---|---|---|---|---|---|---|---|
| 0000 | 0 | NUL | \0 | 空 | 0 | 16 | DLE | 数据传送换码 | 32 | 空格 | 48 | 0 | 64 | @ | 80 | P | 96 | ` | 112 | p | |
| 0001 | 1 | SOH | | 文件头开始 | 1 | 17 | DC1 | 设备控制1 | 33 | ! | 49 | 1 | 65 | A | 81 | Q | 97 | a | 113 | q | |
| 0010 | 2 | STX | | 文本开始 | 2 | 18 | DC2 | 设备控制2 | 34 | " | 50 | 2 | 66 | B | 82 | R | 98 | b | 114 | r | |
| 0011 | 3 | ETX | | 文本结束 | 3 | 19 | DC3 | 设备控制3 | 35 | # | 51 | 3 | 67 | C | 83 | S | 99 | c | 115 | s | |
| 0100 | 4 | EOT | | 传输结束 | 4 | 20 | DC4 | 设备控制4 | 36 | $ | 52 | 4 | 68 | D | 84 | T | 100 | d | 116 | t | |
| 0101 | 5 | ENQ | | 询问 | 5 | 21 | NAK | 否定 | 37 | % | 53 | 5 | 69 | E | 85 | U | 101 | e | 117 | u | |
| 0110 | 6 | ACK | | 确认 | 6 | 22 | SYN | 同步空闲 | 38 | & | 54 | 6 | 70 | F | 86 | V | 102 | f | 118 | v | |
| 0111 | 7 | BEL | \a | 响铃 | 7 | 23 | ETB | 传输块结束 | 39 | ' | 55 | 7 | 71 | G | 87 | W | 103 | g | 119 | w | |
| 1000 | 8 | BS | \b | 后退 | 8 | 24 | CAN | 取消 | 40 | ( | 56 | 8 | 72 | H | 88 | X | 104 | h | 120 | x | |
| 1001 | 9 | HT | \t | 水平制表 | 9 | 25 | EM | 媒体结束 | 41 | ) | 57 | 9 | 73 | I | 89 | Y | 105 | i | 121 | y | |
| 1010 | A | LF | \n | 换行 | 10 | 26 | SUB | 减 | 42 | * | 58 | : | 74 | J | 90 | Z | 106 | j | 122 | z | |
| 1011 | B | VT | \v | 垂直制表 | 11 | 27 | ESC | 退出 | 43 | + | 59 | ; | 75 | K | 91 | [ | 107 | k | 123 | { | |
| 1100 | C | FF | \f | 换页 | 12 | 28 | FS | 域分隔符 | 44 | , | 60 | < | 76 | L | 92 | \ | 108 | l | 124 | \| | |
| 1101 | D | CR | \r | 回车 | 13 | 29 | GS | 组分隔符 | 45 | - | 61 | = | 77 | M | 93 | ] | 109 | m | 125 | } | |
| 1110 | E | SO | | 向外移出 | 14 | 30 | RS | 记录分隔符 | 46 | . | 62 | > | 78 | N | 94 | ^ | 110 | n | 126 | ~ | |
| 1111 | F | SI | | 向内移入 | 15 | 31 | US | 单元分隔符 | 47 | / | 63 | ? | 79 | O | 95 | _ | 111 | o | 127 | | Del |

ASCII 控制字符 ｜ ASCII 打印字符

# UTF-8 编码

UTF-8 是 UNICODE(ISO 制定的可以容纳世界上所有文字和符号的字符集)的一种变长编码,向下可兼容 ASCII 编码。编码格式如下表所示。

**UTF-8 编码格式**

| 字节数 | 格　　式 | 实际编码位 | 码点范围 |
|---|---|---|---|
| 1 | 0XXXXXXX | 7 | 0 ~ 127 |
| 2 | 110XXXXX 10XXXXXX | 11 | 128 ~ 2047 |
| 3 | 1110XXXX 10XXXXXX 10XXXXXX | 16 | 2048 ~ 65535 |
| 4 | 11110XXX 10XXXXXX 10XXXXXX 10XXXXXX | 21 | 65536 ~ 2097151 |

说明:

(1)序列 0 开头表示兼容 ASCII 编码。

(2)序列 110 开头表示两个字节的编码。

(3)序列 1110 开头表示三个字节的编码。

(4)序列 11110 开头表示四个字节的编码。

(5)序列 10 开头表示编码字节的组成部分。